U0171270

# 气体爆轰物理及其统一框架理论

## Gaseous Detonation Physics and Its Universal Framework Theory

姜宗林 等 著

科学出版社

北京

# 内 容 简 介

本书是高温气体动力学国家重点实验室激波与爆轰物理团队多年研究成果的总结，主讲气体爆轰物理机制、传播规律和理论模式。全书分 7 章：第 1、2 章介绍爆轰物理基本概念及其控制方程与计算方法；第 3、4 章回顾爆轰物理研究进展；第 5、6 章讲述爆轰理论新进展，包括统一框架理论和斜爆轰稳定性；第 7 章总结爆轰重要工程应用。爆轰是以超声速传播的极端燃烧现象，具有非定常三维结构、自持与自组织特征、宏观稳定的传播状态和平均恒定的胞格尺度，是气体动力学与燃烧学融合的前沿学科。爆轰过程反应速率快、热效率高，具有增压燃烧特征，在航空航天领域具有重大的应用潜力，一直是国际研究热点。

本书适合从事气体爆轰基础和应用研究的科研人员、教师、研究生阅读或参考。

图书在版编目(CIP)数据

气体爆轰物理及其统一框架理论/姜宗林等著. —北京：科学出版社，2020.5
ISBN 978-7-03-063552-5

Ⅰ. ①气… Ⅱ. ①姜… Ⅲ. ①爆炸气体动力学–研究 Ⅳ. ①O381

中国版本图书馆 CIP 数据核字(2019) 第 273675 号

责任编辑：周　涵　田轶静／责任校对：彭珍珍
责任印制：吴兆东／封面设计：无极书装

科学出版社 出版

北京东黄城根北街 16 号
邮政编码：100717
http://www.sciencep.com

北京虎彩文化传播有限公司印刷
科学出版社发行　各地新华书店经销
*

2020 年 5 月第 一 版　开本：720×1000　1/16
2024 年 4 月第三次印刷　印张：16 1/2　插页：6
字数：329 000

定价：138.00 元
(如有印装质量问题，我社负责调换)

# 前　言

　　爆轰是以超声速传播的极端燃烧现象，作为激波主导的化学反应气体流动，是气体动力学、激波动力学和燃烧学融合的前沿学科。早期的爆轰理论 (CJ 理论和 ZND 模型) 都基于一维流动、定常传播的假定，确实能反映爆轰波的宏观特征和传播规律，但是对于爆轰波非定常三维结构运动、激波与化学反应依存、流动与燃烧过程竞争的规律探索缺乏指导性意义。近几十年的研究表明：爆轰波的传播速度和空间结构都会发生周期性变化，具有一定的平均胞格尺度、自组织和自持传播特征。特别是爆燃转爆轰 (DDT) 的突发过程，带有非线性和随机特征。爆轰具有反应速率快、热效率高、增压燃烧优势，在高超声速动力、高焓风洞等航空航天核心技术方面有重大的应用潜力，是前沿学科的国际研究热点。力学是一门 “应用驱动研究” 的学科，新需求的出现将为爆轰物理研究注入活力。在气体动力学领域，没有一种现象能够像爆轰波这样组织严密、结构精细、独具特色。爆轰现象的复杂性和神秘性探索成为作者科研生涯中的一个执念。

　　高温气体动力学国家重点实验室激波与爆轰物理团队成立于 2000 年，把爆轰作为主要研究方向之一。经过二十年不断探索，我们提出了气相规则胞格爆轰起爆和传播的统一框架理论 (universal framework for regular gaseous detonation initiation and propagation)，简称爆轰统一框架理论。该理论由非线性波传播与化学反应带相互作用机制、热点起爆和反应带加速两个过程、平均胞格尺度、平衡传播状态、临界起爆状态等六个基本要素构成，建立了各要素之间相互依存和彼此竞争的关联关系。爆轰统一框架理论的提出，就像抽象出的一个类似恐龙骨骼的结构框架，各要素独具特色，又相互关联，能够表现出整个爆轰发展与传播规律的来龙去脉。虽然诸如湍流、旋涡和传热等物理现象在爆轰过程中也发挥着重要作用，但是作为气相规则胞格爆轰的基本框架，上述六个要素是最基础、最本质和最关键的。

　　爆轰统一框架理论并不能替代已有理论，它是在现有理论的基础上，对爆轰理论的提升与拓展。本书对于爆轰研究成果的引用都列入参考文献，并在引用处作了标注。作者衷心感谢北京大学的周培源先生和陈耀松教授，他们指导作者研究的弱解问题的差分理论及其数值方法成为本书计算模拟研究的主要手段；感谢日本东北大学流体科学研究所的高山和喜教授，他引导作者进入激波和爆轰物理研究领域。感谢中国科学院力学研究所的俞鸿儒先生，他带领作者进入爆轰驱动高焓风洞领域，爆轰新理论有了试验场。感谢曾经在激波与爆轰物理课题组工作和学习过的全体师生，他们的智慧和辛苦也凝聚在不同的段落和章节里。本书是作者多年工作的一些心得体会，期待与国内同行共享。袁枚说 "苔花如米小，也学牡丹开"，这是作者的初心。期待气体爆轰动力学的繁荣，期待爆轰技术在航空航天领域的应用成功。

2019 年 6 月 27 日
中国科学院力学研究所

# 目　　录

# 第 1 章 绪 论

爆轰波作为气体动力学最具特色的主要物理现象之一，表现出强间断、非线性、化学反应与激波动力学紧密耦合等物理特征。爆轰波伴随的化学反应极为剧烈，具有很高的火焰传播速度，爆轰产物也具有极高的温度和压力。爆轰现象在英语中的表述是唯一的：Detonation，但是中文教科书中却有两个词语，即 "爆震" 与 "爆轰"。考虑到这种化学反应气体界面运动的宏观稳定性，在本书里统一采用了 "爆轰" 一词，也是中国科学院力学研究所相关研究领域的一种传承。爆轰波相关研究已经有一百多年的历史了，爆轰物理在各种爆炸现象的预防与弱化及其应用与防护方面，在天体物理领域的超新星和恒星的演化乃至宇宙大爆炸理论探索方面，在现代武器技术和医疗技术领域的应用方面都发挥了日益重要的作用。特别是近十几年来，随着先进空天飞行器研制的发展，爆轰现象在高效热机技术和超高速风洞试验技术方面得到了广泛的重视和深入的探索。在这一百多年里，人们对气体爆轰现象及其机理有了深入的认识，在爆轰物理研究方面取得了许多重要进展。本章主要从气体爆轰认知和理论起源、气体爆轰研究方法、爆轰物理的几个关键问题等方面做一个简单的综述，希望能够作为全书的内容介绍和阅读引导。

## 1.1 气体爆轰波的起源与认知

爆轰波广泛存在于自然界中，是一种爆裂、极速，并具有神秘性的物理现象，与人类文明的发展密切相关。早期的观察与研究起源于煤矿瓦斯汇集引起的矿难和化工厂可燃混合气泄漏发生的爆炸，其强大的破坏能力远远超过了人们对燃烧现象的把握与理解，引起了人们高度重视。在煤矿的生产作业过程中，常常伴随着瓦斯的泄漏和粉尘的产生，并与空气掺混形成一种混合气体。当混合气体中可燃物质浓度达到某种临界点时，偶然的热点、电火花甚至机械撞击都可能引发爆轰波这种特殊的剧烈燃烧现象。产生的爆轰波在可燃气体中以超声速或者高超声速运动，通过前导激波压缩实现可燃烧气体的自点火，并借助迅速释放的化学能实现自维持传播。对于氢气含量高的混合气体，其爆轰波的传播速度可以高达 2000m/s 以上。爆轰现象的早期研究是以如何防止爆轰波的形成或者弱化已经形成的爆轰波来达到防止发生爆炸灾害或者降低其破坏能力为目的的。获得的爆轰物理规律对于煤矿瓦斯爆炸、化工厂可燃气体泄漏、各种产生可爆粉尘场所事故的发生、预防和处理具有重要意义。

早在 15 世纪，化学物质的爆炸和燃烧现象就得到了关注。开创性的学术研究是由 Abel 完成的，他在 1869 年首次测量了棉火药的爆轰速度 [1]。而后法国科学家 Berthelot 和 Vieille 在 1881 年系统测量了各种气体燃料与不同的氧化剂混合产生的可燃气体的爆轰速度 [2]。气体燃料包括：$H_2$，$C_2H_2$，$C_2H_4$；氧化剂包括：$O_2$，$NO$，$N_2O_4$。他们在实验中还用不同剂量的氮气作为稀释剂，其系统全面的研究确认了爆轰波的存在。另外一个非常有创意的实验是由 Mallard 和 Le Chatelier 在 1883 年完成的 [3]。他们采用鼓式相机，记录了爆燃转爆轰的演化过程，成功地确认了在同一种可燃气体中存在着两种燃烧模式。他们进一步指出，是爆轰波先导激波的绝热压缩诱导了化学反应，这是一种完全不同于普通火焰的燃烧机制。18 世纪的研究工作使人们认识了爆轰波的本质及其传播规律。

19 世纪的爆轰现象研究孕育着气体爆轰动力学学科，有了自己的学科内涵、研究范畴、控制方程和基本规律。已经有不少专门的著作，从不同方面总结了爆轰现象的研究进展，演绎了爆轰物理规律 [4-9]。先导激波压缩触发的化学反应过程是一种高速、高效的燃烧模式。从其燃烧过程的整体效应来评估，具有等容燃烧的热力学特征，能够迅速释放更多的机械能。因此在基于爆轰燃烧的先进热机技术发展应用方面具有非常大的潜在优势。相关的推进技术新概念有：脉冲爆轰发动机、旋转爆轰发动机、斜爆轰发动机等。爆轰现象还被应用于研制超高速激波风洞，发展了反向和正向两种驱动模式，满足了大尺度风洞对大功率驱动技术的需求 [10-12]。力学是一门 “应用驱动研究” 的物理学科，新的社会需求的出现将为气体爆轰动力学的发展增添新的活力，提出新的挑战。

## 1.2　爆炸波、爆燃波与爆轰波

有几个物理现象与爆轰波特征有相似之处，常见的有爆炸波和爆燃波。爆炸波是一定体量的可燃物质或者可燃气体发生剧烈燃烧反应，并在极短时间内释放出化学能，以产生大量高温和高压气体。这团气体在周围介质或者气体里产生压力波，并造成其热力学状态的变化。爆炸现象是非常普遍的物理现象。例如，开山修路的爆破现象是由炸药产生的爆炸波，而爆炸声是其压力波的表现。再如闪电雷鸣是云与云之间、云与地之间或者云体内各部位之间的强烈放电现象。闪电是能量释放产生的高温气体的表现，而雷声是其压力波的表现。爆炸波典型的物理特征是其传播速度和波后压力随其远离爆炸中心的距离而衰减。

爆燃波和爆轰波都与燃烧有关，而燃烧是自然界里一种非常普遍的物理现象，发生在可燃物质或者可燃气体中。燃烧过程一旦诱发，燃烧波就产生了，并把反应物转变成燃烧产物，同时释放出大量的化学能。这种化学能来自反应物分子的结合,转化为燃烧产物的内能和动能,带来了燃烧波前后热力学和气体动力学状态的巨大变化。跨过燃烧波面的梯度场产生了一个物理化学过程,这种过程反过来支持了燃烧波的自持传播。

一般来讲,存在两种能够自持的燃烧波:爆燃波和爆轰波。相对于反应物,爆燃波以相对低的亚声速传播。基于亚声速特性,下游的扰动能够向上游传播,影响反应物的初始状态。爆燃波的传播速度不仅与可燃物质的特性和初始状态有关,也依赖于波后的边界条件。爆燃波本质上是一系列膨胀波,能够引起反应阵面的压力下降,同时加速燃烧产物,使其背道而驰。燃烧产物的膨胀能够引起反应阵面前反应物的位移,位移与末端边界条件有关。因此反应阵面不断地传播进入反应物,而反应物也在同向移动。所以爆燃波的传播速度是反应物速度和反应阵面速度之和。由于反应物的运动,在反应阵面前能够形成压缩波或者激波。所以传播中的爆燃波由两种物理现象组成:先导激波及其随动的燃烧反应阵面。先导激波的强度依赖于反应物运动速度和末端边界条件。

爆燃波传播机制是热和物质的扩散。反应阵面的温度梯度和反应物的浓度是驱动力,主导了热和活化组分跨过反应阵面到反应物的传递,实现了反应物的点燃或者起爆。本质上,爆燃波是一种扩散波,传播速度正比于扩散率和化学反应速率的平方根。如果爆燃波处于湍流环境,需要定义一个湍流扩散率实现可燃介质的输运特性的评估。对于一个燃烧装置,有一个持续的可燃气体流入,这种状态下的火焰可以认为是一种固定的爆燃波。但是对于运动中的爆燃波,火焰是指反应阵面。通过反应阵面实现了反应物到燃烧产物的转化,完成了化学反应热的释放过程。

参照爆燃波,爆轰波实际上是一种超声速的燃烧波,能够导致热力学状态的剧烈变化 (压力、温度、流动速度)。也可以认为它是一种反应激波,在极短的距离内完成了反应物到产物的转变和能量释放。由于爆轰波是超声速的,波前的反应物是无扰动的,保持了原来的初始状态。这是爆轰波与爆燃波的主要区别之一。激波的压缩效应带来了波后密度的增加和反应物的同向运动,因而反应物的运动也是爆轰波运动的一部分。依据质量守恒定律,爆轰波阵面需要匹配活塞驱动,或者系列膨胀波的支撑。对于活塞驱动爆轰波,一般称为强爆轰,或者过驱爆轰,爆轰波阵面后的流动是亚声速的。对于自由传播的爆轰波,爆轰波阵面后将出现系列膨胀波,以不断降低波后的压力和燃烧产物的速度,实现爆轰产物的状态与末端边界条件的匹配。对于强爆轰,爆轰波阵面后的流动是亚声速的,任何扰动都可以穿过反应阵面,衰减先导激波和化学反应。所以自由传播爆轰波后的流动必须是声速或者超声速的。波后流动满足声速条件的称为 CJ(Chapman-Jouguet) 爆轰;满足超声速条件的称为弱爆轰。弱爆轰一般难以实现,自由传播爆轰波都属于 CJ 爆轰波。

爆轰波前面反应物的起爆依赖于反应阵面前的先导激波。反应阵面也常常称为化学反应带，理论上可以认为由两部分组成：诱导区和放热区。在诱导区，先导激波的绝热压缩导致了可燃气体分子的解离和活化反应产物的生成，但是热力学状态的变化不大。由于解离反应是吸热的，相对同样激波压缩的惰性气体，温度可以有不同程度的降低。紧接着诱导区的就是放热区。由于剧烈的化学反应热的添加，燃烧产物的温度急剧增加，压力和密度不断降低。这里的燃烧现象与爆燃波是一样的。所以爆轰波可以认为是激波和爆燃波的复合。但是这里的起爆是由激波主导的，而不是热和分子的扩散机制。化学反应带的压力降低及其跟随的流动膨胀为爆轰波提供动力支撑。所以爆轰波自由传播的机制是前导激波压缩实现的反应物自燃，然后燃烧产物的膨胀提供推力维持前导激波的恒定，从而实现爆轰波的自持传播。

爆燃波本质上是不稳定的，而且还有一些不稳定触发机制能够诱导流动转捩，增加其传播速度。所以自持传播的爆燃波能够加速，而且在适当的边界条件支持下能够经过一个突发式的过渡过程形成爆轰波。这一过程称作爆燃转爆轰 (deflagration to detonation transition, DDT) 过程。在突发过渡前，存在一种湍流爆燃波，能够达到很高的传播速度。还有一种高速爆燃波，是指突发过渡过程中观察到的爆燃波。特别情况下，当爆轰波经过具有消波结构的粗糙壁面的管道时，其传播速度有很大程度的衰减，这种低速爆轰波称为准爆轰波。

爆轰波的定义是明确的，是爆燃波发展的一种极限状态。从传播速度的视点考察，爆燃波有着很宽的谱带，其传播机制是确定的，但是传播受许多因素的影响，譬如，流动状态、边界特性、末端条件等。在碳氢燃料与空气的混合气体中，作为层流火焰，爆燃波可产生的传播速度一般约为 0.5m/s。随着分子扩散和湍流输运作用的强化，高强度湍流爆燃波的传播速度可高达 1000m/s 左右。所以爆燃波现象非常丰富，与周边环境密切相关，在工程应用中有迫切的研究需求。

作为爆燃波的极限状态，爆轰波后燃烧产物的压力和密度明显升高。如果把激波压缩和燃烧反应作为统一过程考察，爆轰过程具有等容燃烧的特征。爆轰波能够以超声速或者高超声速传播，例如，氢气与氧气混合气体的传播速度可以高达 3000m/s。如此高的燃烧速率，其热释放功率是惊人的。对于性能良好的固体燃料爆轰波，每平方厘米的爆轰阵面的能量转换率为 $10^{10}$W。地球接收的太阳能功率大约是 $4 \times 10^{16}$W，这仅仅是 20m 边长的正方形爆轰阵面的能量转换率！

对于一定初始状态的可燃混合气体，爆轰波的宏观特性是确定的，具有唯一的传播速度和可预测的热力学状态。如果放大爆轰阵面的局部结构，其先导激波和化学反应带是非定常的，具有周期性的流动结构和热力学状态。在这种周期性变化的非定常流动结构和热力学状态中，存在着各种不稳定性，例如，波的不稳定性、界面不稳定性、燃烧不稳定性、流动不稳定性。这些不稳定性和非定常性相互作用，形成一个结构组织精密、能够自持传播、平均特性稳定的气体物理化学现象。这是本书主要关注和讨论的主题。

## 1.3　气体爆轰现象的研究方法

由于爆轰波的复杂性，实验一直是研究爆轰波的主要手段，特别是在 18 世纪早期的研究。许多重要的物理特征，都是借助不同的实验手段和测量仪器获得的。计算流体力学 (computational fluid dynamics，CFD) 出现在 19 世纪 60 年代，计算流体力学领域激波计算方法的突破和近代电子计算机技术的发展奠定了爆轰波计算模拟的基础。现在，计算模拟不仅复现了许多实验结果，而且揭示了非定常流动结构和不稳定现象，成为爆轰物理越来越重要的研究手段。理论研究一直伴随着爆轰现象的探索，在 18 世纪就出现了一批经典的爆轰物理模型，诸如 CJ 理论、ZND(Zeldovich-von Neumann-Döring) 模型、Taylor 稀疏波相似解等。这些爆轰理论的提出，奠定了爆轰动力学基础，推动了学科发展。

### 1.3.1　实验观察研究

在一百多年的研究过程中，人们设计了许多实验去观察和探测爆轰现象。下面几种是常用的，发挥了重要作用。这些方法有鼓式照相技术、烟迹技术、高速纹影干涉条纹技术、平面激光诱导荧光技术和压力直接测量技术。Mallard 和 Le Chatelier 在 1883 年的实验中引入了鼓式相机，记录了爆燃转爆轰的演化过程，首次确认了在同一种可燃气体中存在着两种燃烧模式：爆燃波与爆轰波 [3]。典型的条纹照片如图 1.1 所示 [13]，揭示爆燃转爆轰的演化过程。图 1.1 的纵坐标为时间，横坐标为距离。热射流来自图左下角的小孔，首先诱导了爆燃波，也可以称为层流燃烧；然后加速成为高速爆燃波，即湍流燃烧；最后突变为爆轰波。基于鼓式相机的实验技术虽然不复杂，但是观察到的突变过程是非常精细的，给出了爆燃转爆轰过程的定量数据，深化了人们对于爆轰起始现象的认知。

第二种实验方法是烟迹技术，记录了爆轰波三波点的运动轨迹。Denisov 和 Troshin 最早使用烟迹技术观察到了爆轰波的胞格结构 [14]。烟迹技术非常简单，但是巧妙地应用了激波后剪切流动的特点，给出了如图 1.2 所示的与爆轰波结构密切相关的爆轰胞格 [15]，这种 "鱼鳞" 被认为是前导激波扫过留下的痕迹。实际的前导激波是由复杂的三波结构组成的，即入射激波、反射激波和马赫干。这三道波相交的位置称作三波点，能够诱导更强的剪切流动，吹去烟尘，生成胞格图案。接下来，许多学者大量的爆轰实验研究揭示了一维爆轰理论模型与实际爆轰波的差别，展示了爆轰波阵面的三维特征，开启了爆轰物理研究的新领域。

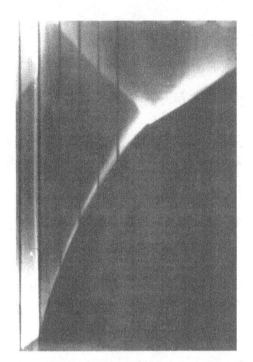

图 1.1 热射流起爆爆燃转爆轰过程的典型条纹照片 [13]

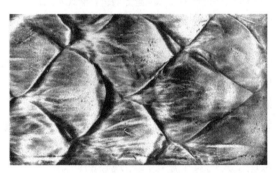

图 1.2 爆轰波的烟迹照片 [15]

根据烟迹照片,人们发现在爆轰波运动的垂直方向存在着横向运动的激波,称为横波。这些横波与前导激波交汇于三波点,而三波点的运动轨迹构成了菱形爆轰胞格图案。所以,三波结构是爆轰波动力学过程的特征。虽然爆轰波宏观上是以稳定的速度传播的,但实际上爆轰波的运动速度在一个胞格内是随着其在不同位置而作周期性变化的。气体爆轰的胞格结构与可燃气体的物理特性和热力学紧密相关。对于掺了氩气的氢氧混合气体,爆轰波的横波运动与三波点的出现只有单一频率,表现为规则胞格爆轰。而对于碳氢燃料和氧气的混合物,爆轰波的横波结构是非常复杂的, 可以看作是以不同频率往复运动横波的叠加复合, 表现出非规则胞格特性。爆轰波传播速度和胞格尺度同时也受可燃气体初始状态的影响, 压力越高胞格越小。爆轰波结构是爆轰波的核心物理现象, 涉及热力学、传热学、燃烧动力学、激波动力学与气体动力学过程的耦合, 并受到湍流、剪切层失稳定和旋涡破碎等复杂流动物理现象的影响, 是一个非常基础性的研究领域。

过去几十年, 烟迹实验研究方法对于人们认识爆轰现象发挥了巨大作用, 但是对烟迹胞格与爆轰波阵面的三维结构关联及其四维空间的投影关系依然缺乏认知。我们知道爆轰波在壁面上是要反射的, 反射的激波结构与自由传播爆轰波的结构应该是有区别的。二维爆轰波的两个三波点之间是一个弧线, 那么三维爆轰波的三波点之间应该是一个弧形曲面, 那么这个曲面应该是什么形状? 我们经常研究一维和二维的爆轰波, 得到的数据也具有一些普遍意义, 那么这些数据与三维爆轰波有什么关联, 又是如何关联呢? 烟迹实验的结果具有启发性, 但是当人们需要认识实际的爆轰波结构时, 它又具有局限性! 揭示爆轰波阵面的三维结构及其胞格形态是极具挑战性的课题, 也是非常有意义的。

近十几年来, 平面激光诱导荧光 (planar laser induced fluorescence, PLIF) 等流场测量技术得到迅速发展, Kaneshige 和 Shepherd 把 PLIF 技术应用到爆轰波实验研究, 获得了许多有价值的结果, 并专门建立了气体爆轰实验研究数据库 [16], 给出了许多爆轰波的动力学参数。其中一个经典的结果如图 1.3 所示, 是空间里某指定平面的 OH 荧光照片 [17]。

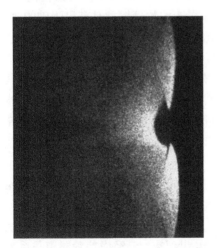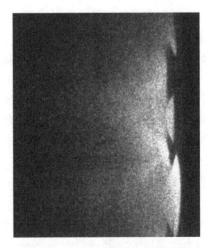

图 1.3　OH 荧光照片, $2H_2+O_2+17Ar$, 20kPa, 150mm×150mm 实验段, 胞格尺度: 48mm, 照片高度: 80mm[17]

OH 是氢氧化学反应过程中的一种重要产物, 表示反应过程的活化程度。图 1.3

的结果表明，化学反应带是弯曲的，具有复杂的结构，而且与先导激波的形状具有相似性。在反应带的不同部位，化学反应的活化程度是不同的，也就是说燃烧反应速率是不均匀的。由此可以推论，一个胞格单元内的先导激波强度是不同的，绝热压缩过程也是空间非均匀的。先导激波压缩过程的不均匀性和反应带活化程度的不均匀性是关联的。PLIF 照片给出的结果虽然仅仅是定性的，但是启示性意义是重大的。这就是爆轰波阵面的复杂性和爆轰物理研究的必要性，这也是本书重点关注的研究方向。

在爆轰现象研究中，另外一个常用实验手段是压力测量技术，能够提供一些有用的物理信息。例如，爆轰压力、爆轰速度等。从爆轰物理研究深入发展的需求来看，小尺度、耐高温、能够探测到爆轰胞格内部压力的高频响压力测量技术是需要的。由于涉及爆轰波的精细结构，那么依据对于爆轰尺度及其多波结构的把握，合理解读获得的压力分布结果也是非常重要的，即瞬态压力与宏观稳定压力的关联关系。所以爆轰波结构的深入研究，亟须实验技术的提升、发展与创新。

### 1.3.2 数值模拟研究

随着计算流体力学方法的发展和计算机处理速度与存储能力的提升，近几十年来，数值模拟成了爆轰波研究的主要方法之一，在气体爆轰物理研究中发挥了越来越重要的作用。Taki 和 Fujiwara[18] 在 1978 年首次成功地对非定常爆轰波进行了二维数值模拟，得到了氢气空气混合物爆轰波的三波结构。虽然由于当时的计算格式精度和计算机能力的限制，计算域的网格点数量比较少，网格比较粗，所以计算结果也比较粗糙，但是这种研究进展对于爆轰波物理探索具有里程碑的意义。

图 1.4 给出了 Gamezo 等的一个关于爆轰波阵面的二维数值模拟结果，是一种温度分布云图 [19]。该图清楚地显示了爆轰波的反应带结构和未燃烧气体分布，验证了由实验照片观察到的化学反应区的非均匀性。毫无疑问，这种数值模拟结果对于气体爆轰波的非定常现象研究是非常有用的，能够获得许多实验照片不能提供的信息，有助于物理现象的诊断和流动规律的演绎。对于气体爆轰波数值模拟方法，涉及两个领域的研究进展：一是如何求解爆轰波的控制方程，二是如何获得爆轰波的高精度化学反应模型。

目前通用的控制方程是耦合了化学反应项的 RNS(reacting Navier-Stokes) 守恒型方程，求解这类非线性方程属于计算流体力学的研究领域。计算模拟爆轰波有两个难点：一个是先导激波捕获，另一个是化学反应进程仿真。激波计算方法是计算流体力学领域的主要研究方向之一，到 19 世纪末，已经成功发展了一系列的激波捕捉计算格式，并具有不同的精度和分辨率。对于爆轰波计算模拟，高分辨率、低耗散的计算格式是有益的。先导激波压缩，使可燃气体达到自燃状态，然后开始诱导反应过程和放热过程。能够做到激波后状态参数无数值振荡的激波捕捉格式应当是首选。因为自燃临界状态温度和压力的数值振荡可能导致燃烧反应的误触发,改变化学反应进程。

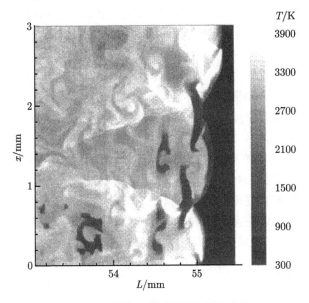

图 1.4 爆轰波阵面的温度分布 [19]

化学反应进程仿真就是如何构建恰当的爆轰波数学物理模型。目前常用于爆轰波计算的反应模型有不可逆一步总包反应模型、二步反应模型、多步反应模型和具有可逆反应的基元反应模型。化学反应模型对气体爆轰波胞格模拟具有重要影响。Liu 和 Jiang 等 [20-22] 系统地探索了化学反应模型对爆轰波胞格大小的贡献与影响规律。他们的研究发现,应用不同的化学反应模型,计算获得的点火延迟时间不同,数值模拟得到的爆轰波胞格尺度就不同。在相同条件下,点火延迟时间越长,数值模拟得到的胞格尺度就越大,两者存在关联关系。所以化学反应模型的点火延迟时间是表征爆轰波模型性能的一个关键参数,控制着化学反应带的燃烧进程。所以评价爆轰波化学反应模型的优劣,其点火延迟时间是一个指标性的参数。目前采用的绝大部分模型能给出合理的爆轰波的宏观传播特性与热力学状态,但是难以给出准确的胞格尺度。一般来讲,计算模拟的胞格要小于实验结果,有时有量级的差别。

由于受计算机运算速度和存储单元的限制,早期的计算模拟工作主要应用比较简单的化学反应模型,网格数目也比较少,一个爆轰波胞格宽度内有 40~80 个网格点。相关数值模拟结果仅仅具有定性的参考意义。随着计算机技术的飞速发展,可采用的网格分辨率越来越高,而且能够使用更加复杂的化学反应模型,因此数值模拟结果与爆轰实验结果越来越接近。Bourlioux 和 Majda[23] 的计算在半反应区宽度中使用了大约 20 个网格点。Oran 等 [24] 应用基元反应模型，模拟低压下的 $H_2$-$O_2$-Ar 爆轰，并开展了网格无关性分析。在一个胞格内，采用的计算网格点达到了 100~800 个。Gavrikov 等 [25] 将计算得到的胞格尺度与反应区特征长度进行关联，认为半反应区宽度至少需要 30 个网格点才能够合理模拟爆轰胞格结构。Sharpe[26] 建议半反应区宽度内至少需要 20 个网格点。目前还没有一个统一的方法确定该如何选择网格大小，但是在半反应区宽度内安排 20~30 个网格，对于给定的化学反应模型，获得的胞格尺度就不再有显著变化。

近十几年来，随着计算机技术的飞速发展，人们实现了对气体爆轰波的三维数值模拟研究。Eto 等 [27] 对三维矩形管道中的爆轰波传播方式进行了计算，发现三波点是沿着对角线传播的，该结论得到了 Deledicque 等 [28] 工作的支持。Dou 等 [29] 利用五阶加权 WENO 格式和三阶 TVD Runge-Kutta 法，研究了矩形管道中的爆轰波传播形态，发现横波能够强化三维爆轰波面，产生爆轰波面的局部过驱，并且伴有热点生成。三维爆轰波的数值模拟研究加深了人们对爆轰波传播机制的认识，给出了实验方法难以得到的详细信息。

### 1.3.3  理论建模研究

爆轰波理论的建立发生在爆轰波现象发现不久的时间内，这对于学科发展的促进作用是不言而喻的，在气体动力学的几个重要领域里也是非常独特的。对于给定的初边值条件，借助一维定常的守恒方程 (质量、动量、能量) 和状态方程，可以预测可能发生的波系运动。但是对于反应气体，依然需要另外一个方程实现系统的封闭。Rankine 和 Hugoniot 在无反应气体的条件下，获得了该守恒系统方程的解，即著名的激波关系式，也就是激波前后热力学和气动参数的关联关系 [30-33]。基于 Rankine 和 Hugoniot 的理论，Chapman[34] 和 Jouguet[35-37] 假定如果产物的热力学状态是平衡的，并且释放的化学能是确定的，那么对于给定的爆轰波，上述守恒方程存在两个可能的解：即强爆轰解和弱爆轰解。研究发现，对应于动量守恒的 Rayleigh 线和对应于能量守恒的平衡态 Hugoniot 曲线相切可以得到一个切点速度，如图 1.5 所示。Chapman 认为同时满足动量守恒和能量守恒的解只有一个，这个切点速度就是爆轰波的稳定传播速度。Jouguet 认为爆轰波稳定传播的条件要求在化学反应达到平衡后相对于激波波面的流动速度是声速，这样波后的扰动不能向前赶上爆轰波阵面并使其弱化和熄爆。对于 Chapman 的切点速度解，Jouguet 提出的声速准则明确了这个补充方程的物理意义，他们都分别得到了爆轰波稳定传播速度的唯一解。因此满足稳定解的爆轰波普遍称为 CJ 爆轰波。

CJ 理论是爆轰物理研究中一个非常成功的理论，根据该理论预测的爆轰波传播速度与实验测量结果符合良好，被广泛地应用于工程实践中，其学术意义和工程价值也是难以估计的。CJ 理论假定在爆轰波的传播过程中，可燃气体化学反应能瞬时释放,燃烧产物处于平衡态,爆轰波能够稳定传播。这些参数都是爆轰波的典型特征和关键参数,所以 CJ 理论能够给出与爆轰波宏观测量吻合的结果是不奇怪的。但是 CJ 理论忽略了爆轰波的复杂结构、反应区尺度、化学反应进程,由此预测的爆轰波参数在一些方面也存在差异,而且在爆轰起爆、发展与传播机制的研究方面缺乏指导性意义。

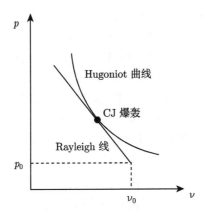

图 1.5　气体爆轰波的 CJ 理论示意图

　　早期爆轰波理论的成功,使得人们缺乏深入探索爆轰波结构的意愿。直到 20 世纪 40 年代,考虑到先导激波后化学反应区的特征尺度与化学反应进程,Zeldovich[38],von Neumann[39] 和 Döring[40] 分别独立提出了能够描述爆轰波结构的理论模型。他们假定爆轰波由前导激波及其后方的有限速率化学反应区构成,而化学反应区分为诱导区和放热区两个部分,其中诱导过程的结束即放热过程的开始。该理论后来被称为 ZND 模型,图 1.6 给出了这个模型的物理概念示意图。

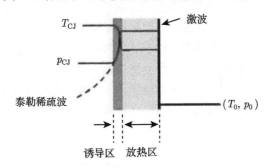

图 1.6　气体爆轰波的 ZND 模型示意图

　　ZND 模型包含了前导激波的绝热压缩效应,诱导了可燃气体高温下的自点火机制。在激波压缩产生自燃后,化学反应区存在一个反应诱导过程,等同于建立了一定厚度的化学反应带,在这个区域,压力和温度维持不变。然后跟随一个放热区,释放能量并驱动燃烧产物膨胀, 支撑先导激波以一定的马赫数传播, 圆满地封闭了爆轰波的自持传播规律。在热释放区内, 燃烧进程类似于传统的燃烧现象, 存在一个温度不断升高、压力略微降低的过程。最后燃烧气体的热力学参数在放热区末端达到平衡状态, 出现一个声速面, 与 CJ 爆轰理论吻合。

ZND 模型发展了 CJ 理论, 引入了化学反应非平衡过程, 构建了能够解释爆轰波自持传播的化学反应进程与前导激波相互作用规律。ZND 模型首次把化学反应过程与激波动力学过程成功地结合在一起, 建立了一个概念清晰、物理化学现象完整的爆轰波理论模型, 对于爆轰物理研究的贡献是巨大的, 成为后来计算流体动力学需要的爆轰波物理模型发展的理论基础。但是由于爆轰波的化学反应诱导过程与放热过程具有不可解耦性, 基于 ZND 模型发展的爆轰波物理方程对起爆和传播机制的计算结果与实验数据存在不同程度的差异。进一步的研究表明, 利用 ZND 模型推导出的爆轰动力学参数 (如起爆临界能量、爆轰传播速度极限、临界管道直径等) 与实验结果也存在不同程度的偏离。

近十几年来, 人们应用基元反应模型改进 ZND 模型的化学反应区结构, 获得了更合理的计算结果。随着人们对爆轰波复杂结构认知的不断深入, 多维爆轰波理论得到了重视与发展。但是一维爆轰波理论对于爆轰物理研究的巨大推动作用是毋庸置疑的, CJ 理论和 ZND 模型作为气体爆轰物理的两大基础理论的地位是不可撼动的。

# 1.4  气体爆轰波的关键物理现象

爆轰现象是发生在可燃气体中的超声速燃烧过程, 而且能够自持传播。从气体动力学学科方面讲, 它是一种化学反应、激波动力学、热力学过程耦合竞争的高速气体复杂反应体系, 具有高动态的三维空间结构和非定常与非稳定的时空特性。气体爆轰波有一些关键的物理现象, 对于认识爆轰物理本质具有重要意义。这些现象包括: 爆轰波起爆、爆轰波结构、爆轰波熄爆、爆燃转爆轰的演化机制、先导激波和化学反应耦合效应。由于认识这些现象是深入探索爆轰物理的切入点, 因此本节对这些关键物理现象做一个简单的概述与分析, 作为本书的基础知识介绍。

## 1.4.1  爆轰波起爆

爆轰波起爆一直是一个被广泛关注的问题。在很长一段时间里, 人们对于如此高速的燃烧是如何产生的感到困惑! 因为爆轰燃烧速度相对常见的燃烧现象可以有一到两个量级的差别。另外爆轰波起爆的研究还具有重要的工程应用需求。大量的实验观察和测量表明, 气体爆轰波的起爆可通过两个基本过程实现, 一个被定义为直接起爆, 另一个称为爆燃转爆轰的演化过程 [41]。直接起爆可燃气体需要较强的点火源。在这里，通过瞬间的大量能量释放形成强激波，诱导化学反应，进而演化成为爆轰波。整个演化过程所需时间极短，所以称为直接起爆。而爆燃转爆轰过程需要的起爆能量相对较小，是由爆燃波在一定条件下逐渐发展成为爆轰波的。该过程受到湍流、激波与边界层相互作用、剪切层失稳、旋涡破碎和燃烧不稳定等因素的影响，起爆时间和转变距离均具有不确定性。

在气体爆轰动力学领域，对直接起爆研究得比较多，建立了相对比较完整的理论描述。人们认为对于给定初始热力学状态的可燃气体，存在一个临界起爆能量。如果点火源的能量足够大，释放速率足够高，点火能量大于这个临界值就会直接起爆形成爆轰波。最早的直接起爆理论是由 Zel'dovich 等[42] 建立的。该理论认为要实现直接起爆，起爆冲击波的马赫数在衰减到 CJ 马赫数时，其传播距离必须大于 ZND 模型的诱导区长度，也就是说形成完整的 ZND 结构。这个基于 ZND 模型获得的临界起爆能量的理论值比实验结果小得多，但是这种把冲击波衰减与传播距离、化学反应区关联起来的研究方法为后续研究提供了启发性的思维方法。

Lee 等的研究发现平面爆轰波直接起爆的临界能量正比于诱导区长度，柱面爆轰波直接起爆的临界能量正比于诱导区长度的平方，而球面爆轰波直接起爆的临界能量正比于诱导区长度的立方[43]。以此可以推论：对于给定热力学状态的可燃气体，平面、柱面和球面爆轰波的起爆能量存在一个同样的临界起爆特征长度，这个参数建立了不同维度爆轰波起爆能量之间的关联和起爆临界能量与诱导区长度之间的关系。由于诱导区长度和爆轰胞格尺度成正比，因此起爆能量和胞格尺度也有相同的比例关系，这样可以通过测量胞格尺度来确定起爆能量，是一种简便、有效、切实可行的研究方法。基于上述研究方法和起爆能量变化规律，Lee[44] 采用 CJ 爆轰马赫数和爆轰胞格尺度建立了临界起爆能量的计算方法，代替了 Zel'dovich 提出的 CJ 马赫数和诱导区长度理论。应用该理论获得的球面爆轰波的临界起爆能量与一系列实验结果符合较好[45]。

爆燃转爆轰过程是一个复杂的气体动力学与化学反应的耦合过程，早期的研究曾经认为在这个发展过程中，爆燃波到爆轰波是连续加速的。人们对爆燃转爆轰的转变距离进行了大量的实验研究，但是最后却发现爆燃波的加速过程受流场的初始与边界条件影响很大，在不同条件下获得的研究结果的可重复性很差，缺乏规律性。Oppenheim 和 Urtiew[46] 的实验研究发现爆燃转爆轰过程实质上包含了两个阶段：爆燃波的逐渐加速过程和爆轰波的突发形成过程。首先，在一定的条件下，低速火焰能够不断地加速，发展成为高速湍流火焰。在这个过程，燃烧速度是渐变的。然后在湍流火焰面附近，边界层失稳区域、激波/边界层相互作用区能够产生局部的爆炸中心，即热点 (hot spot)。热点爆炸性的燃烧产生更强的压缩波，在向可燃气体传播的过程中诱导出更强的化学反应，迅速发展形成爆轰泡。从而，更强烈的化学反应诱发更强的激波，产生一个正反馈过程。由于湍流的强化辅助作用，第二个燃烧反应加速过程是突发的,具有很强的非线性特征。

Oran 等一直致力于爆燃转爆轰过程的发展机理研究,发现湍流在爆燃转爆轰过程中起到重要的促进作用,提出了非受限空间里湍流火焰转变为爆轰波的演化理论 [47-50]。该理论认为:梯度是引发爆燃转爆轰过程的内在因素,产生诱导时间空间梯度的唯一机理就是湍流混合和局部火焰熄灭。湍流的作用就是把高熵燃烧产物和低熵爆轰气体相混合,从而产生浓度梯度和温度梯度,两者的梯度符号是相反的。图 1.7 是 Oran 等通过数值模拟得到的爆燃转爆轰发生过程中的复杂流场结构,给出了起爆过程中各个关键物理现象的位置关系 [48]。

图 1.7    气体爆燃转爆轰过程流场结构 [48]

Oran 根据数值模拟研究结果,把爆轰波面厚度、层流火焰速度、层流火焰厚度等参数关联起来,获得了爆燃转爆轰过程发生的临界准则。该准则不考虑激波预热、壁面效应和障碍物的影响,是爆燃转爆轰过程发生的一种极限。根据该准则,所需要的湍流燃烧速度要比层流火焰快两个量级,仅通过火焰本身或者 Rayleigh-Taylor 不稳定性是很难达到如此高的湍流燃烧速度的,这也就是为什么在无限空间内很难形成爆轰波。

### 1.4.2    爆轰波结构

CJ 理论与 ZND 模型都基于爆轰波是平面波的假设,是由等强度激波与等强度化学反应带耦合组成的。爆轰波的传播速度和热力学状态取决于可燃气体的物性参数和化学反应能,这四个参数之间存在着一种能量宏观平衡的关系式。毫无疑问,一维理论成功地抓住了爆轰波状态平衡、能量守恒、传播稳定的主要特征。爆轰动力学专家 Lee 评述说,因为许多工程问题都可以从一维理论分析中获得答案,一维爆轰波理论的成功扼杀了人们对于爆轰波结构探索的好奇与冲动 [8]。

如果说一维爆轰波理论描述的是一种稳定状态,那么这种稳定是有条件的,容易受到干扰而失稳。这种稳定就像在水平的桌面上放一个钢球,球可以静止的,但是微小的扰动就可以产生失稳。而实际爆轰波的多波结构是另外一种稳定结构,并且是无条件的,是爆轰波传播的一种自在状态。就像钟摆一样,总是围绕着一个中心位置在一定范围内来回运动,周而复始。爆轰波结构还包括紧随多波结构的化学反应阵面,这个反应面具有与多波结构相似的几何特征,还具有一定的厚度,而且厚度是非均匀的。由于先导激波与横波的相互作用,化学反应阵面还牵拖着失稳的剪切层和系列的旋涡运动。伴随着爆轰波阵面后强烈的燃烧反应和化学能量释放, 燃烧产物中还存在一个稀疏波系。爆轰波结构还应该包括这个波系, 因为该波系产生的流动膨胀效应, 一方面维持了先导激波的基本恒定, 另一方面通过自适应调整, 匹配起爆处的边界条件。对于爆轰波, 存在一个著名 Taylor 稀疏波解, 满足起爆点处的零速度边界条件[51]。

Denisov 和 Troshin 获得的烟迹照片[14] 展示了爆轰波阵面可能存在的多波结构, 开启了人们对爆轰现象的探索研究。爆轰波阵面可以看作是由许多弧状球面激波组成的, 这些激波在传播过程中不断弱化, 同时通过相互作用与汇聚, 诱发爆炸性燃烧, 从而生成新的弧状球面激波。这种气动物理现象类似钟摆, 周而复始地构成了爆轰波的多波结构, 即先导激波与复杂横波的组合。这是一个非定常的、周期性的大尺度稳定结构。总而言之, 爆轰波结构包含三要素: 先导激波的多波结构、化学反应阵面和稀疏波系。这些非线性现象耦合在一起, 形成了爆轰波独特的自组织、自维持的超声速燃烧现象。

### 1.4.3　爆轰波熄爆

爆轰波是自持传播的, 爆轰波的传播过程如何受到影响产生熄爆是一个非常有意义的研究课题。从爆轰传播过程来看, 首先弱化先导激波, 进而弱化波后的化学反应, 最后能够导致爆轰波解耦和熄爆。Lee 等[52] 基于大量的实验结果, 分析了平面爆轰波绕射发展成为球面爆轰波的过程, 提出绕射后球面爆轰波是否存在与平面爆轰波运动经由的管道尺度有关系。如果圆截面管道的直径大于 13 倍的胞格尺度, 平面爆轰波绕射后能够持续形成球面爆轰波, 否则将出现熄爆现象。这个研究成果把管道尺度和胞格尺度两个重要参数关联在一起, 具有把流动膨胀强度和可燃介质特性关联的重要意义。

邓博等[53] 数值模拟了爆轰波在扩张管道中的绕射过程, 发现绕射产生流动膨胀, 能导致先导激波弱化, 胞格宽度变大, 三波点峰值压力增加。他们的研究揭示了在弱化爆轰波的传播过程中, 三波点碰撞诱导燃烧强度增加、入射波膨胀弱化、化学反应进程减速的相互依存关系。对于这种类型的爆轰波熄爆, 本质是爆轰波后流动膨胀弱化了化学反应区的热力学状态, 降低了反应速率, 从而降低了对先导激波的支撑, 弱化了先导激波。当这种流动膨胀强度达到一定程度时, 将导致先导激波和化学反应带解耦, 从而产生熄爆。

另外一种熄爆机制是由 Evans 等[54] 在 1955 年首次发现的, 他们借助消波壁面观察到爆轰波起爆延迟现象, 爆燃转爆轰距离可以增加 3 倍以上。图 1.8 给出了由 Radulescu 和 Lee 获得的实验照片, 显示了自持爆轰波通过泡沫型波吸收壁面时, 气体爆轰波的熄爆过程[55]。实验状态是当量比的 $C_2H_2+O_2$ 混合气, 初始压力 2.7kPa。实验段的壁面由两部分组成, 一部分是固体的实心反射壁面, 一部分是泡沫结构的多孔壁面。由图可见, 爆轰波进入消波壁面后, 横波在壁面上被吸收,经过很短一个距离就熄爆了。他们的系列实验表明，对于一定消波强度的壁面，如果爆轰波较强，还存在爆轰波弱化，爆轰胞格增加的过程。也就是说，通过吸收弱化横波的反射，能够弱化爆轰波，只有当横波反射弱化到一定程度后，熄爆才可能发生。从本质上讲，横波的弱化导致了三波点处化学反应的弱化，带来了对先导激波支持的弱化。而先导激波的弱化，反过来进一步导致化学反应强度的弱化，产生了先导激波和化学反应带的解耦，最后导致熄爆。

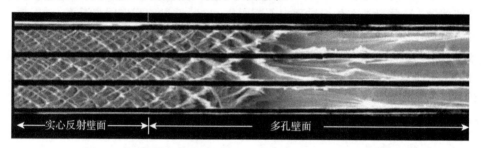

图 1.8   通过泡沫型波吸收壁面的气体爆轰波的熄爆过程 [55]

### 1.4.4   爆轰波发展及其强化机制

深入的研究表明：直接起爆过程是从宏观表象来定义的，实际上爆轰波的形成也经历了一个复杂的物理化学过程 [52,56]。在强大的爆炸冲击波的作用下，点火源形成的冲击波由于泰勒稀疏波的膨胀效应，会衰减到一个较低的马赫数，然后通过借助化学反应热的支持，发展形成过驱动爆轰波，进而逐步衰减为 CJ 爆轰波。这个演化过程在本质上与爆燃转爆轰过程是相同的。对于爆燃转爆轰过程，在爆轰波形成前，可燃气体中并不存在强激波，只有较弱的激波或者较强的压缩波。同时在可燃烧气体中存在燃烧反应，存在着温度梯度和燃料的浓度梯度。流场的扰动、压力波的聚集和激波干扰可能导致局部的可燃气体热点，热点处燃烧放热加速，产生更强的压力波，强化先导激波，加速发展为 CJ 爆轰波。热点形成和起爆过程广泛存在于爆燃转爆轰过程和直接起爆过程，是一个非常迅速的燃烧过程，具有爆炸性特征。热点的出现往往具有随机性，由于实验手段的限制，很难对其内部的热化学反应过程进行研究。

为了解释由爆燃转爆轰的突发性演化现象，Lee 等提出了一个 SWACER (shock wave amplification by coherent energy release) 理论 [57]。这个理论认为热点周围的流场存在化学反应诱导时间 (或温度) 梯度，如果梯度场产生的自发反应路径与激波/压缩波轨迹重合，就会导致激波/压缩波在传播过程中不断受到化学反应释放能量的支持而加速，最后达到较高的马赫数，实现了激波和化学反应的耦合传播，即发展形成爆轰波。该理论对爆轰波的形成过程给出了定性解释，也得到了一些实验 [58] 和数值结果 [59] 的支持。

由于 SWACER 理论本质上是一维的, 因此一些研究者利用一维数值模拟进行了深入的细化研究。Bartenev 等 [60] 对诱导时间梯度作用下的爆轰波形成过程进行了总结, 阐述了不同的线性梯度分布情况下对应的不同的爆炸过程, 给出了爆轰波形成的必要条件。Montgomery 等 [61] 引入了不同尺度的正弦扰动对线性梯度分布进行了修正, 研究了扰动频率对爆轰波起爆最小点火长度的影响。Sharpe 等 [62] 研究发现, 在线性温度梯度场作用下, 能够形成爆轰的温度梯度和化学反应放热率密切相关, 因此不同的可燃混合气体中起爆所需的温度梯度范围是不同的。Gu 等 [63] 利用基元反应模型对不同半径的球形热点的反应面传播过程进行了数值模拟, 得到了五种不同的化学反应波的传播方式 (热爆炸、爆轰波、准稳态爆轰波、爆燃波和层流火焰)。研究发现, 反应面的传播方式取决于热点温度梯度, 因此热点温度梯度和化学反应特征时间一起可以决定热点的发展变化。

在爆轰波发展过程中, 火焰面加速也是一个重要的研究内容。Oran 等 [64] 研究了激波、火焰面、边界层相互作用导致的燃烧面增强及其产生的爆燃转爆轰过程。他们发现激波与层流火焰面的作用会借助 Richtmyer-Meshkov 不稳定性产生不规则的湍流火焰面, 在湍流火焰面附近的未反应区内可燃气体的压力扰动会被非线性放大形成热点。如果存在适当的诱导时间与温度梯度场, 热点就会形成爆轰泡, 否则热点形成的弱激波可能很快衰减, 保持其湍流燃烧状态。Sivashinsky 等 [65,66] 模拟了爆燃波在狭窄管道中传播发生起爆的情况, 认为层流边界层产生的流动阻力在起爆过程中发挥了重要作用。起爆首先发生在阻力较大的边界层失稳区, 然后向内部流动传播。湍流并不是形成爆轰的关键因素, 但是湍流造成了流动的随机性, 创造了热点的形成条件。

一般意义下的火焰面总是包含更多的物理现象, 诸如激波反射、热点、湍流、旋涡、燃烧反应不稳定等物理现象, 这些现象从不同方面影响爆轰波的起爆与发展。无论是热点还是火焰面加速, 化学反应和激波的相互作用是关键的物理现象, SWACER 理论反映了爆燃转爆轰过程发生的重要物理机制。综合 1.4.3 节讨论的爆轰波熄爆的流动膨胀机制和本节讨论的爆轰波突发性发展理论, 两者之间应该还存在着更高层面上的关联关系。爆燃转爆轰出现的空间和时间位置可能是随机的, 但是发生的物理机制和规律应该是确定的。

### 1.4.5 爆轰波的稳定性

爆轰波的结构和起爆都与稳定性有关, 爆轰稳定性问题是爆轰物理的一个基础研究方向。在气体动力学领域, 激波是一个具有强间断的非线性现象, 能够在流场内部诱导旋涡。高速气体流动也是非线性问题, 涡的转移和波的传播与当地的流速和热力学状态密切相关。目前关于可燃气体反应规律的研究, 都采用 Arrhenius 定律, 因此化学反应进程取决于当地温度。在燃烧介质的自燃点附近, 化学反应速率对于温度变化非常敏感, 也具有显著的非线性特征。上述三种非线性现象是导致爆轰波多波结构及其振荡传播的主要原因。所以爆轰波稳定性研究是一个交叉学科, 超出了传统气体动力学的研究范畴。

气体爆轰波稳定性研究已经有半个多世纪的历史了。早期的研究通常假设爆轰波前后的绝热系数不变, 采用单步不可逆反应模型。譬如 Erpenbeck 等对一维和二维爆轰波进行了稳定性分析, 利用渐近理论得到了爆轰波的稳定性边界 [67]。He 等研究了活化能对一维爆轰波的影响, 发现随着活化能的增加, 爆轰波从稳定传播发展为间歇爆轰波, 最后由于振荡幅度过大, 爆轰波不再能稳定传播 [68]。Sharpe 采用更加精细的计算网格开展数值模拟研究, 发现即使对于很高的活化能, 爆轰波也能持续传播, 不过其传播形式类似于爆轰波形成过程中的热点起爆, 是一个不断熄灭和不断起爆的脉冲性过程 [69]。爆轰波的稳定性受到多个参数的影响, 譬如反应活化能、放热量、气体绝热指数、爆轰过驱动程度等。不同可燃气体爆轰的稳定边界不同。一般来说燃烧放热与激波耦合程度越弱, 爆轰波就越不稳定。然而上述研究均采用了一维不可逆化学反应模型, 忽略了化学反应进程对稳定性的影响。Ng 等采用两步反应模型开展数值模拟, 发现放热区和诱导区的长度比值决定了爆轰波的稳定性, 即这个比值越小, 爆轰波越不稳定 [70]。Short 利用三步反应模型研究了一维爆轰波不稳定性, 发现支链化学反应的阈值温度对爆轰波的稳定性有非常大的影响, 爆轰波随着该阈值温度的升高而逐渐失稳 [71]。采用更精细的化学反应模型得到的计算结果与单步反应的结果是定性一致的, 但是完善的化学反应模型将爆轰波稳定性研究成果建立在更合理的物理基础上, 具有更普遍的物理意义。

为了克服激波捕捉法在激波面上带来的误差影响, Powers 等利用激波装配法和五阶 WENO 格式对一维爆轰波的稳定性进行了数值研究 [72]。控制方程采用了一维的欧拉方程, 化学反应采用不可逆的单步反应模型, 其中活化能可以变化, 比热比为常数。研究发现, 随着活化能的增加, 爆轰波的传播速度呈周期性变化, 最后发展成为混沌。研究结果与非线性动力学理论预测结果一致。分叉点的 Feigenbaum 常数是 $4.66 \pm 0.09$, 与真实值 4.669201 非常接近。随着活化能的进一步增加, 爆轰波系统又会从混沌转变成一些有限的周期, 这些研究成果是以前爆轰稳定性研究中所没有报道的。图 1.9 给出了 Powers 等通过数值模拟得到的气体爆轰波速度分叉图。

虽然一维爆轰稳定性研究成功地解释了爆轰波结构中先导激波和燃烧反应带的耦合作用机制, 但是真实爆轰波的稳定性还受到横波的影响。Clavin 等采用渐近方法对过驱动爆轰波进行了多维稳定性分析, 给出了横向扰动线性增长率与稳定性频率的色散关系, 结论是多维爆轰波总是不稳定的 [73,74]。在此基础上, 他们获得了爆轰波面的非线性发展方程, 并对这个方程进行求解, 得到了爆轰波面的发展与形成过程, 预测结果和实验研究结果是定性一致的。Stewart 等应用爆轰激波动力学理论,采用解析方法给出了爆轰波阵面的发展方程,通过求解这个偏微分方程,得到了胞格爆轰波的传播过程,推导出了爆轰波胞格宽度的计算方法[75,76]。目前爆轰波稳定性研究建立在一些简化与假设的基础上,高可靠的稳定性理论研究任重道远。

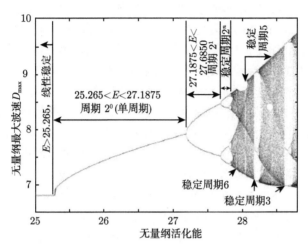

图 1.9　数值模拟得到的气体爆轰波速度分叉图[72]

### 1.4.6　气体爆轰波的应用

在开展爆轰物理研究的同时,气体爆轰相关的工程应用研究一直是主要研究领域。早期工程应用研究主要关注工业安全领域。相关研究主要包括两个方面:一方面是爆轰波防护问题,就是发展有效的方法和技术来防止爆轰波的形成,或者弱化已经形成的爆轰波,从而降低其破坏能力,达到防止和控制爆轰灾害发生的目的[77,78]。这方面的研究成果对于煤矿瓦斯汇聚、化工厂可燃气体泄漏、各种扬尘场所的爆炸事故的发生、预防和处理具有重要意义。另一方面是爆轰波防护工程的布局与设计,就是如何降低已经发生的爆轰波的危害,如防爆掩体设计、坑道结构布局和防爆结构强度等。

近几十年来,另外一个具有工程应用目的的研究领域是基于爆轰燃烧的热机技术。热机技术是现代社会发展的主要动力之一,譬如,应用于汽车的活塞式内燃机、应用于飞机的涡扇喷气发动机、应用于卫星发射的火箭发动机、应用于超声速飞行器的冲压喷气发动机等。对于现代社会,热机技术的重要性是不言而喻的,其热效率提高的研究经久不衰。爆轰物理的相关研究发现,爆轰波是一种高速、高效的化学能释放形式,具有等容燃烧的热力学特征,能够释放更多的机械能,因此在高速飞行的航空航天工程领域具有潜在的应用前景。

有几种在研的爆轰热机技术:第一种是脉冲爆轰发动机 (pulse detonation engine, PDE)[79,80]。其热力学过程由进气混合、爆轰燃烧、喷气排气三阶段组成。已经有基于氢气和汽油燃料的脉冲爆轰发动机实验研究结果报道,其技术发展与工程应用依然在研发中。第二种热机技术称为旋转爆轰发动机 (rotating detonation engine, RDE)[81-83]。这是一种连续的爆轰燃烧过程,发生在高速流动的可燃混合气中,利用了爆轰波传播的不稳定性。第三种热机技术称为斜爆轰发动机 (oblique detonation engine, ODE)[84,85]。对于高超声速流动的可燃气体,利用具有一定角度的斜楔产生驻定的斜爆轰波,其余的自由流部分将形成一道自由斜爆轰波。爆轰波的倾斜角依赖于来流速度、可燃气体特性及其初始状态。斜爆轰波的来流是高超声速状态,燃烧产物也处于超声速状态,是一种名副其实的超声速燃烧。已经有许多关于斜爆轰发动机的概念性研究,但是依然缺乏适当的、可信度高的风洞试验验证。其中最困难的问题是缺乏能够复现高声速飞行条件的风洞技术,能够合理模拟斜爆轰发动机需要的来流条件,给出可靠性高的实验数据。

随着高超声速飞行技术的发展,一个爆轰波应用的全新研究领域在近十几年得到了迅速发展,这个领域就是爆轰驱动高超声速风洞技术。高超声速试验装备的研制必须面对三个关键问题:一是如何模拟高超声速飞行条件下的气流总温。例如,在高度为 30km、马赫数为 7 的飞行条件下,试验气流总温大约为 2300K;对于马赫数为 10 的流动,气流总温可高达 4500K;对于马赫数为 20 的流动,气流总温可以高达上万摄氏度。第二个问题是热化学反应进程并不随实验模型尺度的大小变化而改变,因此高焓流动试验往往要求采用大尺度的飞行器模型以减小尺度效应的影响,所以大尺度流场的产生是必需的。第三个问题是超高速气体流动速度的模拟,而不仅仅是马赫数的模拟。高马赫数流动可以通过降低当地声速获得,超高速流动速度的模拟要求实实在在的气流焓值。满足上述三项模拟需求,实际上就是飞行条件的复现。如果需要复现 30km 高空、马赫数为 8 的飞行状态,创造直径为 3m 的高超声速流场,那么高超声速风洞的输出功率约为 60 万千瓦,输入功率为 300 万千瓦! 对比葛洲坝水电站的总装机容量 272 万千瓦,可见如此高的气流总温和功率需求,使得连续下吹式大型高超声速风洞建设与运行几乎是不现实的。

1957 年 Bird 首先分析了爆轰驱动激波管的基本概念和理论 [86]。而后俞鸿儒等提出在驱动段上游末端添设卸爆段以消除反射高压对实验装备造成的危害,从而使得反向爆轰成为能够工程应用的激波风洞驱动技术。中国科学院力学研究所于 1998 年研制成功了 JF-10 爆轰驱动高焓激波风洞 [87-89]。德国 Aachen 工业大学和中国科学院力学研究所合作建成了应用反向爆轰驱动的 TH2-D 高焓激波风洞 [90],成为欧洲高焓流动试验研究的主要风洞之一。美国航空航天局 (NASA) 经过论证,对计划建设的 HYPULSE 激波风洞也采用了爆轰驱动模式 [91,92],并完成了 X-43A 高超声速飞行器的系列试验。这些高超声速激波风洞已经成功地应用于高超声速飞行器气动力/热、真实气体效应、气体物理和超燃推进技术方面的实验研究，获得了重要数据。

2002 年，Jiang 基于激波反射概念，提出了一种具有激波反射腔结构的正向爆轰驱动方法 (forward detonation cavity driver，FDC 驱动器)[93]。FDC 驱动器的基本原理是应用反射腔产生一个很强的上行激波，弥补由稀疏波引起的驱动气流的压力降低，确保驱动气流的平稳性。2004 年应用 FDC 驱动器进一步改进了 JF-10 爆轰驱动高焓激波风洞，获得的风洞驻室压力平台和喷管平稳自由流超过 6ms。为了满足超燃冲压发动机试验的有效时间要求，姜宗林和李斌等进一步发展了爆轰驱动激波风洞缝合运行条件，喷管启动激波干扰衰减，激波管末端激波边界层相互作用控制技术，成功研制了能够复现高超声速条件的国际首座超大型爆轰驱动高焓激波风洞 (简称 JF-12 复现风洞)[11,12]。JF-12 复现风洞获得的有效实验时间长达 130ms，并具有复现 25~50km 高空，马赫数为 5~9 的高超声速飞行条件的能力。风洞整体性能居国际领先地位，获得了美国航空航天学会地面试验奖，评价说科学技术水平世界第一。爆轰驱动高焓激波风洞突破了系列关键技术，并以其产生高焓试验气流的能力强，提供的有效试验时间长，运行成本低，扩展性好，成为一种具有良好发展前途的高超声速风洞技术。

### 1.4.7　关于爆轰物理研究

爆轰现象包含了复杂的物理化学过程、非定常三维空间结构及其传播过程的高动态不稳定性。上面介绍的关键物理现象的研究提升了人们对于爆轰波现象的认知。关于爆轰物理的研究，人们常常根据自己的研究目的，从不同的角度对爆轰波进行不同程度的简化，并获得不同的理论研究成果。经典的爆轰物理成果有 CJ 理论、ZND 模型和 SWACER 理论。这些爆轰物理理论从不同侧面反映了爆轰波的某些物理特征、传播机制和运动规律，对爆轰物理学科的发展和工程应用发挥了巨大的推动作用。虽然这些研究进展都具有一定的客观性和科学性，反映了爆轰波起爆和传播的不同侧面，但是也具有一定的局限性。随着爆轰现象的深入研究，人们发现目前尚无适当的理论能够给出一个关于爆轰现象的总体描述，而简化的一维稳定理论模型常常给人们在开展深入爆轰物理研究时带来一些困惑，并缺乏关于爆轰波结构研究的启示性意义。

二十多年来，中国科学院力学研究所一直坚持气体爆轰波的基础研究，在大量研究成果的基础上，归纳并提出了气相规则胞格爆轰波起爆和传播的统一框架理论。该框架理论由一个物理机制、两个基本过程、三个关键状态等六个基本要素构成。这六个基本要素构成了气相规则胞格爆轰波起爆和传播的统一框架理论。统一框架理论的形象类似恐龙骨骼的整体结构，能够表述整个爆轰波的来龙去脉。虽然诸如横波、湍流、剪切层和热传导等物理现象在爆轰现象中也发挥着重要作用，并在不同程度上影响着爆轰波的物理特征，但是作为气相规则胞格爆轰波的基本框架，上述的六个要素是最基本、最本质和最关键的。统一框架理论对于爆轰现象的深入探索、机制认知和理论模化具有启示性意义，将在本书的第 5 章中，给予详细的阐述。

## 参 考 文 献

[1] Abel F A. Contributions to the history of explosive agents-second memoir. Philosophical Transactions of the Royal Society, 1873, 164: 337-395

[2] Berthelot M, Vieille P. On the velocity of propagation of explosive processes in gases. Comp. Rend. Hebd. Séances Acad. Sci., 1881, 93: 18-21

[3] Mallard E, Le Chatelier H L. Recherches sur la combustion des mélanges gazeux explosifs. Annales des Mines, 1883, 4[VIII]: 274-568

[4] Williams A. Combustion Theory. London: Taylor & Francis Inc., 1965

[5] Fickett W, Davis W C. Detonation: Theory and Experiment. California: Univ. California Press, 1979

[6] Turns S R. An Introduction to Combustion: Concepts and Applications. 3rd ed. New York: McGraw-Hill Companies, 2011

[7] Kuo K K. Principles of Combustion. 2nd ed. Hoboken, New Jersey: John. Wiley & Sons, Inc., 2005

[8] Lee J H S. The Detonation Phenomenon. Cambridge: Cambridge University Press, 2008

[9] Powers J M. Combustion Thermodynamics and Dynamics. Cambridge: Cambridge University Press, 2010

[10] 俞鸿儒, 李斌, 陈宏. 激波管氢氧爆轰驱动技术的发展进程. 力学进展, 2005, 35(3): 315-322

[11] 姜宗林, 李进平, 赵伟, 等. 长试验时间爆轰驱动激波风洞技术研究. 力学学报, 2012, 44(5): 824-831

[12] Jiang Z, Yu H. Theories and technologies for duplicating hypersonic flight conditions for ground testing. National Science Review, 2017, 4(3): 290-296

[13] Lee B H K, Lee J H, Knystautas R. Transmission of detonation waves through orifices. AIAA Journal, 1966, 4(2): 365-367

[14] Denisov Y, Troshin Y. Pulsating and spinning detonation of gaseous mixtures in tubes. Dokl. Akad. Nauk SSSR (Phys. Chem. Sec.), 1959, 125: 110-113

[15] Lee J H, Soloukhin R I, Oppenheim A K. Current views on gaseous detonation. Astronaut. Acta, 1969, 14: 565-584

[16] Kaneshige M, Shepherd J E. Detonation database. Califomia: Califomia Institute of Technology, 1997

[17] Pintgen F, Eckett C A, Austin J M, et al. Direct observations of reaction zone structure in propagating detonations. Combust. Flame, 2003, 133(3): 211-229

[18] Taki S, Fujiwara T. Numerical analysis of two dimensional nonsteady detonations. AIAA Journal, 1978 ,16(1): 73-77

[19] Gamezo V N, Desbordes D, Oran E S. Formation and evolution of two-dimensional cellular detonations. Combustion and Flame, 1999, 116(1-2): 154-165

[20] Liu Y F, Jiang Z L. Reconsideration on the role of the specific heat ratio in Arrhenius law applications. Acta Mechanic Sinica, 2008, 24(3): 261-266

[21] 张薇, 刘云峰, 姜宗林. 气相爆轰波胞格尺度与点火延迟时间关系研究. 力学学报, 2014, 46(6): 977-981

[22] Liu Y F, Zhang W, Jiang Z L. Relationship between ignition delay time and cell size of $H_2$-Air detonation. International Journal of Hydrogen Energy, 2016, 41(28): 11900-11908

[23] Bourlioux A, Majda A J. Theoretical and numerical structure for unstable two-dimensional detonations. Combust. Flame, 1992, 90(3-4): 211-229

[24] Oran E S, Weber J W, Stefaniw E I, et al. A numerical study of a two-dimensional $H_2$-$O_2$-Ar detonation using a detailed chemical reaction model. Combust. Flame, 1998, 113(1-2): 147-163

[25] Gavrikov A I, Efimenko A A, Dorofeev S B. A model for detonation cell size prediction from chemical kinetics. Combust. Flame, 2000, 120(1-2): 19-33

[26] Sharpe G J. Transverse waves in numerical simulations of cellular detonations. J. Fluid Mech., 2001, 447: 31-51

[27] Eto K, Tsuboi N, Hayashi A K. Numerical study on three-dimensional CJ detonation waves: detailed propagating mechanism and existence of OH radical. Proceedings of the Combustion Institute, 2005, 30(2): 1907-1913

[28] Deledicque V, Papalexandris M V. Computational study of three-dimensional gaseous detonation structures. Combustion and Flame, 2006, 144(4): 821-837

[29] Dou H, Tsai H M, Khoo B C, et al. Simulations of detonation wave propagation in rectangular ducts using a three-dimensional WENO scheme. Combustion and Flame, 2008, 154(4): 644-659

[30] Rankine M W J. On the thermodynamic theory of waves of finite longitudinal disturbances. Phil. Trans. Roy. Soc., 1870, 160: 277-288

[31] Hugoniot P H. Mémoire sur la propagation du movement dans les corps et plus spécialement dans les gaz parfaits. re Partie. J. Ecole Polytech., 1887, 57: 3-97

[32] Hugoniot P H. Mémoire sur la propagation du movement dans les corps et plus spécialement dans les gaz parfaits. ie Partie. J. Ecole Polytech., 1889, 58: 1-125

[33] Johnson J N, Cheret R. Classic Papers in Shock Compression Science. New York: Springer, 1998

[34]  Chapman D L. On the rate of explosion in gases. Philosophical Magazine, 1899, 47(284): 90-104

[35]  Jouguet E. Remarques sur la propagation des percussions dans les gaz. C. R. Acad. Sci., 1904, 138: 1685-1688

[36]  Jouguet E. On the propagation of chemical reaction in gases. J. de Mathematiques Pures et Appliques, 1905, (1): 347-425

[37]  Jouguet E. Macanique des Explosifs. Paris: Octava Doin et Fils, 1917

[38]  Zeldovich Y B. On the theory of the propagation of detonation in gaseous systems. Phys. JETP, 1940, 10(5): 542-568

[39]  von Neumann J. Progress report on "Theory of Detonation Waves" (Report). OSRD Report No. 549. Ascension number ADB967734, 1942

[40]  Döring W. Über den detonationsvorgang in gasen. Annalen Der Physik., 1943, 435(6-7): 421-436

[41]  Lee J H S. Initiation of gaseous detonation. Ann. Rev. Phys. Chem., 1977, 28(1): 75-104

[42]  Zel'dovich Y B, Librovich V B, Makhviladze G M, et al. On the development of detonation in a non-uniformly preheated gas. Astronautica Acta, 1970, 15: 312-321

[43]  Lee J H S, Lee B H K, Knystautas R. Direct initiation of cylindrical gaseous detonations. Phys. Fluids, 1966, 9(1): 221-222

[44]  Lee J H S. Dynamic parameters of gaseous detonations. Ann. Rev. Fluid Mech., 1984, 16(1): 311-336

[45]  Lee J H S, Knystautas R, Freiman A. High speed turbulent deflagrations and transition to detonation in $H_2$-Air mixtures. Combust. Flame, 1984, 56(2): 227-239

[46]  Oppenheim A K, Urtiew P A. Experimental observation of the transition to detonation in an explosive gas. Ceramils International, 1966, 40(7): 9563-9569

[47]  Khokhlov A M, Oran E S, Wheeler J C. A theory of deflagration-to-detonation transition in unconfined flames. Combustion and Flame, 1997, 108(4): 503-517

[48]  Kessler D A, Gamezo V N, Oran E S. Simulations of flame acceleration and deflagration-to-detonation transitions in methane-air systems. Combustion and Flame, 2010, 157(11): 2063-2077

[49]  Gamezo V N, Oran E S, Khokhlov A M. Three-dimensional reactive shock bifurcations. Proceedings of the Combustion Institute, 2005, 30(2): 1841-1847

[50]  Goodwin G B, Houim R W, Oran E S. Shock transition to detonation in channels with obstacles. Proceedings of the Combustion Institute, 2016, 36(2): 2717-2724

[51]  Taylor G I. The formation of a blast wave by a very intense explosion. I. Theoretical discussion. Proc. Roy. Soc. Lond. A, 1950(1065), 201: 159-174

[52]  Lee J H S, Higgins A J. Comments on criteria for direct initiation of detonation. Phil. Trans. R. Soc. Lond. A, 1999, 357(1764): 3503-3521

[53] 邓博, 胡宗民, 滕宏辉, 等. 变截面管道中爆轰胞格演变机制的数值模拟研究. 中国科学 G 辑: 物理学力学天文学, 2008, 38(2): 206-216

[54] Evans M, Given F, Picheson W. Effects of attenuating materials on detonation induction distances in gases. J. Appl. Phys., 1955, 26(9): 1111-1113

[55] Radulescu R, Lee J H S. The failure mechanism of gaseous detonations: experiments in porous wall tubes. Combust. Flame, 2002, 131(1-2): 29-46

[56] Radulescu M I, Higgins A J, Murray S B. An experimental investigation of the direction initiation of cylindrical detonations. J. Fluid Mech., 2003, 480(1): 1-24

[57] Lee J H S, Knystautas R, Yoshikawa N. Photochemical initiation of gaseous detonations. Acta Astronautica, 1978, 5: 971-982

[58] Thomas G O, Jones A. Some observations of the jet initiation of detonation. Combust. Flame, 2000, 120(3): 392-398

[59] Khokhlov A M, Oran E S. Numerical simulation of detonation initiation in a flame brush: the role of hot spots. Combust. Flame, 1999, 119(4): 400-416

[60] Bartenev A M, Gelfand B E. Spontaneous initiation of detonations. Progress in Energy and Combustion Science, 2002, 26(1): 29-55

[61] Montgomery C J, Khokhlov A M, Oran E S. The effect of mixing irregularities on mixedregion critical length for deflagration-to-detonation transition. Combust. Flame, 1998, 115(1): 38-50

[62] Sharpe G J, Short M. Detonation ignition from a temperature gradient for a two-step chain-branching kinetics model. J. Fluid Mech., 2003, 476: 267-292

[63] Gu X J, Emerson D R, Bradley D. Modes of reaction front propagation from hot spots. Combust. Flame, 2003, 133(1-2): 63-74

[64] Oran E S, Gamezo V N. Origins of the deflagration-to-detonation transition in gas-phase combustion. Combust. Flame, 2007, 148(1-2): 4-47

[65] Brailovsky I, Sivashinsky G. Hydraulic resistance as a mechanism for deflagration-to-detonation transition. Combust. Flame, 2000, 122(4): 492-499

[66] Kagan L. The transition from deflagration to detonation in thin channels. Combust. Flame, 2003, 134(4): 389-397

[67] Erpenbeck J J. Stability of steady-state equilibrium detonations. Physics of Fluids, 1962, 5(5): 604-614

[68] He L, Lee J H S. The dynamical limit of one-dimensional detonations. Physics of Fluids, 1995, 7(5): 1151-1158

[69] Sharpe G J. Linear stability of idealized detonations. Proceedings of the Royal Society of London Series A-Mathematical Physical and Engineering Sciences, 1997, 453(1967): 2603-2625

[70] Ng H D, Higgins A J, Kiyanda C B, et al. Nonlinear dynamics and chaos analysis of one-dimensional pulsating detonations. Combustion Theory and Modelling, 2005, 9(1):

159-170

[71] Short M. Multidimensional linear stability of a detonation wave at high activation energy. Siam Journal on Applied Mathematics, 1997, 57(2): 307-326

[72] Henrick A K, Aslam T D, Powers J M. Simulations of pulsating one-dimensional detonations with true fifth order accuracy. Journal of Computational Physics, 2006, 213(1): 311-329

[73] Clavin P, He L, Williams F A. Multidimensional stability analysis of overdriven gaseous detonations. Phys. Fluids, 1997, 9(12): 3764-3785

[74] Clavin P, Denet B. Diamond patterns in the cellular front of an overdriven detonation. Physical Review Letters, 2002, 88(4): 044502

[75] Yao J, Stewart D S. On the dynamics of multi-dimensional detonation waves. J. Fluid Mech., 1996, 309: 225-275

[76] Stewart D S. The shock dynamics of multidimensional condensed and gas-phase detonations. Proceedings of the Combustion Institute, 1998, 27(2): 2189-2205

[77] Gardner B R, Winter R J, Moore M J. Explosion development and deflagration-to-detonation transition in coal dust/air suspensions. Symposium (International) on Combustion, 1988, 21(1): 335-343

[78] Ajrash M J, Zanganeh J, Moghtaderi B. Methane-coal dust hybrid fuel explosion properties in a large-scale cylindrical explosion chamber. Journal of Loss Prevention in the Process Industries, 2016, 40: 317-328

[79] Kailasanath K. Recent developments in the research on pulse detonation engines. AIAA Journal, 2003, 41(2): 145-159

[80] Roy G E, Frolov S M, Borisov A A, et al. Pulse detonation propulsion: challenges, current status, and future perspective. Prog. Energy Combust. Sci., 2004, 30(6): 545-672

[81] Hishida M, Fujiwara T, Wolanski P. Fundamentals of rotating detonations. Shock Waves, 2009, 19(1): 1-10

[82] Braun E M, Lu F K, Wilson D R, et al. Airbreathing rotating detonation wave engine cycle analysis. Aerospace Science and Technology, 2013, 27(1): 201-208

[83] Frolov S M, Dubrovskii A V, Ivanov V S. Three-dimensional numerical simulation of operation process in rotating detonation engine. Russia Journal of Physical Chemistry B, 2012, 6(2): 276-288

[84] Kasahara J, Fujiwara T, Endo T, et al. Chapman-Jouguet oblique detonation structure around hypersonic projectiles. AIAA Journal, 2001, 39(8): 1553-1561

[85] Alexander D C, Sislian J P. Computational study of the propulsive characteristics of a Shcramjet engine. Journal of Propulsion and Power, 2008, 24(1): 34-44

[86] Bird G A. A note on combustion driven tubes, Royal aircraft establishment. AGARD Report 146, 1957

[87]  俞鸿儒, 赵伟. 氢氧爆轰驱动激波风洞的性能. 气动实验与测量控制, 1993, 7(3): 38-42

[88]  Zhao W, Jiang Z L, Saito T, et al. Performance of a detonation driven shock tunnel. Shock Waves, 2005, 14(1-2): 53-59

[89]  Yu H R, Chen H, Zhao W. Advances in detonation driving techniques for a shock tube/tunnel. Shock Waves, 2006, 15(6): 399-405

[90]  Yu H R, Esser B, Lenartz M, et al. Gaseous detonation driver for a shock tunnel. Shock Waves, 1992, 2(4): 245-254

[91]  Erdos J I, Calleja J, Tamagno J. Increases in the hypervelocity test envelope of the Hypulse shock-expansion tube, AIAA 94-2524, 18th AlAA Aerospace Ground Testing Conference, 1994

[92]  Bakos R J, Erdos J I. Options for enhancement of the performance of shock-expansion tubes and tunnels, AIAA 95-0799, the 33rd Aerospace Sciences Meeting and Exhibit, 1995

[93]  Jiang Z L, Zhao W, Wang C, et al. Forward-running detonation drivers for high-enthalpy shock tunnels. AIAA Journal, 2002, 40(10): 2009-2016

# 第 2 章　气体爆轰数理方程与计算方法

本章将从含放热源项的一维欧拉方程出发，简要总结气体爆轰的基础理论，并回顾气体爆轰化学反应源项的模化方法与数学物理模型。在此基础上，阐释爆轰波数值模拟研究所依据的控制方程和计算方法，特别给出频散可控耗散格式及其在爆轰问题中的应用。最后简单综述爆轰多维数值模拟研究进展。

## 2.1　气体爆轰基础理论

爆燃波和爆轰波是预混可燃气体中存在的两种不同的燃烧形式。它们的传播机制不同，其中爆轰波是一种具有自持传播特性的燃烧波。

爆燃波中，燃烧火焰面以亚声速传播，热量或者反应组分从反应区通过分子扩散或湍流输运等机制点燃波面前方的可燃气体，速度可以在一定的范围内连续变化。在碳氢燃料与空气的混合物中，爆燃波通常可产生最低约 0.5m/s 的层流火焰，随着输运和湍流作用的加强，火焰连续加速，高速湍流爆燃波的速度可达 1000m/s 左右。

爆轰波通过前导激波的绝热压缩实现自点火并以高超声速传播，通过迅速的化学反应放热使燃烧产物发生热膨胀实现高速传播。激波压缩波前的可燃混合气体，使得其温度达到着火点从而点燃，迅速燃烧释放的能量继续维持激波的传播。爆轰波是气体燃烧中最具破坏力的形式，与爆燃波不同，爆轰波的高速传播并不需要约束。通常在给定可燃混合气体中具有唯一确定的传播速度，而且是超声速的，即以高于波前气体声速的速度持续传播。在大气压强环境中，通常燃料/空气混合气体的爆轰波速度可达 1500~2000m/s，而压强可以达到 15~20atm①。因此，波前气体在爆轰波阵面到达之前是感受不到扰动的。

爆轰波在一百多年前就已经在实验中被研究，Chapman[1] 和 Jouguet 首次给出了爆轰波自持传播的系统理论，即 CJ (Chapman-Jouguet) 理论。该理论把爆轰波简化成一个具有无限反应速率的一维间断面。质量、动量和能量守恒方程可以确定唯一的爆轰波速度 (即 CJ 速度) 以及爆轰波后燃烧产物的热力学状态 (即 CJ 状态)。CJ 理论并不需要化学反应速率等化学反应动力学参数，只要给定可燃预混气体即可计算爆轰波的主要传播参数。

---

① 1atm=1.01×10⁵Pa。

爆轰波的 CJ 理论给出了爆轰波自持传播的基本条件, 即 CJ 条件。如果把坐标系建立在前导激波阵面上, 那么以唯一速度稳定自持传播的爆轰波反应后气体流动速度达到当地的声速 (即 CJ 点) 时反应即停止, 下文将通过一维守恒方程推导 CJ 理论。也就是说, 在上述坐标系中, 可燃预混气体以超声速进入并被激波压缩, 变成高温高压的亚声速流动气体。CJ 点形成一个 "壅塞" 点, 使得前导激波以恒定的速度传播, 而不会受到紧随其后的燃烧产物膨胀的干扰。

需要指出的是, CJ 理论在预测爆轰波宏观速度等参数上是非常成功的, 在求解爆轰波理论解时不需要爆轰波阵面热化学非平衡结构与传播机制。但是, CJ 理论无法给出以下信息: 爆轰波起始条件、导致爆轰波耦合结构解耦甚至熄爆的边界和约束条件, 以及从爆燃波向爆轰波转变的临界条件。为解决上述问题, 必须考虑爆轰波非平衡反应区的详细物理与化学反应过程与机制。

在第二次世界大战期间, Zeldovich, von Neumann 和 Döring 通过引入反应速率参数分别独立地改进了 CJ 理论, 即著名的 ZND 理论 [2-4]。如图 2.1 所示, ZND 理论认为爆轰波是由一个前导激波阵面和紧随其后的反应区组成的耦合结构。前导激波压缩预混气体至高温高压状态, 诱导快速的化学反应; 而高温高压产物的膨胀又反过来提供了前导激波传播所需的动量。因此, 激波压缩诱导化学反应放热、产物膨胀做功使得爆轰波得以自持。化学反应区的厚度由化学反应速率和爆轰波速决定。ZND 理论也能给出与 CJ 理论相同的爆轰波传播速度和爆压, 不同之处在于爆轰波结构的厚度和传播机制。如果反应速率已知, 那么可以得到爆轰波的详细结构, 当然 ZND 理论结果仍是一维的。真实的爆轰波是三维的, 具有复杂的三维横波结构及其相互作用 [5], 这将在后续章节中详细描述。本节着重讨论爆轰的气体动力学基础理论。

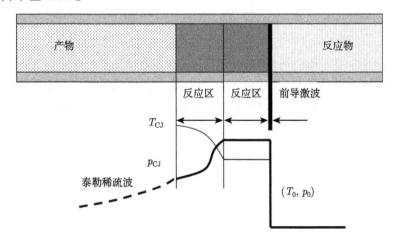

图 2.1 ZND 理论描述的爆轰波结构

### 2.1.1 基本控制方程

考虑某一稳定传播的燃烧波或者气流稳定穿过某一驻定的燃烧区，我们可以给出一维定常流动守恒方程。定常解存在的条件不仅要求流动满足守恒律，而且要求满足燃烧气体流动的边界条件以及维持燃烧波传播的点火机制。对于层流火焰来说，点火机制是通过热量与反应自由基的扩散实现的；对于爆轰波，点火机制是前导激波的绝热压缩。如果火焰或者爆轰波在封闭管内传播，那么，在封闭端产物的粒子速度要满足零速度边界条件。

我们首先考虑带有放热反应的一维守恒方程的解，如图 2.2 所示，其一维守恒方程可以写为

$$\rho_0 u_0 = \rho_1 u_1 = \dot{m} \tag{2.1}$$

$$p_0 + \rho_0 u_0^2 = p_1 + \rho_1 u_1^2 \tag{2.2}$$

$$h_0(T_0) + \frac{1}{2}u_0^2 + q = h_1(T_1) + \frac{1}{2}u_1^2 \tag{2.3}$$

其中，$\dot{m}$ 是通过单位面积的质量通量；$h_0(T_0)$ 和 $h_1(T_1)$ 分别是单位质量反应物和产物的焓；$q$ 是单位质量反应物的反应热。除了上述方程，我们还需要热完全气体的状态方程

$$p = \rho R T \tag{2.4}$$

其中，$R$ 代表气体常数。式 (2.1)~(2.3) 中，下标 0 和 1 分别表示入口和出口状态。通常，焓的表达式包含两部分，即式 (2.5)，其中，第一项为气体的生成焓，第二项为显焓，即与温度相关的部分

$$\tilde{h} = \sum_i \left[ Y_i h_{f,i}^0(T_{\text{ref}}) + \int_{T_{\text{ref}}}^{T} Cp_i \mathrm{d}T \right] \tag{2.5}$$

需要指出的是，单位质量反应物的反应热 $q$ 通常不是一个已知量，因为反应物组分及其浓度取决于温度，通常不是已知的。然而，如果我们假定在特定条件下的反应是平衡的，从而产物可以确定，那么 $q$ 就可以确定，对于给定反应物来说，$q$ 是一个常数。

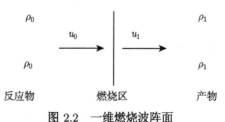

图 2.2   一维燃烧波阵面

### 2.1.2 Rayleigh 线和 Hugoniot 曲线

从控制方程和状态方程出发，可以通过推导代数关系式把燃烧波阵面上下游参数联系起来。从质量和动量守恒方程，即式 (2.1) 和式 (2.2) 可以得到

$$\rho_0^2 u_0^2 = \rho_1^2 u_1^2 = \frac{p_1 - p_0}{\nu_0 - \nu_1} = \dot{m}^2 \tag{2.6}$$

其中，$\nu = \dfrac{1}{\rho}$ 表示比容。从式 (2.6) 可以看出

$$\frac{p_1 - p_0}{\nu_0 - \nu_1} = \dot{m}^2 > 0 \tag{2.6.1}$$

因此，如果 $p_1 > p_0$，那么 $\nu_1 < \nu_0(\rho_1 > \rho_0)$，或者如果 $p_1 < p_0$，那么 $\nu_1 > \nu_0(\rho_1 < \rho_0)$。在 $p\text{-}\nu$ 图上，方程的解就被分成两个区，即压缩区 (爆轰) 和膨胀区 (爆燃)，如图 2.3 所示，在上述两区之外没有实解。爆轰解区和爆燃解区的分界是等容过程解和等压过程解，即 $\nu_1 = \nu_0$ 线和 $p_1 = p_0$ 线。等式 (2.6) 还可以改写为

$$p_1 = (p_0 + \dot{m}^2 \nu_0) - \dot{m}^2 \nu_1 \tag{2.6.2}$$

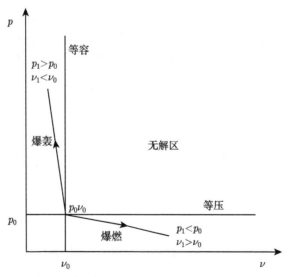

图 2.3 一维守恒方程的解及其分区

方程 (2.6.2) 在 $p\text{-}\nu$ 图上代表一条斜率为 $-\dot{m}^2$ 的直线，该直线被称为 Rayleigh 线，表征通过燃烧波前后状态变化的热力学途径。上式还可以改写为以下形式：

$$y = \left(1 + \frac{\dot{m}^2 \nu_0}{p_0}\right) - \left(\frac{\dot{m}^2 \nu_0}{p_0}\right) x \tag{2.6.3}$$

其中, $x = \dfrac{\nu_1}{\nu_0}, y = \dfrac{p_1}{p_0}$。因此, 对于给定的任意上游状态 $(\rho_0 u_0 = \dot{m})$, Rayleigh 线的斜率是唯一确定的, 即

$$\left(\frac{\mathrm{d}y}{\mathrm{d}x}\right)_{\mathrm{R}} = -\frac{\nu_0 \dot{m}^2}{p_0} \tag{2.6.4}$$

从能量方程 (2.3) 出发, 把式 (2.6) 分别代入能量方程中的速度平方项, 可以得到

$$(h_0 + q) + \frac{1}{2}\nu_0^2\left(\frac{p_1 - p_0}{\nu_0 - \nu_1}\right) = h_1 + \frac{1}{2}\nu_1^2\left(\frac{p_1 - p_0}{\nu_0 - \nu_1}\right) \tag{2.7}$$

上式稍作化简即可得到

$$h_1 - (h_0 + q) = \frac{1}{2}(p_1 - p_0)(\nu_0 + \nu_1) \tag{2.7.1}$$

如果以比内能 $e$ 取代比焓 $h(h = e + p\nu)$, 我们还可以得到

$$e_1 - (e_0 + q) = \frac{1}{2}(p_1 + p_0)(\nu_0 - \nu_1) \tag{2.7.2}$$

如果量热状态方程 $h = (p, \nu)$ 或 $e = (p, \nu)$ 给定, 以及上游状态 $(\nu_0, p_0)$ 已知, 方程 (2.7.1) 和 (2.7.2) 可以在 $p$-$\nu$ 图上给出燃烧波下游状态 $(\nu_1, p_1)$ 的轨迹。进一步假设量热完全气体, 即上下游气体比热比分别为常数 $\gamma_0$ 和 $\gamma_1$, 那么有

$$h_0 = \frac{\gamma_0}{\gamma_0 - 1}p_0\nu_0, \quad h_1 = \frac{\gamma_1}{\gamma_1 - 1}p_1\nu_1$$

把上式代入式 (2.7.1) 可以得到

$$y = \frac{p_1}{p_0} = \frac{\dfrac{\gamma_0 + 1}{\gamma_0 - 1} - x + \dfrac{2q}{p_0\nu_0}}{\dfrac{\gamma_1 + 1}{\gamma_1 - 1}x - 1} \tag{2.7.3}$$

其中, $x = \dfrac{\nu_1}{\nu_0}$。方程 (2.7.1)~(2.7.3) 被称作 Hugoniot 曲线, 代表给定燃烧波上游速度 "$u_0$" 后下游的状态点轨迹。上文已经提到, 燃烧波上下游状态满足 Rayleigh 线条件, 那么燃烧波下游状态的解必然是 $p$-$\nu$ 图上 Hugoniot 曲线和 Rayleigh 线的交点。下游状态 $(\nu_1, p_1)$ 或 $(x, y)$ 就对应 Hugoniot 曲线和 Rayleigh 线的交点。

方程 (2.7.3) 可以简写为

$$(y + \alpha)(x - \alpha) = \beta \tag{2.7.4}$$

其中,

$$\alpha = \frac{\gamma_1 - 1}{\gamma_1 + 1} \tag{2.7.5}$$

$$\beta = \frac{\gamma_1 - 1}{\gamma_1 + 1}\left(\frac{\gamma_0 + 1}{\gamma_0 - 1} - \frac{\gamma_1 - 1}{\gamma_1 + 1} + \frac{2q}{p_0 v_0}\right) \tag{2.7.6}$$

这表明 Hugoniot 曲线是一条双曲线,注意到 $y=1$ 代表一个等压爆燃解,而 $x=1$ 则代表一个等容爆轰解。Hugoniot 曲线的渐近极限为 $\left(y \to \infty, x \to \alpha = \frac{\gamma_1 - 1}{\gamma_1 + 1}\right)$,这与强激波的极限压缩状态相同。

如果 $q=0$,不难看出式 (2.7.3) 即为正激波的 Hugoniot 关系,即

$$y = \frac{p_1}{p_0} = \frac{\dfrac{\gamma_0 + 1}{\gamma_0 - 1} - x}{\dfrac{\gamma_1 + 1}{\gamma_1 - 1}x - 1} \tag{2.7.7}$$

### 2.1.3 CJ 理论解与 CJ 点

从式 (2.7.4) 可以得到 Hugoniot 曲线的斜率为

$$\left(\frac{\mathrm{d}y}{\mathrm{d}x}\right)_{\mathrm{H}} = -\left(\frac{y + \alpha}{x - \alpha}\right) \tag{2.8}$$

上式表明 Hugoniot 曲线的斜率恒为负,这是因为 $\gamma_1 > 1, \alpha > 0$,且 $(x - \alpha) > 0$。

对式 (2.8) 进一步求导得到

$$\left(\frac{\mathrm{d}^2 y}{\mathrm{d}x^2}\right)_{\mathrm{H}} = 2\frac{y + \alpha}{(x - \alpha)^2} > 0 \tag{2.8.1}$$

这表明 Hugoniot 曲线是上凹的。通常,Rayleigh 线与 Hugoniot 曲线存在两类相交状态,分别是上侧的爆轰分支,以及下侧的爆燃分支。上侧分支中,Rayleigh 线与 Hugoniot 曲线相切的点对应 CJ 爆轰解,而下侧分支则对应 CJ 爆燃解,如图 2.4 所示。CJ 解代表某种特殊状态,对应燃烧波下游产物的声速流动状态,此时熵增也达到极值。

由式 (2.6.3) 和 (2.6.4) 可以得出

$$\left(\frac{\mathrm{d}y}{\mathrm{d}x}\right)_{\mathrm{R}} = -\frac{y - 1}{1 - x} \tag{2.8.2}$$

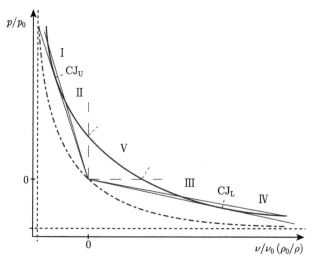

图 2.4 Rayleigh 线与 Hugoniot 曲线

在 CJ 理论解的切点处，Rayleigh 线与 Hugoniot 曲线的斜率相等，且由式 (2.8.2) 和 (2.8) 可得到

$$\left(\frac{\mathrm{d}y}{\mathrm{d}x}\right)_{\mathrm{H}}^* = \left(\frac{\mathrm{d}y}{\mathrm{d}x}\right)_{\mathrm{R}}^*$$

$$-\left(\frac{y^*+\alpha}{x^*-\alpha}\right)_{\mathrm{R}} = -\frac{y^*-1}{1-x^*}$$

其中，CJ 切点理论解用上标 * 表示，即可得到

$$y^* = \frac{-x^*(1-\alpha)}{1+\alpha-2x^*} \tag{2.8.3}$$

因此有

$$\left(\frac{\mathrm{d}y}{\mathrm{d}x}\right)_{\mathrm{H}}^* = \left(\frac{\mathrm{d}y}{\mathrm{d}x}\right)_{\mathrm{R}}^* = -\left(\frac{y^*-1}{1-x^*}\right) = \frac{1+\alpha}{1+\alpha-2x^*} \tag{2.8.4}$$

$\left(\dfrac{\mathrm{d}y}{\mathrm{d}x}\right)_{\mathrm{H,R}}^* = \dfrac{1+\alpha}{1+\alpha-2x^*} = \dfrac{-(1+\alpha)\,y^*}{(1-\alpha)\,x^*}$，将 $\alpha = \dfrac{\gamma_1-1}{\gamma_1+1}$ 代入可以得到

$$\left(\frac{\mathrm{d}y}{\mathrm{d}x}\right)_{\mathrm{H,R}}^* = \frac{-\gamma_1 y^*}{x^*} \tag{2.8.5}$$

注意到等熵关系有 $p\nu^\gamma =$ constant，将此式用于燃烧波下游状态得到 $p_1\nu_1^{\gamma_1} =$ constant，并用 $p_0, \nu_0$ 无量纲化得到 $yx^{\gamma_1} =$ constant。因而，燃烧波下游状态等熵线的斜率为

$\left(\dfrac{\mathrm{d}y}{\mathrm{d}x}\right)_{\mathrm{S}} = \dfrac{-\gamma_1 y}{x}$，对应 CJ 切点理论解有

$$\left(\frac{\mathrm{d}y}{\mathrm{d}x}\right)_{\mathrm{S}}^* = \frac{-\gamma_1 y^*}{x^*} \tag{2.8.6}$$

对比式 (2.8.5) 和 (2.8.6)，可以得出在 CJ 点，Rayleigh 线、Hugoniot 曲线及等熵关系线的斜率是相等的，即

$$\left(\frac{\mathrm{d}y}{\mathrm{d}x}\right)_{\mathrm{H}}^* = \left(\frac{\mathrm{d}y}{\mathrm{d}x}\right)_{\mathrm{R}}^* = \left(\frac{\mathrm{d}y}{\mathrm{d}x}\right)_{\mathrm{S}}^* \tag{2.8.7}$$

由声速的定义可知

$$c^2 = \left(\frac{\partial p}{\partial \rho}\right)_{\mathrm{S}} = -\nu^2 \left(\frac{\partial p}{\partial \nu}\right)_{\mathrm{S}} = -(p_0\nu_0)\left(\frac{\nu}{\nu_0}\right)^2 \left[\frac{\partial\left(\frac{p}{p_0}\right)}{\partial\left(\frac{\nu}{\nu_0}\right)}\right]_{\mathrm{S}}$$

燃烧波下游产物的声速为

$$c_1^2 = -(p_0\nu_0)\, x^2 \left(\frac{\mathrm{d}y}{\mathrm{d}x}\right)_{\mathrm{S}} \tag{2.8.8}$$

质量守恒方程可以改写为

$$u_1^2 = \dot{m}^2\nu_1^2 = \dot{m}^2\nu_0^2 x^2 \tag{2.8.9}$$

把上式代入 Rayleigh 线斜率式 (2.6.4)，有

$$\left(\frac{\mathrm{d}y}{\mathrm{d}x}\right)_{\mathrm{R}} = -\frac{\dot{m}^2\nu_0}{p_0} = -\frac{u_1^2}{\nu_0^2 x^2}\frac{\nu_0}{p_0} = -\frac{u_1^2}{(p_0\nu_0)\,x^2} \tag{2.8.10}$$

因为在 CJ 点，Rayleigh 线、Hugoniot 曲线及等熵关系线的斜率相等，将上式代入式 (2.8.8) 可以得到在 CJ 点有下列关系成立：

$$c_1^{*2} = -(p_0\nu_0)\,x^2\left(\frac{\mathrm{d}y}{\mathrm{d}x}\right)_{\mathrm{S,R}}^* = (p_0\nu_0)\,x^{*2}\left(\frac{u_1^{*2}}{p_0\nu_0 x^{*2}}\right) = u_1^{*2} \tag{2.8.11}$$

上式表明，在 CJ 点，燃烧波下游燃烧产物的流动速度为声速，即

$$M_1^{*2} = \left(\frac{u_1^*}{c_1^*}\right)^2 = 1 \tag{2.8.12}$$

图 2.4 给出了 Rayleigh 线和 Hugoniot 曲线，分别以燃烧波上游 (入口) 参数无量纲化。实曲线为当 $q > 0$ 时的 Hugoniot 曲线，而点划线为 $q = 0$ 条件下的

Hugoniot 曲线，即激波 Hugoniot 曲线。数条实直线则为不同质量通量的 Rayleigh 线。燃烧波下游 (出口) 参数即为 Hugoniot 曲线与 Rayleigh 线的交点。那么，问题来了，所有的交点都有物理意义吗？

要回答上述问题，我们首先将图 2.4 给出的 Hugoniot 曲线划分为五个区，分别用 I~V 来表征。从上到下依次为：第 I 区从曲线最上侧到曲线与 Rayleigh 线的上切点，即所谓的上 CJ 点CJ$_U$；第 II 区从CJ$_U$ 开始到 Hugoniot 曲线与垂直虚线 (等容线) 的交点；第 V 区从该交点开始直到 Hugoniot 曲线与水平虚线 (等压线) 的交点；第III区从该交点开始直到 Hugoniot 曲线与 Rayleigh 线的下切点，即所谓的下 CJ 点CJ$_L$；第IV区为CJ$_L$ 右侧的曲线部分。上述五个分区依照压强的不同，分别命名为强爆轰区（I）、弱爆轰区（II）、弱爆燃区 (III)、强爆燃区 (IV) 和非解区 (V)。

从等式 (2.6) 可以得到

$$\rho_0^2 u_0^2 = \rho_0^2 M_0^2 a_0^2 = M_0^2 \gamma_0 p_0 \rho_0 = \frac{p_1 - p_0}{\nu_0 - \nu_1} = \dot{m}^2 \tag{2.9.1}$$

$$\rho_1^2 u_1^2 = \rho_1^2 M_1^2 a_1^2 = M_1^2 \gamma_1 p_1 \rho_1 = \frac{p_1 - p_0}{\nu_0 - \nu_1} = \dot{m}^2 \tag{2.9.2}$$

因而可以分别得到

$$M_0^2 = \frac{\nu_0}{\gamma_0 p_0} \frac{p_1 - p_0}{\nu_0 - \nu_1} \tag{2.9.3}$$

$$M_1^2 = \frac{\nu_1}{\gamma_1 p_1} \frac{p_1 - p_0}{\nu_0 - \nu_1} \tag{2.9.4}$$

从式 (2.6.4) 可以看出 Rayleigh 线的斜率是负的，并且 Hugoniot 曲线第 V 区为非物理解区。

$M_0$ 和 $M_1$ 的值大小如何，大于 1 还是小于 1? 为回答上述问题，我们需要联合分析 Hugoniot 曲线和 Rayleigh 线。在第 I 和 II 区 Rayleigh 线斜率值大于切点状态的斜率值，而在 Hugoniot 曲线上III和IV区则相反。因此，由式 (2.9.3) 和 (2.9.1) 可以得到在 I 和 II 区范围内，$M_0 > 1$，在III和IV区，$M_0 < 1$。从 Hugoniot 曲线 I 区的最上侧出发，此处对应激波 Hugoniot 曲线的极值点，式 (2.7.3) 和 (2.7.7) 可以得到 $\frac{\nu_1}{\nu_0} = \frac{\gamma_1 - 1}{\gamma_1 + 1}$。把此式代入 (2.9.4) 可以得到

$$M_1^2 = \frac{\gamma_1 - 1}{2\gamma_1} \tag{2.9.5}$$

在 Hugoniot 曲线 I 区的最上侧，曲线渐近垂直，从此处开始达到上 CJ 点CJ$_U$；在此之前，压强剧烈减小，而密度和斜率值的变化则微弱，因此 $M_1$ 是单调增加的。在 Hugoniot 曲线 I 区，从靠近 V 区的点开始，此处的压强和密度的值为有限大小，

但是斜率值趋于无穷大，因此 $M_1$ 也是如此。当向 $\mathrm{CJ_U}$ 移动时，斜率值及式 (2.9.4) 中的 $\frac{\nu_1}{p_1}$ 项将减小，因此，$M_1$ 减小。

### 2.1.4 CJ 爆轰速度

CJ 爆轰特殊之处在于，燃烧波出口速度为声速，使其不被下游的膨胀波追上而被削弱，在实验中也发现，自由传播的爆轰波通常都是 CJ 爆轰。通过理论分析直接得到 CJ 爆速是不可能的，我们需要某些简化。假设爆轰反应物和产物的比热分别为定值，由守恒方程 (2.1)～(2.3) 及 $u_1^2 = a_1^2 = \gamma_1 R_1 T_1 = \gamma_1 p_1 \nu_1$ 可以得到

$$\rho_0 u_0 = \rho_1 u_1 = \rho_1 \sqrt{\gamma_1 R_1 T_1} \tag{2.10.1}$$

$$p_0 + \rho_0 u_0^2 = p_1 + \gamma_1 p_1 \tag{2.10.2}$$

及

$$c_{p0} T_0 + \frac{1}{2} u_0^2 + q = c_{p1} T_1 + \frac{1}{2} u_1^2 \tag{2.10.3}$$

因为式 (2.10.2) 中 $p_0 \ll p_1$，那么动量方程可近似简化为

$$\rho_0 u_0^2 = p_1 + \gamma_1 p_1 \tag{2.10.4}$$

把式 (2.10.1) 代入上式，消掉 $\rho_0 u_0$ 项得到

$$\frac{\rho_1}{\rho_0} = \frac{\gamma_1 + 1}{\gamma_1} \tag{2.10.5}$$

此项显然比极强激波的压缩比 $\frac{\rho_1}{\rho_0} = \frac{\gamma_1 + 1}{\gamma_1 - 1}$ 小得多。把能量方程 (2.10.3) 改写为

$$c_{p0} T_0 + q = c_{p1} T_1 + \frac{1}{2} u_1^2 \left(1 - \frac{1}{2} \frac{u_0^2}{u_1^2}\right) \tag{2.10.6}$$

及以下关系:

$$\frac{u_0}{u_1} = \frac{\rho_1}{\rho_0} = \frac{\gamma_1 + 1}{\gamma_1}, \quad u_1^2 = \gamma_1 R_1 T_1, \quad R_1 = \frac{\gamma_1 - 1}{\gamma_1} c_{p1}$$

那么，由式 (2.10.6) 可以得到

$$T_1 = \frac{2\gamma_1^2}{\gamma_1 + 1} \left(\frac{q}{c_{p1}} + \frac{c_{p0}}{c_{p1}} T_0\right) \tag{2.10.7}$$

把式 (2.10.5) 和式 (2.10.7) 代入式 (2.10.1) 得到 CJ 爆速的近似表达式

$$U_{\mathrm{CJ}} = \frac{\gamma_1 + 1}{\gamma_1} \sqrt{\gamma_1 \frac{\gamma_1 - 1}{\gamma_1} c_{p1} \frac{2\gamma_1^2}{\gamma_1 + 1} \left(\frac{q}{c_{p1}} + \frac{c_{p0}}{c_{p1}} T_0\right)}$$

或者

$$U_{\mathrm{CJ}} = \sqrt{(\gamma_1^2 - 1)\, 2c_{p1}\left(\frac{q}{c_{p1}} + \frac{c_{p0}}{c_{p1}}T_0\right)} \qquad (2.10.8)$$

对于绝大多数爆轰气体来说，反应热的值非常大，通常 $q \gg c_{p0}T_0$，因此，式 (2.10.8) 可以进一步简化为

$$U_{\mathrm{CJ}} = \sqrt{2\left(\gamma_1^2 - 1\right)q} \qquad (2.10.9)$$

上式表明 CJ 爆速与爆轰气体反应热的平方根成正比。

## 2.2  爆轰波的数学物理模型

2.1 节讲述了爆轰和爆燃的理论解，其依据为一维理论假设下的控制方程，见方程 (2.1)~(2.3)，其形式上与一般意义的气体动力学控制方程并无本质差别，仅在能量方程中多了一项，即单位质量反应物的反应热 $q$。需要指出的是，$q$ 取决于反应物和产物的组分构成、各组分浓度以及反应前后的温度。然而，反应物和产物的组分及其浓度取决于反应的具体温度和压强条件，这些条件通常不是已知的，因此 $q$ 通常不是一个已知量。理论解只能假定在特定条件下反应是平衡的，从而产物可以确定，从而确定 $q$ 的值。

解决给定反应物在特定反应条件下的产物组分构成、反应进程及反应热 $q$ 的确定问题属于化学反应动力学的范畴。所谓化学动力学主要研究两个基本问题 —— 反应速率和反应机理 [6]。反应机理是指为了描述一个总体反应所需要的一组基元反应。反应机理可能包含几个步骤，也可以包括几百个反应；而有时又会针对某些特定问题用一种简单唯象反应模型来简化。

确立一个完整的反应机理，通常的做法是：首先给出可能的反应通道，然后给出每个反应的反应速率，消除速率方程中不稳定的中间物，只保留包含稳定组元浓度的速率方程，最终解得动力学方程。最后还要将得到的速率方程、动力学方程和实验数据加以比较，以此来确定反应机理的可靠性。

在化学动力学的发展历程中，受各相关领域的理论和实验条件的限制，最初是从宏观的角度来进行研究的。1850 年 Wilhelmy 最先研究反应速率与反应体系中各组元浓度之间的关系；1865 年 Guldberg 和 Waadge 总结了前人的大量工作，并结合实验数据，提出了质量作用定律，指出化学反应的速率和反应物的摩尔浓度成正比，即 $\dot{\omega} = k_f(T)\prod\limits_{i=1}^{N} c_i^{v_i'}$，质量作用定律在微观上反映了组元分子的碰撞频率，因此与组元的摩尔浓度成正比；Van't Hoff 首先定量地研究反应速率对温度的一般性依赖关系；1889 年，Arrhenius 认为，反应速率随温度升高而增大，不是因为分子平动的平均速率增大，而是因为活化分子数目的增多，并提出活化能的概念，建立

了 Arrhenius 定理。反应体系中的普通分子必须吸收一定的能量才能成为参与反应的活化分子，而且大多数反应随温度的升高而加速。

1913 年 Bodenstein 在研究氯化氢的光化合过程中提出链式反应，这一概念的提出打开了化学动力学研究的新领域。此后，苏联的 Semenoff 和英国的 Hinshelwood 两人用不同的实验同时发现了燃烧的 "界限" 现象，陆续证实了多种燃烧反应都具有链式反应的特征。Semenoff 学派和 Hinshelwood 学派对链式反应研究所做的贡献突出，1956 年两人同时获得诺贝尔化学奖。

从 20 世纪开始，化学动力学开始转为从微观角度进行探讨，20 世纪初期兴起的化学反应简单碰撞理论给出了第一个反应速率模型，该模型认为反应物分子必须相互接近，然后发生碰撞。描述这一过程需要计算分子的碰撞频率和活化分子的浓度。20 世纪 30 年代，在简单碰撞理论的基础上，借助于量子力学计算分子中原子间势能的方法，求得了反应体系的势能面，形成了化学反应的 "过渡态理论"，该理论认为反应物分子进行有效碰撞后，首先形成一个过渡态 (活化络合物)，然后活化络合物分解为产物。

研究过程中逐渐发现，在反应历程中存在着一些反应能力强、寿命短的自由基，这一发现迫切要求开发测定和分析自由基的新方法，建立研究快速反应的新领域。自 20 世纪 30 年代起，研究者开始采用光谱法和质谱法来检测 OH、H、$CH_2$ 等自由基；到 20 世纪 50 年代，又出现了用示波管法来研究气相高温快速反应，能够通过闪光光解技术发现寿命特别短的自由基；到 20 世纪 80 年代，光解技术的分辨率已提高到纳秒和皮秒，可直接观测化学反应的最基本的动态历程。

20 世纪 60 年代后期，将分子束应用于研究化学反应，从而实现了分子反应层次上的观察，分子反应动力学应运而生。

在过去的几十年里，化学研究者可以定义出从反应物到产物的详细化学途径，并测定或者计算它们相应的化学反应速率，利用这些研究成果就可以通过构建计算机模型来模拟反应系统。

总体来说，使得爆轰与一般气体动力学不同的根本原因就是爆轰波后反应区发生的热化学反应，通过一系列的数学物理模型来进行描述，主要解决的关键问题有：反应过程中有哪些具体的反应、每个反应有哪些组分参与以及反应的速率。从简到繁，一般可以分为单步反应模型、两步反应模型和三步支链反应模型。上述模型属于唯象反应模型范畴，而更为细致的反应模型为基元反应模型。本节主要介绍上述反应模型。唯象反应模型适用于爆轰波的传播问题，不适用于爆轰波的起爆和熄爆等问题，基元反应模型适用的范围更广。

## 2.2.1 单步反应模型

最简单最直观地给出反应物和最终产物来表达化学反应机理的模型是单步爆

轰反应模型。这一模型对于解决某些问题是有用的，但并不能真正正确理解系统中的实际化学过程。不过利用单步反应模型也是有优势的，简单的反应步骤大大提高了计算效率，同时可以灵活地调整化学反应中的某些化学参量，如活化能、反应的放热量等。通过调整这些化学参量也能很好地反映流场的一些特点，并广泛应用于化学反应的流场分析。

应用单步反应模型描述爆轰波反应进程，控制方程中除了传统的气体动力学三大守恒方程外，还需要引入关于放热反应进度因子 $\beta$(取值范围为 0~1) 的守恒方程。单步反应模型中，化学反应的放热过程通过放热反应进度因子 $\beta$ 和化学反应速率 $\dot\omega$ 来表示：

$$\frac{\mathrm{d}\beta}{\mathrm{d}t} = \dot\omega \tag{2.11.1}$$

具体的化学反应速率通常采用经验的 Arrhenius 公式来表示，即

$$\dot\omega = (1-\beta)\,k\exp\left(-\frac{E_a}{R_u T}\right) \tag{2.11.2}$$

式中，$E_a$ 为化学反应的活化能，$k$ 为化学反应速率常数。采用单步反应模型描述爆轰时，其反应气体的状态方程通过压强 $p$、放热量 $q$、放热反应进度因子 $\beta$、单位质量气体总能 $E$ 和动能给出，即

$$p = (\gamma-1)\rho\left[E - \frac{1}{2}\left(u^2+v^2\right)+\beta q\right] \tag{2.11.3}$$

其中，$\gamma$ 是混合气体的比热比。

单步反应模型经常被用于爆轰波的传播问题研究 [7,8]。

### 2.2.2　两步反应模型

基于 ZND 模型进行简化的两步反应模型，在原理上和单步反应模型是一致的，都是通过反应物和产物直接描述化学反应的。不同的是，两步反应模型通过划分诱导反应和放热反应两个阶段来处理化学反应。

应用两步反应模型描述爆轰波反应进程，控制方程中除了传统的气体动力学三大守恒方程外，还需要分别引入关于诱导反应进程因子 $\alpha$(取值范围为 0~1) 和放热反应进度因子 $\beta$(取值范围为 0~1) 的守恒方程。诱导反应相当于可燃气体为燃烧做准备的活化过程，诱导反应没有发生时 $\alpha=0$，随着诱导反应的进行，$\alpha$ 逐渐增大，当诱导反应结束时，即反应气体已全部活化，$\alpha$ 的值为 1。这一阶段的反应速率 $\dot\omega_\alpha$ 通过诱导反应进度因子 $\alpha$ 来确定：

$$\frac{\mathrm{d}\alpha}{\mathrm{d}t} = \dot\omega_\alpha \tag{2.12.1}$$

诱导反应完成后，即 $\alpha = 1$ 时，开始进行放热反应并生成燃烧产物，这一阶段的反应速率 $\dot{\omega}_\beta$ 通过放热反应进度因子 $\beta$ 来确定：

$$\frac{\mathrm{d}\beta}{\mathrm{d}t} = \dot{\omega}_\beta \tag{2.12.2}$$

两步反应模型过程见图 2.5，爆轰波从右向左传播。前导激波后的气体经过压缩后，温度和压力都得以升高，气体吸收的一部分能量使得气体分子活化。当气体分子活化完成后，放热反应开始进行，大量的热量被释放出来，当参加反应的各个组分达到平衡态后，反应结束。上述反应速率的表达式在形式上也为 Arrhenius 公式，如式 (2.11.2)，针对不同的问题，其中的系数通常不同。两步反应模型经常被用于分析爆轰波的传播以及胞格结构 [9] 等问题。

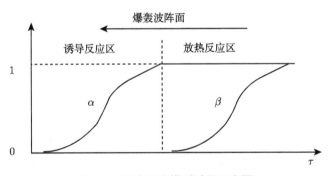

图 2.5　两步反应模型过程示意图

比较简单的唯象反应模型除了上面提到的单步反应模型和两步反应模型以外，最近也出现考虑一定链式反应机制的三步反应模型 [10,11]，不仅包含链起始反应步，还包括了链终止反应步，还有考虑多种组分的两步反应模型 [12] 等简化模型。这些简单的分步模型都能够在有效利用计算资源的基础上，通过简单的反应过程来模拟燃烧放热系统，但是随着实验手段的日益精进，计算水平的逐渐提高，研究者逐渐发现，简化的模型无法描述更为详尽的爆轰物理现象。在一个实际的化学反应过程中，会发生一系列连续的包含许多中间组分的反应，详细并尽可能真实地描述一个反应机理，需要几个甚至几百个基元反应，这就是基元反应模型。

### 2.2.3 基元反应模型

基元反应模型是化学反应流体力学中最基本、最重要的化学反应模型。它通过若干基本组元之间的化学反应，即基元反应，描述宏观的化学反应过程。通常的基元反应模型是非常复杂的，例如，长链烃的燃烧可能涉及几十种基本粒子和上百种基元反应，其中很多反应的化学动力学过程目前还不清楚。对于最常见的氢氧爆轰,模型相对比较简单,通常涉及十几种基本粒子和二十种左右的基元反应,因此这方面的模拟也比较多。

对于具有 ns 个化学组分, nq 个基元反应方程的化学反应来说,基元反应方程可以统一写为

$$\sum_{i=1}^{ns} v'_{ik}\chi_i \underset{k_{bk}}{\overset{k_{fk}}{\rightleftharpoons}} \sum_{i=1}^{ns} v''_{ik}\chi_i, \quad k = 1, 2, \cdots, nq \tag{2.13.1}$$

其中, $v'_{ik}$ 和 $v''_{ik}$ 分别为组分 $i$ 在第 $k$ 个基元反应中反应前后的化学计量系数; $k_{fk}$ 和 $k_{bk}$ 分别为正向和逆向反应速率常数。由质量作用定律可以得到组分 $i$ 的单位体积质量生成率:

$$\dot{\omega}_i = M_i \sum_{k=1}^{nq} (v''_{ik} - v'_{ik}) \left[\sum_{i=1}^{ns} (\alpha_{ik}c_{\chi i})\right] \left[k_{fk} \prod_{i=1}^{ns} (c_{\chi i})^{v'_{ik}} - k_{bk} \prod_{i=1}^{ns} (c_{\chi i})^{v''_{ik}}\right] \tag{2.13.2}$$

其中, $M_i$ 为第 $i$ 种组分的摩尔质量, $c_{\chi i}$ 为组分 $i$ 的摩尔浓度, $\alpha_{ik}$ 为第 $k$ 个反应中组分 $i$ 的三体效应系数。基元化学反应速率的计算一般有 Arrhenius 定律、Landau-Teller 公式或者是与压力相关的 Fall-off 反应 [13]。对于绝大多数反应,可以采用 Arrhenius 定律计算反应速率

$$k_{fk} = A_k T^{n_k} \exp\left(\frac{-E_{ak}}{R_u T}\right) \tag{2.13.3}$$

其中, $A_k$ 为频率因子, $n_k$ 为温度指数, $E_{ak}$ 为活化能, $R_u$ 为普适气体常数。逆向反应速率常数可以通过反应平衡常数和正向反应速率常数来确定

$$k_{bk} = \frac{k_{fk}}{Kc_k} \tag{2.13.4}$$

式中, $Kc_k$ 为第 $k$ 个基元反应的浓度平衡常数,它与压力平衡常数 $Kp_k$ 的关系为

$$Kc_k = Kp_k \left(\frac{p_{atm}}{R_u T}\right)^{\sum_{i=1}^{ns} (v''_{ik} - v'_{ik})} \tag{2.13.5}$$

式中, $p_{atm} = 1atm$,压力平衡常数 $Kp_k$ 可以通过 Gibbs 函数得出

$$Kp_k = \exp\left\{\sum_{i=1}^{ns} \left[-(v''_{ik} - v'_{ik})\frac{G_i}{R_i T}\right]\right\} \tag{2.13.6}$$

$$G_i = h_i - TS_i \tag{2.13.7}$$

Arrhenius 定律是由 Svante August Arrhenius (图 2.6) 提出的,他也因为在化学反应动力学方面的贡献荣获 1903 年诺贝尔化学奖。Arrhenius 在化学反应动力学方面的重要贡献之一就是引入了活化能的概念,即式 (2.13.3) 中的 $E_a$, $E_a$ 不仅是基元反应中的关键参数,也是单步或多步简化反应模型的关键参数。

图 2.6　Svante August Arrhenius (1859—1927)

　　基元反应模型能够详细描述化学反应的过程, 是化学反应动力学中最基本、最重要的反应模型。理论上, 模型越详细就越能够接近实际的反应机理。但随着模型的复杂程度增加, 基元反应模型用于爆轰数值分析的消耗越来越难以承受, 因此, 有必要对化学反应模型进行简化, 这方面的研究已经成为一个活跃的物理化学研究领域。表 2.1 给出了氢气和空气的基元反应模型之一, 包含 11 种反应组分和 23 种基元反应。

表 2.1　$H_2$-Air 基元反应模型

| 序号 | 反应方程 | $A$ | $n$ | $E_a$ |
|---|---|---|---|---|
| 1 | $H_2+O_2{=\!=\!=}2OH$ | $1.70\times10^{13}$ | 0.0 | 47780 |
| 2 | $OH+H_2{=\!=\!=}H_2O+H$ | $1.17\times10^{9}$ | 1.3 | 3626 |
| 3 | $O+OH{=\!=\!=}O_2+H$ | $4.00\times10^{14}$ | $-0.5$ | 0 |
| 4 | $O+H_2{=\!=\!=}OH+H$ | $5.06\times10^{4}$ | 2.7 | 6290 |
| 5 | $H+O_2+M{=\!=\!=}HO_2+M$ | $3.61\times10^{17}$ | $-0.7$ | 0 |
| 6 | $OH+HO_2{=\!=\!=}H_2O+O_2$ | $7.50\times10^{12}$ | 0.0 | 0 |
| 7 | $H+HO_2{=\!=\!=}2OH$ | $1.40\times10^{14}$ | 0.0 | 1073 |
| 8 | $O+HO_2{=\!=\!=}O_2+OH$ | $1.40\times10^{13}$ | 0.0 | 1073 |
| 9 | $2OH{=\!=\!=}O+H_2O$ | $6.00\times10^{8}$ | 1.3 | 0 |
| 10 | $H+H+M{=\!=\!=}H_2+M$ | $1.00\times10^{18}$ | $-1.0$ | 0 |
| 11 | $H+H+H_2{=\!=\!=}H_2+H_2$ | $9.20\times10^{16}$ | $-0.6$ | 0 |
| 12 | $H+H+H_2O{=\!=\!=}H_2+H_2O$ | $6.00\times10^{19}$ | $-1.3$ | 0 |

| 序号 | 反应方程 | $A$ | $n$ | $E_a$ |
|------|----------|-----|-----|-------|
| 13 | $H+OH+M\Longleftrightarrow H_2O+M$ | $1.60\times10^{22}$ | $-2.0$ | 0 |
| 14 | $H+O+M\Longleftrightarrow OH+M$ | $6.20\times10^{16}$ | $-0.6$ | 0 |
| 15 | $O+O+M\Longleftrightarrow O_2+M$ | $1.89\times10^{13}$ | 0.0 | $-1788$ |
| 16 | $H+HO_2\Longleftrightarrow H_2+O_2$ | $1.25\times10^{13}$ | 0.0 | 0 |
| 17 | $HO_2+HO_2\Longleftrightarrow H_2O_2+O_2$ | $2.00\times10^{12}$ | 0.0 | 0 |
| 18 | $H_2O_2+M\Longleftrightarrow 2OH+M$ | $1.30\times10^{17}$ | 0.0 | 45500 |
| 19 | $H_2O_2+H\Longleftrightarrow HO_2+H_2$ | $1.60\times10^{12}$ | 0.0 | 3800 |
| 20 | $H_2O_2+OH\Longleftrightarrow H_2O+HO_2$ | $1.00\times10^{13}$ | 0.0 | 1800 |
| 21 | $O+N_2\Longleftrightarrow NO+N$ | $1.40\times10^{14}$ | 0.0 | 75800 |
| 22 | $N+O_2\Longleftrightarrow NO+O$ | $6.40\times10^{9}$ | 1.0 | 6280 |
| 23 | $OH+N\Longleftrightarrow NO+H$ | $4.00\times10^{13}$ | 0.0 | 0 |

注: 11 种化学组元包括 $H_2$、$O_2$、$H$、$O$、$OH$、$HO_2$、$H_2O_2$、$H_2O$、$N_2$、$N$、$NO$。
所涉及的单位为 mol、s、cm、K、cal。
第三体增强系数如下:

反应 5: $[H_2O]=18.6$, $[H_2]=2.86$, $[N_2]=1.26$; 反应 10: $[H_2O]=0$, $[H_2]=0$; 反应 13: $[H_2O]=5.0$; 反应 14: $[H_2O]=5.0$。

爆轰波往往伴随着剧烈的破坏性,其根源就在于爆轰气体的剧烈放热反应,在非常短的时间内释放大量化学能。在这个反应过程中,链式反应机制能够充分说明爆轰的微观机理,这是由苏联的 Semenoff 和英国的 Hinshelwood 在开展若干种燃烧反应实验后发现的。图 2.7 给出了链式反应机制的示意图,通常分为直链反应和支链反应。直链反应是指消耗和产生活性基数目相同的基元反应,包括链起始 (chain initiation)、传递 (chain carrying) 和终止 (chain termination) 三个步骤,见图 2.7(a)。支链反应,是指产生活性基数目比消耗活性基数目更多的基元反应,包括链起始 (chain initiation)、传递 (chain carrying)、分支 (chain branching) 和终止 (chain termination) 四个步骤,见图 2.7(b)。支链反应相对于直链反应来说更加剧烈,关键就是其反应机理中包含了后者没有的分支反应,使得反应产生的活性基以指数速度加速 (accelerating)。例如,氢氧爆轰就是支链反应机理,见图 2.7(c),而卤族元素氟 (F)、氯 (Cl)、溴 (Br)、碘 (I) 等与氢气的反应就是直链反应。

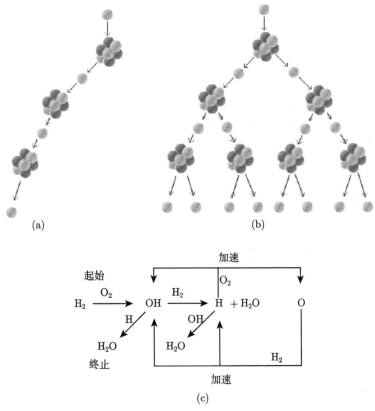

图 2.7  链式反应机制

(a) 直链反应机制; (b) 支链反应机制; (c) 氢氧爆轰的支链加速反应机制

## 2.3  爆轰波控制方程及其计算方法

### 2.3.1  控制方程

爆轰波数值模拟的控制方程可以通过对可压缩 Navier-Stokes 方程 (N-S 方程) 进行扩展，添加化学反应源项得到。受限于计算机的能力，针对三维爆轰问题的数值模拟，虽然已经有少量研究发表，但都是应用了非常简化的化学反应模型，以及非常简化和微小的计算域。大规模三维爆轰问题，特别是应用详细化学反应机制的大型爆轰问题的数值模拟，目前仍不现实。对爆轰波的数值模拟主要集中在二维，例如，二维平面或者轴对称问题，二维爆轰波问题的控制方程可以表示为

$$\frac{\partial \mathbf{U}}{\partial t} + \frac{\partial \mathbf{F}}{\partial x} + \frac{\partial \mathbf{G}}{\partial r} + \mathbf{S} + \mathbf{S}_{\text{chem}} = \frac{\partial \mathbf{F}_v}{\partial x} + \frac{\partial \mathbf{G}_v}{\partial r} + \mathbf{S}_v \tag{2.14}$$

其中，

$$
\mathbf{U} = \begin{pmatrix} \rho C_1 \\ \rho C_2 \\ \vdots \\ \rho C_{\mathrm{ns}} \\ \rho u \\ \rho v \\ E \end{pmatrix}, \quad
\mathbf{F} = \begin{pmatrix} \rho C_1 u \\ \rho C_2 u \\ \vdots \\ \rho C_{\mathrm{ns}} u \\ \rho u^2 + p \\ \rho uv \\ (E+p)u \end{pmatrix}, \quad
\mathbf{G} = \begin{pmatrix} \rho C_1 v \\ \rho C_2 v \\ \vdots \\ \rho C_{\mathrm{ns}} v \\ \rho uv \\ \rho v^2 + p \\ (E+p)v \end{pmatrix}
$$

$$
\mathbf{S} = \frac{i}{r} \begin{pmatrix} \rho C_1 v \\ \rho C_2 v \\ \vdots \\ \rho C_{\mathrm{ns}} v \\ \rho vu \\ \rho v^2 \\ (E+p)v \end{pmatrix}, \quad
\mathbf{F}_v = \begin{pmatrix} \rho D_1 C_{1x} \\ \rho D_2 C_{2x} \\ \vdots \\ \rho D_{\mathrm{ns}} C_{\mathrm{ns}x} \\ \tau_{xx} \\ \tau_{xr} \\ \tau_{xx}u + \tau_{xr}v + q_x \end{pmatrix}, \quad
\mathbf{G}_v = \begin{pmatrix} \rho D_1 C_{1r} \\ \rho D_2 C_{2r} \\ \vdots \\ \rho D_{\mathrm{ns}} C_{\mathrm{ns}r} \\ \tau_{xr} \\ \tau_{rr} \\ \tau_{xr}u + \tau_{rr}v + q_r \end{pmatrix}
$$

$$
\mathbf{S}_v = \frac{i}{r} \begin{pmatrix} \rho C_1 v \\ \rho C_2 v \\ \vdots \\ \rho C_{\mathrm{ns}} v \\ \tau_{xr} \\ \tau_{rr} \\ u\tau_{xt} + v(\tau_{rr} + \tau_{\theta\theta}) + q_r \end{pmatrix}, \quad
\mathbf{S}_{\mathrm{chem}} = \begin{pmatrix} \dot\omega_1 \\ \dot\omega_2 \\ \vdots \\ \dot\omega_{\mathrm{ns}} \\ 0 \\ 0 \\ 0 \end{pmatrix} \tag{2.14.1}
$$

式中, $\rho$ 和 $p$ 分别为混合气的密度和压力; $u$ 和 $v$ 分别为 $x$ 和 $r$ 方向的速度; $C_i$ ($i = 1, 2, \cdots, \mathrm{ns}$) 为组分 $i$ 的质量分数, $C_{ix} = \dfrac{\partial C_i}{\partial x}$; 混合气体的总密度为 $\rho = \displaystyle\sum_{i=1}^{\mathrm{ns}} \rho_i = \sum_{i=1}^{\mathrm{ns}} \rho C_i$, $\rho_i$ 为组分 $i$ 的密度; 流场压力 $p$ 可以表示为混合气体各组分分压 $p_i$ 之和, 即 $p = \displaystyle\sum_{i=1}^{\mathrm{ns}} p_i = \sum_{i=1}^{\mathrm{ns}} \rho_i R_i T$, $R_i$ 为组分 $i$ 的气体常数, $T$ 为混合气体的温度。单位体积的总能可以表示为焓值、压力和动能的函数, 表达式为

$$
E = \sum_{i=1}^{\mathrm{ns}} \rho_i h_i - p + \frac{\rho}{2}(u^2 + v^2) \tag{2.14.2}
$$

其中, $h_i$ 为组分 $i$ 的焓值, 可以表示为定压比热 $C_{pi}$ 从参考温度 $T_0$ 到温度 $T$ 的积

分与参考温度下的标准生成焓 $h_i^0$ 之和

$$h_i\left(T\right) = \int_{T_0}^{T} C_{pi}\left(T\right) \mathrm{d}T + h_i^0 \tag{2.14.3}$$

式中，定压比热 $C_{pi}$ 一般通过多项式拟合的方法给出。定压比热 $C_{pi}$、焓值 $h_i$ 及下文用到的熵 $S_i$ 的表达式为

$$\frac{C_{pi}}{R_i} = a_{1i}T^{-2} + a_{2i}T^{-1} + a_{3i} + a_{4i}T + a_{5i}T^2 + a_{6i}T^3 + a_{7i}T^4 \tag{2.14.4}$$

$$\frac{h_i}{R_iT} = -a_{1i}T^{-2} + a_{2i}T^{-1}\ln T + a_{3i} + \frac{a_{4i}}{2}T + \frac{a_{5i}}{3}T^2 + \frac{a_{6i}}{4}T^3 + \frac{a_{7i}}{5}T^4 + b_{1i}T^{-1} \tag{2.14.5}$$

$$\frac{S_i}{R_i} = -\frac{a_{1i}}{2}T^{-2} - a_{2i}T^{-1} + a_{3i}\ln T + a_{4i}T + \frac{a_{5i}}{2}T^2 + \frac{a_{6i}}{3}T^3 + \frac{a_{7i}}{4}T^4 + b_{2i} \tag{2.14.6}$$

其中，$a_{li}(l = 1, 2, \cdots, 7)$、$b_{1i}$ 和 $b_{2i}$ 为拟合常数，对应组分 $i$，对于常见的基本组分有标准数据库可供查询[14]。化学反应源项中，$\dot{\omega}_i$ 为组分 $i$ 的单位体积的质量生成率，和化学反应模型相关，在 2.2 节已经讨论和分析。

方程右侧的黏性项中，$D_i\left(i = 1, 2, \cdots, \mathrm{ns}\right)$ 为组分 $i$ 的扩散系数；黏性应力为

$$\tau_{xx} = \mu\left(2\frac{\partial u}{\partial x} - \frac{2}{3}\nabla \cdot \mathbf{V}\right) \tag{2.14.7}$$

$$\tau_{rr} = \mu\left(2\frac{\partial v}{\partial r} - \frac{2}{3}\nabla \cdot \mathbf{V}\right) \tag{2.14.8}$$

$$\tau_{xr} = \tau_{rx} = \mu\left(\frac{\partial u}{\partial r} + \frac{\partial v}{\partial x}\right) \tag{2.14.9}$$

$$\tau_{\theta\theta} = \mu\left(\frac{v}{2r} + \frac{2}{3}\nabla \cdot \mathbf{V}\right) \tag{2.14.10}$$

$$\nabla \cdot \mathbf{V} = \frac{\partial u}{\partial x} + \frac{1}{r}\frac{\partial}{\partial r}\left(rv\right) = \frac{\partial u}{\partial x} + \frac{\partial v}{\partial r} + \frac{v}{r} \tag{2.14.11}$$

各方向的热流量为

$$q_x = \kappa\frac{\partial T}{\partial x} + \sum_{i=1}^{\mathrm{ns}}\rho h_i D_i\frac{\partial C_i}{\partial x} \tag{2.14.12}$$

$$q_r = \kappa\frac{\partial T}{\partial r} + \sum_{i=1}^{\mathrm{ns}}\rho h_i D_i\frac{\partial C_i}{\partial r} \tag{2.14.13}$$

其中，$\mu$ 和 $\kappa$ 分别为混合气体的动力黏性系数和热传导系数，可以通过气体的性质或者一些经验拟合公式得到。

　　针对具体的问题可以对方程进行简化，从而得到合适的控制方程。例如，对于通常的爆轰波传播问题，可以忽略黏性的影响，去掉方程右侧的耗散项，得到二维轴对称欧拉方程。如果进一步去掉方程左侧的几何源项，即 S 项，则可以得到二维平面欧拉方程。如果令纵向速度 $v$ 等于零，可以化简得到一维方程，其中几何源项 S 和 $S_v$ 的系数可以表示为 $i/r$，$i = 0, 1$ 分别对应一维平面和柱面流动。

### 2.3.2　计算方法

　　为了便于在复杂计算域及在流场梯度较大的区域进行局部网格加密处理以提高分辨率，需要作物理域 $(x, r)$ 的控制方程到计算域 $(\xi, \eta)$ 的变换。通过引入如下变换关系：

$$\begin{cases} x = x(\xi, \eta) \\ r = r(\xi, \eta) \end{cases} \tag{2.15}$$

则计算域内的无量纲控制方程为

$$\frac{\partial \tilde{\mathbf{U}}}{\partial t} + \frac{\partial \tilde{\mathbf{F}}}{\partial \xi} + \frac{\partial \tilde{\mathbf{G}}}{\partial \eta} + \tilde{\mathbf{S}} = \frac{1}{Re}\left( \frac{\partial \tilde{\mathbf{F}}_v}{\partial \xi} + \frac{\partial \tilde{\mathbf{G}}_v}{\partial \eta} + \tilde{\mathbf{S}}_v \right) + \tilde{\mathbf{S}}_{\text{chem}} \tag{2.16}$$

其中，各矢量为

$$\tilde{\mathbf{U}} = \frac{\mathbf{U}}{J}, \quad \tilde{\mathbf{F}} = \frac{1}{J}(\xi_x \mathbf{F} + \xi_y \mathbf{G}), \quad \tilde{\mathbf{G}} = \frac{1}{J}(\eta_x \mathbf{F} + \eta_y \mathbf{G})$$
$$\tilde{\mathbf{S}} = \frac{\mathbf{S}}{J}, \quad \tilde{\mathbf{F}}_v = \frac{1}{J}(\xi_x \mathbf{F}_v + \xi_y \mathbf{G}_v), \quad \tilde{\mathbf{G}}_v = \frac{1}{J}(\eta_x \mathbf{F}_v + \eta_y \mathbf{G}_v) \tag{2.16.1}$$
$$\tilde{\mathbf{S}}_v = \frac{\mathbf{S}_v}{J}, \quad \tilde{\mathbf{S}}_{\text{chem}} = \frac{\mathbf{S}_{\text{chem}}}{J}$$

上面各式中的坐标变换系数为

$$J = \frac{\partial(x, r)}{\partial(\xi, \eta)} = \begin{vmatrix} x_\xi & x_\eta \\ r_\xi & r_\eta \end{vmatrix} = x_\eta r_\xi r_\eta \tag{2.16.2}$$

同时有如下雅可比 (Jacobian) 变换关系式：

$$\begin{cases} x_\xi = J\eta_r, & x_\eta = -J\xi_r \\ r_\xi = -J\eta_x, & r_\eta = J\xi_x \end{cases} \tag{2.16.3}$$

　　有限差分方法是计算流体力学最重要的方法之一，通过选取合适的网格点，能够在离散的网格上通过差分计算求解流体动力学方程组。对于爆轰波问题，强间断的高精度捕捉是一项关键的数值模拟技术。从二阶 TVD 格式 [15]，到三阶 PPM 格式 [16]，以及更高阶的 ENO 格式 [17] 和 WENO 格式 [18]，有限差分方法在过去二三十年得到了巨大的发展。而且大部分的数值格式也都已经应用到了爆轰问题的数值模拟研究,展现了各种格式各自的优点。爆轰波问题的数值模拟对数值格式的要求非常高,特别是对爆轰起始、发展与演变过程,既需要数值格式足够鲁棒,在强激波和物质界面处不发生非物理振荡,又要求格式的数值黏性足够小,不至于淹没真实的物理耗散。目前大量以基础研究和工程应用为背景的数值模拟,采用最广泛的仍然是二阶格式,其中频散控制耗散 (dispersion controlled dissipation, DCD) 格式 [19,20] 得到了广泛应用。这种格式是从修正方程的色散控制出发的,能够消除间断附近的非物理振荡,具有二阶精度。

对流项的 DCD 格式在空间的半离散形式为

$$\mathbf{CONV}_{i,j}^{n} = \frac{1}{\Delta\xi}\left(\bar{\bar{\mathbf{F}}}_{i+1/2,j}^{n} - \bar{\bar{\mathbf{F}}}_{i-1/2,j}^{n}\right) + \frac{1}{\Delta\eta}\left(\bar{\bar{\mathbf{G}}}_{i,j+1/2}^{n} - \bar{\bar{\mathbf{G}}}_{i,j-1/2}^{n}\right) \tag{2.17}$$

其中

$$\begin{cases} \bar{\bar{\mathbf{F}}}_{i+1/2,j}^{n} = \tilde{\mathbf{F}}_{i+1/2\mathrm{L},j}^{+} + \tilde{\mathbf{F}}_{i+1/2\mathrm{R},j}^{-} \\ \bar{\bar{\mathbf{G}}}_{i,j+1/2}^{n} = \tilde{\mathbf{G}}_{i,j+1/2\mathrm{L}}^{+} + \tilde{\mathbf{G}}_{i,j+1/2\mathrm{R}}^{-} \end{cases} \tag{2.17.1}$$

$$\begin{cases} \tilde{\mathbf{F}}_{i+1/2\mathrm{L},j}^{+} = \tilde{\mathbf{F}}_{i,j}^{+} + \dfrac{1}{2}\boldsymbol{\Phi}_{A}^{+}\min\mathrm{mod}\left(\Delta\tilde{\mathbf{F}}_{i-1/2,j}^{+}, \Delta\tilde{\mathbf{F}}_{i+1/2,j}^{+}\right) \\ \tilde{\mathbf{G}}_{i,j+1/2\mathrm{L}}^{+} = \tilde{\mathbf{G}}_{i,j}^{+} + \dfrac{1}{2}\boldsymbol{\Phi}_{B}^{+}\min\mathrm{mod}\left(\Delta\tilde{\mathbf{G}}_{i,j-1/2}^{+}, \Delta\tilde{\mathbf{G}}_{i,j+1/2}^{+}\right) \end{cases} \tag{2.17.2}$$

$$\begin{cases} \tilde{\mathbf{F}}_{i+1/2\mathrm{R},j}^{-} = \tilde{\mathbf{F}}_{i,j}^{-} - \dfrac{1}{2}\boldsymbol{\Phi}_{A}^{-}\min\mathrm{mod}\left(\Delta\tilde{\mathbf{F}}_{i+1/2,j}^{-}, \Delta\tilde{\mathbf{F}}_{i+3/2,j}^{-}\right) \\ \tilde{\mathbf{G}}_{i,j+1/2\mathrm{R}}^{-} = \tilde{\mathbf{G}}_{i,j}^{-} - \dfrac{1}{2}\boldsymbol{\Phi}_{B}^{-}\min\mathrm{mod}\left(\Delta\tilde{\mathbf{G}}_{i,j+1/2}^{-}, \Delta\tilde{\mathbf{G}}_{i,j+3/2}^{-}\right) \end{cases} \tag{2.17.3}$$

$$\begin{cases} \Delta\tilde{\mathbf{F}}_{i+1/2}^{\pm} = \tilde{\mathbf{F}}_{i+1,j,k}^{\pm} - \tilde{\mathbf{F}}_{i,j}^{\pm} \\ \Delta\tilde{\mathbf{G}}_{j+1/2}^{\pm} = \tilde{\mathbf{G}}_{i,j+1,k}^{\pm} - \tilde{\mathbf{G}}_{i,j}^{\pm} \end{cases} \tag{2.17.4}$$

$$\begin{cases} \tilde{\mathbf{F}}^{\pm} = \tilde{\mathbf{A}}^{\pm}\tilde{\mathbf{U}} \\ \tilde{\mathbf{G}}^{\pm} = \tilde{\mathbf{B}}^{\pm}\tilde{\mathbf{U}} \end{cases} \tag{2.17.5}$$

$$\begin{cases} \boldsymbol{\Phi}_{A}^{\pm} = \mathbf{I} \mp \beta\boldsymbol{\Lambda}_{A}^{\pm} \\ \boldsymbol{\Phi}_{B}^{\pm} = \mathbf{I} \mp \beta\boldsymbol{\Lambda}_{B}^{\pm} \end{cases} \tag{2.17.6}$$

min mod 函数定义为

$$\min\mathrm{mod}(x,y) = \mathrm{sign}(x)\max\left\{|x|, y\mathrm{sign}(x)\right\} \tag{2.17.7}$$

其中,Jacobian 矩阵 $\tilde{\mathbf{A}} = \dfrac{\partial\tilde{\mathbf{F}}}{\partial\tilde{\mathbf{U}}}$, $\tilde{\mathbf{B}} = \dfrac{\partial\tilde{\mathbf{G}}}{\partial\tilde{\mathbf{U}}}$, $\mathbf{I}$ 为单位矩阵, $\beta = \dfrac{\Delta t}{\Delta r}$, $\boldsymbol{\Lambda}_{A}$ 和 $\boldsymbol{\Lambda}_{B}$ 分别为 $\tilde{\mathbf{A}}$ 和 $\tilde{\mathbf{B}}$ 的特征值构成的对角矩阵,上标 "+" 和 "−" 分别表示根据 Steger-Warming 通量分裂算法得到的正负通量 [21]。一般曲线坐标系下考虑多组分的对流

项的通量分裂形式如下 [22]：

$$\tilde{\mathbf{F}}^{\pm} = \frac{\rho}{2J\tilde{\gamma}} \begin{pmatrix} C_1 \left[ 2(\tilde{\gamma}-1)\tilde{\lambda}_1^{\pm} + \tilde{\lambda}_{\mathrm{ns}+2}^{\pm} + \tilde{\lambda}_{\mathrm{ns}+3}^{\pm} \right] \\ \vdots \\ C_{\mathrm{ns}} \left[ 2(\tilde{\gamma}-1)\tilde{\lambda}_1^{\pm} + \tilde{\lambda}_{\mathrm{ns}+2}^{\pm} + \tilde{\lambda}_{\mathrm{ns}+3}^{\pm} \right] \\ u\left[2(\tilde{\gamma}-1)\right]\tilde{\lambda}_1^{\pm} + (u-ck_x)\tilde{\lambda}_{\mathrm{ns}+2}^{\pm} + (u+ck_x)\tilde{\lambda}_{\mathrm{ns}+3}^{\pm} \\ v\left[2(\tilde{\gamma}-1)\right]\tilde{\lambda}_1^{\pm} + (v-ck_y)\tilde{\lambda}_{\mathrm{ns}+2}^{\pm} + (v+ck_y)\tilde{\lambda}_{\mathrm{ns}+3}^{\pm} \\ 2\left[(\tilde{\gamma}-1)H - c^2\right]\tilde{\lambda}_1^{\pm} + (H-c\theta)\tilde{\lambda}_{\mathrm{ns}+2}^{\pm} + (H+c\theta)\tilde{\lambda}_{\mathrm{ns}+3}^{\pm} \end{pmatrix} \tag{2.17.8}$$

式中，$\tilde{\lambda}_i^{\pm} = \frac{1}{2}(\tilde{\lambda}_i \pm \sqrt{\tilde{\lambda}_i^2 + \varepsilon^2})$，$i = 1, 2, \cdots, \mathrm{ns}+3$ 为应用 Steger-Warming 方法分裂后的特征值，$\varepsilon$ 为一小量。Jacobian 矩阵 $\tilde{\mathbf{A}} = \frac{\partial \tilde{\mathbf{F}}}{\partial \tilde{\mathbf{U}}}$ 有如下 ns+3 个特征值：

$$\left\{ \tilde{\lambda}_1, \tilde{\lambda}_2, \cdots, \tilde{\lambda}_{\mathrm{ns}}, \tilde{\lambda}_{\mathrm{ns}+1}, \tilde{\lambda}_{\mathrm{ns}+2}, \tilde{\lambda}_{\mathrm{ns}+3} \right\} = \{\theta, \theta, \cdots, \theta, \theta, \theta - a\Delta, \theta + a\Delta\} \tag{2.17.9}$$

其中，$\theta = uk_x + vk_y$，$k_x = \frac{\xi_x}{\Delta}$，$k_y = \frac{\xi_y}{\Delta}$，$\Delta = \sqrt{\xi_x^2 + \xi_y^2}$。通量 $\tilde{\mathbf{G}}$ 的分裂形式与 $\tilde{\mathbf{F}}$ 是一致的，只需要改用相应的坐标变换系数即可，其中 $k_x = \frac{\eta_x}{\Delta}$，$k_y = \frac{\eta_y}{\Delta}$，$\Delta = \sqrt{\eta_x^2 + \eta_y^2}$。

### 2.3.3　爆轰波模拟加速技术

自适应网格技术是计算流体力学的一种非常重要的提高计算效率的方法，在计算流体力学中得到了广泛的应用 [23]。其核心思想是通过改变网格分布，实现有限计算资源的高效利用。有两种常见的自适应网格技术，一种称为 R-refinement 方法，一种称为 H-refinement 方法。两者的区别在于前者不改变网格数目和拓扑结构，只是通过重新划分网格和插值实现计算优化，在有些文献中也称为动网格技术；而后者是对原有的网格进行细分，建立不同层次的细化网格，从而实现对所关注区域的高精度模拟。H-refinement 方法的出现极大地提高了数值模拟的效率，在各种科学和工程计算中得到了应用。1989 年 Berger 和 Colella[24] 成功地将自适应网格技术应用到守恒律和气体动力学方程的求解中，开创了计算流体力学的新时代。

中国科学技术大学激波实验室 Sun 等 [25] 提出非结构四边形网格，并利用 H-refinement 方法对其进行了优化，该方法具有模拟精度高、可靠性好的优点，已经应用于爆轰波模拟 [26]。

不同于具有普遍性的自适应网格技术，在激波固定坐标系中模拟是一种典型的针对爆轰波的特点而设计的模拟加速技术 [27]。由于爆轰波波后存在声速面，因此后方的扰动在向波面传播的过程中会遇到"信息屏障"，从而不能对波面发展的动力学过程产生影响。基于爆轰波传播的这个特点，可以采用激波固定坐标系的方法提高计算效率。其基本原理是令坐标系随爆轰波波面运动，仅计算波面前后一定长度的区域。由于爆轰波模拟最关心的是波面附近的流动，而波后的气体模拟范围如果能保证计算区域足够长，声速面将始终在计算域内，就不会影响爆轰波波面的运动。

激波固定坐标系的模拟方法如图 2.8 所示，气体从波前以一定的速度向爆轰波波面运动，经过激波压缩的气体发生反应，然后从另一个边界流出计算域。采用这种模拟方法有两个关键的问题：首先是来流速度的确定，其次是左边界条件的处理。在本章的模拟中，来流速度通过爆轰波波面的相对位置来确定，如果波面位置偏离预先设定的平衡位置，就调节来流速度，也就相当于调整坐标系随爆轰波移动的速度，从而保证波面维持在一个固定的区域内。因此所谓的激波固定坐标系模拟并不能一直让爆轰波波面保持相对静止，而是在运动坐标系中保持在一定的区间内。左边界条件的确定也是一个重要的问题，Gamezo 等提出了简单可靠的处理方法，即取边界内侧点和波前气体的参数进行插值，粗略地模拟了爆轰波后稀疏波的影响。需要说明的是，激波固定坐标系的模拟方法求得的后边界附近的流动是不正确的，因此在爆轰波形成过程等的研究过程中要慎重使用。但是由于爆轰波传播的特点，这种方法能够极大地提高爆轰波传播模拟的效率，并且不对结果产生影响，因此在胞格爆轰的传播研究过程中得到了广泛的使用。

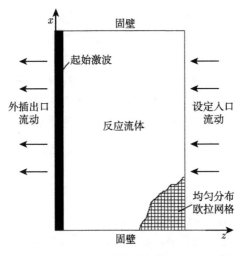

图 2.8 激波固定坐标系的模拟方法示意图

## 2.4　爆轰过程的多维计算模拟及其分析

爆轰波具有复杂的三维波系结构,是强激波与剧烈放热化学反应的耦合结构,在波阵面前后,气体组分热力学特性、化学反应速率以及流体运动学参数存在尖锐的空间梯度,而且梯度不仅存在于波阵面法向,也存在于横向。这使得关于爆轰波详细结构的理论分析和实验研究异常困难,而随着计算流体力学方法以及计算机硬件技术的发展,通过数值模拟研究爆轰波传播过程是爆轰物理领域的一个非常重要的研究方向。最初对于爆轰波传播过程的研究是为了回答一个核心的问题,即爆轰波为什么能够以很高的速度自持传播。CJ 理论和 ZND 模型的提出解决了这个问题,似乎爆轰波传播的问题已经得到了完美的解决,但是人们发现真实的爆轰波传播机理远非这么简单。20 世纪 60 年代,随着高速测量技术的发展,结合烟迹显示技术,人们发现爆轰波的真实结构远比 ZND 模型假设复杂得多。实验结果显示对于不同的可燃气体,横向激波马赫数相差很大,进而波后湍流的强度变化很大,两者综合作用导致胞格尺度更是有数量级的差距。由于波面后方的流动本质上是一种高速湍流燃烧,因此涉及流体力学领域很多难题,如流动不稳定性等,整个问题变得异常复杂。然而爆轰波中的关键因素还是激波和燃烧的耦合机制,以及湍流能够对爆轰波产生定量的影响。但是,目前对于爆轰波的传播过程,很多最基本的定性规律还不清楚。加上湍流特别是高速湍流燃烧研究非常不成熟,因此目前的研究主要集中在激波/燃烧系统的定性和半定量的规律上。具体来说就是在爆轰波传播过程中,如何通过横向和流向激波系的往复作用点燃可燃气体,从而实现气体放热与膨胀来支持爆轰波的自持传播。

由于定量实验测量手段的局限性以及控制方程的强非线性,爆轰波的实验研究和理论研究遇到了很大的困难。和实验及理论研究相比,近十几年数值模拟技术和能力得到了迅速的发展和提高,并且对爆轰物理的研究起到了关键的推动作用。一维简化的数值模拟 [27-30] 更能清晰地描述爆轰波内在的波动力学特征,特别是起爆的流体动力学机理。对于爆轰直接起爆模式而言,应用单步反应模型的一维数值分析指出,能量释放和不稳定性之间的平衡是关键控制机制 [27],而表征不稳定性的控制参数为单步反应的无量纲活化能,$\dfrac{E_a}{RT_s}$。Ng 等利用多步链式反应机制引

入了三个重要的参数 $\delta = \dfrac{\Delta_{\text{induction}}}{\Delta_{\text{reaction}}}$、$R_T = \dfrac{T_B}{T_s}$ 和 $E_s$,即爆轰波阵面诱导区长度与放热区长度之比、分支反应温度与激波波后温度之比以及无量纲的能量源项,通过数值模拟给出了起爆的三类机制:超临界、临界和亚临界起爆 [28],如图 2.9 所示。参数 $\delta$ 也是描述爆轰稳定性的重要参数之一,一般认为当 $\delta < 1$ 时爆轰是稳定

的, 而当 $\delta \approx 1$ 时不稳定, $\delta$ 越大越不稳定。利用详细的基元反应模型, 并利用不同摩尔浓度的惰性气体稀释的爆轰反应气体 [29], 可以模拟不同反应特性的爆轰波阵面, 其研究结果也重复使用三步反应模型的结果, 即波阵面的三种振荡模式。从上述三个工作的结论可以看出, 爆轰起始的研究及其关键动力学分析与所应用的化学反应模型 (单步反应、多步支链反应和基元反应) 息息相关。另一方面, 一维数值模拟也可以抛弃空间其他维结构的影响, 给出更为基础性的研究结论。

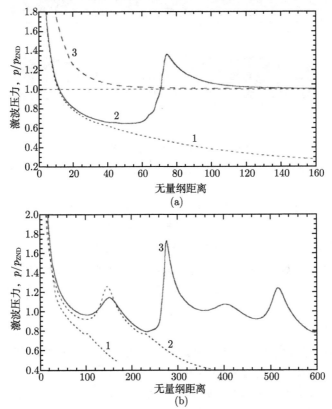

图 2.9　爆轰起爆机制及其关键控制参数

(a) $Q = 8.33, \gamma = 1.2, \delta = 0.604, E_{s1} = 350, E_{s1} = 362, E_{s1} = 746$;

(b) $Q = 8.33, \gamma = 1.2, \delta = 1.429, E_{s1} = 1195, E_{s1} = 1371, E_{s1} = 1445$; 图中 1, 2, 3 分别对应亚临界、

临界和超临界

Oran 及其同事利用二维欧拉方程, 模拟得到了爆轰波的二维胞格, 结果显示胞格尺度和燃烧反应的活化能密切相关, 较高的活化能会使胞格更加不规则 [31-33], 如图 2.10 所示, 这和实验结果是定性吻合的。上述数值模拟也使用了单步反应, 关于爆轰的一维阵面稳定性与二维胞格结构稳定性的分析, 单步反应数值模拟研究都指出了活化能是关键的控制参数。

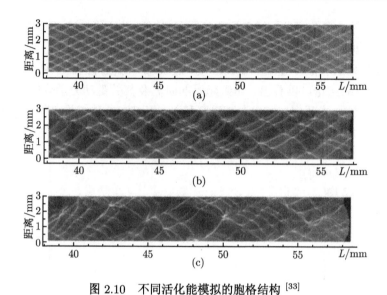

图 2.10　不同活化能模拟的胞格结构 [33]

(a)~(c) 无量纲活化能依次增大，$E_a/(RT^*)$ 分别为 2.1、4.9 和 7.4($T^*$ 为激波后温度)

随着计算机性能的提高，利用详细基元反应模型的数值模拟 [31,32,34] 成为爆轰波数值模拟的重要内容，甚至开始了三维数值模拟研究 [35,36]。但是，利用详细基元反应模型模拟多维爆轰，对目前的计算机性能来说仍是巨大挑战，因此，绝大多数的爆轰波数值模拟仍限制在二维问题上，特别是爆轰波的传播以及爆燃转爆轰等经典问题 [37-41]。数值研究相继揭示了热点 (hot spot)[37]、管道障碍物引起的火焰面变形及加速 (flame acceleration，图 2.11)[38-40]、RM 不稳定性 [41] 等爆燃转爆轰问题的流体力学机制。

多维爆轰波伴随着多种物理因素的复杂相互作用，包括流动与化学反应的耦合、不稳定性，以及激波与边界层的相互作用等，这些因素的共同作用使得爆轰波呈现出非定常、多尺度、非线性、强耦合等特征。其中，不稳定性是贯穿爆轰的起始、发展与传播的整个过程。

Campbell 和 Woodhead 早在 1926 年就发现了实际传播过程中爆轰波中的多维不稳定结构 [42]，后来，Erpenback 通过求解 Laplace 变换的初值问题得到了爆轰波的稳定边界，开创了对爆轰波稳定性的理论研究 [43,44]。Short 和 Stewart[45] 推广了 Erpenback 的研究，指出以爆轰波后参数无量纲化的化学反应活化能和反应释热是表征爆轰稳定性的关键参数。20 世纪五六十年代，随着烟熏膜实验技术和瞬态流场捕捉技术充分发展，科学家开始了对爆轰波的不稳定性与多维结构的系统研究，并不断发展，在这一过程中，伴随着计算机和数值方法的巨大进步，数值模拟 [28,29,31-33,38,39,41,46-54] 在爆轰波的不稳定性分析中起到了巨大的推进作用。

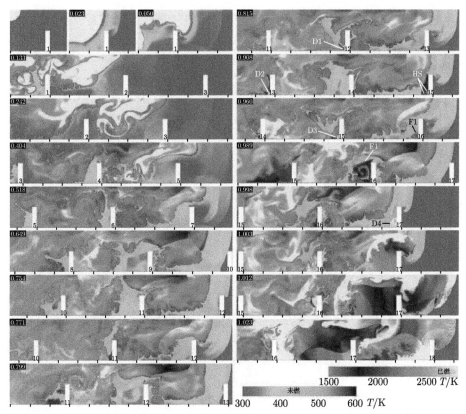

图 2.11 数值模拟管道障碍物引起的火焰面加速与爆燃转爆轰过程 [38] (后附彩图)

Ng 等通过应用多步链式反应机制的一维数值分析，发现了稳定 ($\delta < 1$)、不稳定 ($\delta \approx 1$) 和极端不稳定 ($\delta = 1.468$) 三种情形的爆轰波阵面特征，它们分别对应稳定爆轰、单模态振荡爆轰和多模态振荡爆轰，如图 2.12 所示。上述三种爆轰阵面发生典型振荡模态的重要参数为 $R_\mathrm{T}$，其临界值分别为 0.86、0.92 和 0.945，偏离上述临界值，振荡模态也可能发生改变，甚至引起爆轰终止 [28]。应用单步反应模型的一维数值分析发现了单模态振荡爆轰，并且指出化学反应释热、波阵面曲率和不稳定性之间的竞争是爆轰起始的重要控制因素 [27]。而一维爆轰不稳定性的控制参数为单步反应模型中的活化能，在二维爆轰胞格结构的稳定性研究中，也发现活化能是关键控制参数之一 [33]，如图 2.10 所示。

一维爆轰波阵面是一个前导激波和化学反应区的耦合结构，这是一种简化的理想爆轰波模型，即 ZND 模型。实际上，真实的爆轰波阵面具有复杂的三维特征，同时存在复杂的多波相互作用，多波碰撞的轨迹在管壁留下鱼鳞状图案，即爆轰胞格。所谓多波结构，包括前导激波、马赫干和横波。一维线性稳定性分析发现存在低频不稳定性，表明爆轰胞格出现的内在机制 [45]。

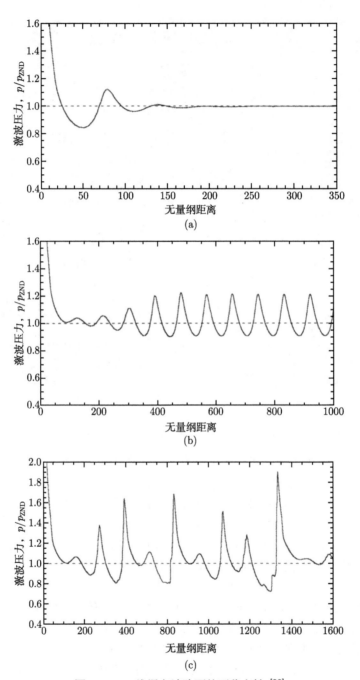

图 2.12　一维爆轰波阵面的不稳定性 [28]

(a) $\delta < 1$, $R_{\mathrm{T}} = \dfrac{T_{\mathrm{B}}}{T_{\mathrm{s}}} = 0.86$; (b) $\delta \approx 1$, $R_{\mathrm{T}} = \dfrac{T_{\mathrm{B}}}{T_{\mathrm{s}}} = 0.92$; (c) $\delta = 1.468$, $R_{\mathrm{T}} = \dfrac{T_{\mathrm{B}}}{T_{\mathrm{s}}} = 0.945$

Kailasanath 等 [46] 的数值研究结果表明横波的发展对胞格的形成以及波后未反应气团的形成起着至关重要的作用，Oran 等 [32] 对氢氧爆轰波的数值研究结果也支持这一结论。Radulescu 等通过实验和数值模拟研究发现 (图 2.13)，真实爆轰波的总体传播行为以及能量在振荡与平均值之间的分配比值可以通过爆轰一维平

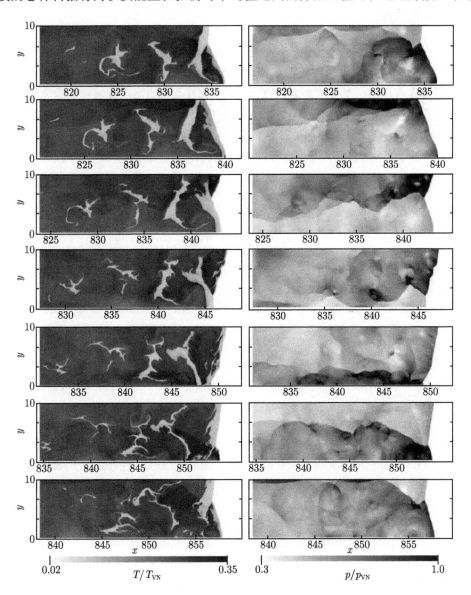

图 2.13　胞格爆轰演变过程 [47]

$x, y$ 以半反应区长度无量纲化

均模型来关联，并指出其中两个关键的时空尺度，即放热和不稳定性驱动的阵面振荡过程的放热时间尺度和声速面的位置 [47]。在自由空间的爆轰波传播的数值模拟 [48-52] 表明，化学反应释热、非定常性以及阵面多维不稳定性是爆轰波的传播、熄灭和再起始的控制因素，其中由多维不稳定性引起的横波产生、碰撞和热点是爆轰再起始的关键。

**本章小结：**

本章简单综述了气体爆轰的数理方程和计算方法。描述气体爆轰波问题的基本方程为含有放热化学反应源项的欧拉方程，对于爆轰起始、发展和非定常演化问题，则需要应用全 N-S 方程。相关数值研究表明，化学反应机制、湍流和不稳定性是关键物理化学机制。这使得气体爆轰问题的数值研究成为一个尚未封闭的研究方向，关于爆轰问题的化学反应机制、湍流和不稳定性的研究，以及适应爆轰问题的高精度、鲁棒数值方法的研究，在目前和不远的将来，仍是流体力学领域的热点之一。

## 参 考 文 献

[1]  Chapman D L. On the rate of explosion in gases. Philosophical Magzine, 1889, 47: 90-104

[2]  Zeldovich Y B. On the theory of the propagation of detonation in gaseous systems. Technical Report Archive & Image Library, 1950, 10(1261): 542-568

[3]  von Neumann J. Progress report on theory of detonation waves. Office of Scientific Technical Memorandum No. 1261, 1950

[4]  Döring W. The detonation progress in gases. Ann. Phys., 1943, 6-7: 421-436

[5]  Lee J H. Dynamic parameters of gaseous detonations. Ann. Rev. Fluid Mech., 2012, 16(1): 311-336

[6]  Law C K. Combustion Physics. Cambridge: Cambridge University Press, 2010

[7]  Oran E S, Boris J P, Young T R, et al. Numerical simulations of detonations in hydrogen-air and methane-air mixtures. Eighteenth Symposium on Combustion, 1981, 18(1): 1641-1649

[8]  Ma F, Choi J Y, Yang V. Thrust chamber dynamics and propulsive performance of multitube pulse detonation engines. Journal of Propulsion Power, 2005, 21(4): 681-691

[9]  Taki S, Fujiwara T. Numerical simulation of triple shock behavior of gaseous detonation. Symposium (International) on Combustion, 1981, 18(1): 1671-1681

[10]  Short M, Quirk J J. On the nonlinear stability and detonability limit of a detonation wave for a model three-step chain-branching reaction. Journal of Fluid Mechanics, 1997, 339: 89-119

[11] Short M, Sharpe G J. Pulsating instability of detonations with a two-step chain-branching reaction model: theory and numerics. Combustion Theory and Modeling, 2003, 7(2): 401-416

[12] Sichel M, Tonello N A, Oran E S, et al. A two-step kinetics model for numerical simulation of explosions and detonations in $H_2$-$O_2$ mixtures. Proceedings of the Royal Society A: Mathematical, Physical and Engineering Sciences, 2002, 458(2017): 49-82

[13] Kee R J, Rupley F M, Meeks E, et al. Chemkin-II: a Fortran chemical kinetics package for the analysis of gas-phase chemical and plasma kinetics. Sandia Report, 1989, 96(3): 142-146

[14] Bonnie J M, Michael J Z, Sanford G. NASA glenn coefficients for calculating thermodynamic properties of individual species. NASA TP 2002-211556, 2002

[15] Harten A. High resolution schemes for hyperbolic conservation laws. Journal of Computational Physics, 1983, 49(3): 357-393

[16] Colella P, Woodward P R. The piecewise parabolic method(PPM) for gas dynamical simulations. Journal of Computational Physics, 1984, 54(1): 174-201

[17] Harten A, Engquist B, Osher S, et al. Uniformly high order accurate essentially non-oscillatory schemes. Journal of Computational Physics, 1987, 71(2): 231-303

[18] Liu X D, Osher S, Chan T. Weighted essentially non-oscillatory schemes. Journal of Computational Physics, 1994, 115(1): 200-212

[19] Jiang Z L, Takayama K, Chen Y S. Dispersion conditions for non-oscillatory shock capturing schemes and its applications. Comp. Fluid Dynamics Journal, 1995, 4: 137-150

[20] Jiang Z L. On dispersion-controlled principles for non-oscillatory shock capturing schemes. Acta Mechanica Sinaca, 2004, 20(1): 1-15

[21] Steger J L, Warming R F. Flux vector splitting of the inviscid gas dynamic equations with application to finite difference methods. Journal of Computational Physics, 1981, 40(2): 263-293

[22] 胡宗民. COIL 新体系混合与反应流场数值研究. 北京: 中国科学院力学研究所, 2006

[23] Khokhlov A M. Fully threaded tree algorithms for adaptive refinement fluid dynamics simulations. Journal of Computational Physics, 1998, 143(2): 519-543

[24] Berger M J, Colella P. Local adaptive mesh refinement for shock hydrodynamics. Journal of Computational Physics, 1989, 82(1): 64-84

[25] Sun M, Takayama K. Conservative smoothing on an adaptive quadrilateral grid. Journal of Computational Physics, 1999, 150(1): 143-180

[26] 李辉煌. 非定常复杂流动及波系干扰的实验和数值研究. 合肥: 中国科学技术大学, 2005

[27] Echett C A, Quick J J, Shepherd J E. The role of unsteadiness in direct initiation of gaseous detonations. Journal of Fluid Mechanics, 2000, 421: 147-183

[28] Ng H D, Lee J H S. Direct initiation of detonation with a multi-step reaction scheme. Journal of Fluid Mechanic, 2003, 476: 179-211

[29] Han W H, Wang C, Law C K. Pulsation in one-dimensional H$_2$-O$_2$ detonation with detailed reaction mechanism. Combustion and Flame, 2019, 200: 242-261

[30] Liu Y F, Shen H, Zhang D L, et al. Theoretical analysis on detonation-deflagration-detonation transition. Chinese Physics B, 2018, 27(8): 350-353

[31] Gamezo V N, Desbordes D, Oran E S. Two-dimensional reactive flow dynamics in cellular detonation waves. Shock Waves, 1999, 9(1): 11-17

[32] Oran E S, Weber J W, Stefaniw E I, et al. A numerical study of a two-dimensional H$_2$-O$_2$-Ar detonation using a detailed chemical reaction model. Combustion and Flame, 1998, 113(1-2): 147-163

[33] Gamezo V N, Desbordes D, Oran E S. Formation and evolution of two-dimensional cellular detonations. Combustion and Flame, 1999, 116: 154-165

[34] Oran E S, Young T R, Boris J P, et al. Weak and strong ignition. I. Numerical simulations of shock tube experiments. Combustion and Flame, 1982, 48: 135-148

[35] Tsuboi N, Daimon Y, Hayashi A K. Three-dimensional numerical simulation of detonations in coaxial tubes. Shock Waves, 2008, 18(5): 379-392

[36] Deledicque V, Papalexandric M V. Computational study of three-dimensional gaseous detonation structure. Combustion and Flame, 2006, 144(4): 821-837

[37] Khokhlov A M, Oran E S. Numerical simulation of detonation initiation in a flame brush: the role of hot spots. Combustion and Flame, 1999, 119(4): 400-416

[38] Gamezo V N, Ogawa E T, Oran E S. Flame acceleration and DDT in channels with obstacles: effect of obstacle spacing. Combustion and Flame, 2008, 155(1): 302-315

[39] Oran E S, Gamezo V N. Origins of the deflagration to detonation transition in gas-phase combustion. Combustion and Flame, 2007, 148(1): 4-47

[40] Han W H, Gao Y, Law C K. Flame acceleration and deflagration-to-detonation transition in micro-and macro-channels: An integrated mechanistic study. Combustion and Flame, 2017, 176: 285-298

[41] Teng H, Jiang Z, Hu Z. Detonation initiation developing from the Richtmyer-Meshkov instability. Acta Mechanica Sinica, 2007, 23(4): 343-349

[42] Campbell C, Woodhead D W. The ignition of gases by an explosion wave. Part 1. Carbon monoxide and hydrogen mixtures. Journal of Chemical Society, 1926, 129: 3010-3021

[43] Erpenbeck J J. Stability of steady-state equilibrium detonation. Physics of Fluids, 1962, 5(5): 604-614

[44] Erpenbeck J J. Nonlinear theory of unstable one-dimensional detonations. Physics of Fluids, 1967, 10(2): 274-289

[45] Short M, Stewart D S. Cellular detonation stability. Part 1. A normal-mode linear analysis. Journal of Fluid Mechanics, 1998, 368: 229-262

[46] Kailasanath K, Oran E S, Boris J P, et al. Determination of detonation cell size and the role of transverse waves in two-dimensional detonations. Combustion and Flame, 1985, 61(3): 199-209

[47] Radulescu M I, Sharpe G J, Law C K, et al. The hydrodynamic structure of unstable cellular detonations. Journal of Fluid Mechanics, 2007, 580: 31-81

[48] Wang C, Jiang Z, Hu Z M, et al. Numerical investigation on evolution of cylindrical cellular detonation. Applied Mathematics and Mechanics, 2008, 29(11): 1487-1494

[49] Jiang Z L, Han G L, Wang C, et al. Self-organized generation of transverse waves in diverging cylindrical detonations. Combustion and Flame, 2009, 156(8): 1653-1661

[50] Han W H, Kong W J, Gao Y, et al. The role of global curvature on the structure and propagation of weakly unstable cylindrical detonations. Journal of Fluid Mechanics, 2017, 813: 458-481

[51] Han W H, Kong W J, Law C K. Propagation and failure mechanism of cylindrical detonation in free space. Combustion and Flame, 2018, 192: 295-313

[52] Shen H, Parsani M. The role of multidimensional instabilities in direct initiation of gaseous detonations in free space. Journal of Fluid Mechanics, 2017, 813: R4

[53] Teng H H, Jiang Z L, Ng H D. Numerical study on unstable surface of oblique detonations. Journal of Fluid Mechanics, 2014, 744: 111-128

# 第3章 气体爆轰理论及其动力学参数

本章首先介绍经典的 CJ 理论和 ZND 模型，它们是爆轰波早期研究获得的两个里程碑式的成果。CJ 理论给出了爆轰波速度的计算方法，因此通常也把自持传播的爆轰波称为 CJ 爆轰。由于初始条件或边界条件的影响，爆轰波可能偏离 CJ 状态，比如起爆时通常造成过驱动度爆轰波，而粗糙壁面造成速度亏损，但是绝大多数情况下爆轰波仍然是 CJ 爆轰波，因此 CJ 理论作为爆轰研究的基础理论长期占据了重要地位。ZND 模型在 CJ 理论的基础上给出了爆轰波的波头结构，即激波与其后的化学反应区。这种结构是不稳定的，真实的爆轰波往往会偏离这种结构，但是总体上这种模型是爆轰研究中提出的第一种波头结构，对比较稳定的爆轰波可以看作一种宏观上的平均结构。3.3 节和 3.4 节介绍爆轰波起爆现象和理论的发展。传统上把起爆分为两种，即爆燃转爆轰起爆和直接起爆。这种分类的依据是起爆源的属性，是火焰还是强激波，另外在时间特征尺度上也有明显的区分。但是，从微观过程来看，实际上直接起爆中也存在和爆燃转爆轰类似的过程，称为临界直接起爆，或者把两者统称为热点起爆。据此发展的起爆理论，不仅有利于认识爆轰波的物理本质，而且对工程应用具有一定的指导意义。3.6 节介绍了爆轰波的动力学参数，主要是爆轰领域过去几十年建立的以胞格宽度为核心的宏观参数，用于预测爆轰波的起爆、传播和极限特性。这些动力学参数，反映了目前对爆轰波的总体认识水平，但是仍然是半经验的，需要以此为基础开展进一步的深入研究。

## 3.1 CJ 理 论

爆轰现象是由 Berthelot 等在 19 世纪 80 年代研究火焰传播时观察到的。爆轰现象早期研究的核心问题是爆轰波为什么能够以 1000m/s 以上的速度持续高速传播，比通常燃烧波的速度高得多，同时不像一般爆炸波一样逐渐衰减。Chapman 和 Jouguet 分别独立对这个问题进行了研究，得到了相同的结果，因此后人将其统一称为 CJ 理论。对于一维定常的爆轰波面，如图 3.1 所示，根据流动的质量、动量和能量守恒关系，可以得到守恒方程

$$\rho_0 u_0 = \rho_1 u_1 \tag{3.1}$$

$$\rho_0 u_0^2 + p_0 = \rho_1 u_1^2 + p_1 \tag{3.2}$$

$$h_0 + q + \frac{u_0^2}{2} = h_1 + \frac{u_1^2}{2} \tag{3.3}$$

其中下标 0 和 1 分别代表波前和波后状态。对于量热完全气体，利用理想气体状态方程可将能量守恒方程变换为

$$\frac{\gamma}{\gamma-1}\frac{p_0}{\rho_0} + q + \frac{u_0^2}{2} = \frac{\gamma}{\gamma-1}\frac{p_1}{\rho_1} + \frac{u_1^2}{2} \tag{3.4}$$

此节定义 $x = v_1/v_0 = \rho_0/\rho_1$，$y = p_1/p_0$ 和 $M_0 = u_0/c_0$，则利用公式 (3.1) 和 (3.2) 可得

$$y = -(\gamma M_0^2)x + \gamma M_0^2 + 1 \tag{3.5}$$

这条 $x$-$y$ 平面内的直线称为 Rayleigh 线，表征的是爆轰波面前后的动量守恒关系。能量守恒关系式 (3.3) 利用上述定义可以写成如下形式：

$$(x-\alpha)(y+\alpha) = 1 - \alpha^2 + 2\alpha q/(p_0 v_0) \tag{3.6}$$

其中，$\alpha = (\gamma_1 - 1)/(\gamma_1 + 1)$。这条 $x$-$y$ 平面内的曲线称为 Hugoniot 曲线，表征的是爆轰波面前后的能量守恒关系。

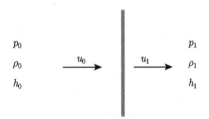

图 3.1  定常爆轰波示意图

　　利用上述方程组可以将爆轰波简化为一个包含能量释放的间断面，但是该系统包含四个方程 (三个守恒方程和一个状态方程)，而未知量为五个 (压力、密度、速度、焓值和波速)，因此需要引入额外限制条件进行封闭。爆轰波经典的 CJ 理论，即源于 Chapman 和 Jouguet 分别独立进行的方程组的封闭工作，对应的爆轰波称为 CJ 爆轰波[1]。Chapman 发现对应于动量守恒的 Rayleigh 线和对应于能量守恒的平衡态 Hugoniot 曲线相切可以得到一个最小速度，如图 3.2 所示，认为这个速度就是爆轰波传播的速度。Jouguet 提出爆轰波持续传播的条件是流动在化学反应达到平衡后相对于激波面声速传播，从而波后的扰动不能向前赶上爆轰波波面使其熄爆。后来的研究者发现由 Jouguet 限制条件得到的结果和 Chapman 的结果是相同的。两者相比较，Chapman 的最小速度假设更直观，而 Jouguet 的声速准则物理意义更为明确。它们本质上是相同的，得到了爆轰波传播速度的唯一解。同

样的理论推导可以得到 CJ 爆燃波，对应爆燃波的最大传播速度，但是通常难以观察到。

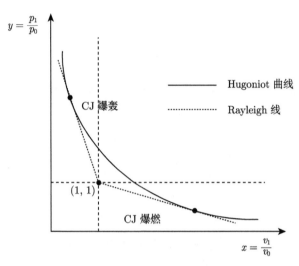

图 3.2   CJ 爆轰波和爆燃波示意图

　　CJ 理论是爆轰研究成功的第一个理论分析方法，直到目前在工程设计和爆轰研究中仍然得到广泛的应用。用 CJ 理论可以较为精确地预测爆轰波传播速度，并且得到了大量实验测量结果的验证。后来的研究发现，爆轰波内部存在着复杂的激波和燃烧的非线性耦合关系，目前仍然缺少定量的理论能够描述这些复杂的现象。而 CJ 理论用极为简单的数学推导，表述了平衡态条件下宏观稳定传播爆轰波的特征，至今仍是爆轰理论研究领域的里程碑。不仅如此，它还为爆轰研究从定性走向定量，进而为指导工程实践奠定了基础。

　　CJ 理论的出现解决了爆轰波传播速度的问题，但是对于爆轰波的形成、传播机理仍然需要进一步的研究。CJ 理论忽略了爆轰波后真实的燃烧过程，因此不能用于爆轰起爆、绕射、反射等方面的研究。为此，需要发展新的理论模型，这就是20 世纪四五十年代出现的 ZND 模型 [1]。

# 3.2   ZND   模   型

　　ZND 模型指的是 Zeldovich, von Neumann 和 Döring 分别独立提出的能够描述爆轰波结构的理论模型。这种模型考虑了前导激波诱导的化学反应过程，假定爆轰波是由前导激波以及与其耦合的燃烧反应区构成的。燃烧反应区通常由诱导区和放热区组成，而诱导过程的结束是放热过程的开始，图 3.3 给出了这个模型的物理概念示意图。根据 ZND 模型，前导激波的压缩效应诱导了可燃气体高温下的自点火机制，而化学反应释放的能量使燃烧气体膨胀，支撑前导激波以恒定的马赫数传播。类似于传统的燃烧现象，化学反应区是一个温度升高，压力基本持平的过程，燃烧气体的热力学参数在放热区的末端达到 CJ 状态。

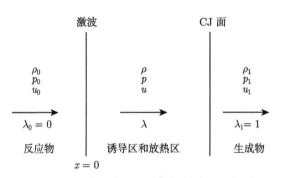

图 3.3　ZND 理论模型示意图

最简单的 ZND 结构为理想气体中对应比热比为常数的爆轰波结构。此时，化学反应可由单步 Arrhenius 速率定律描述，参考在爆轰坐标系下的爆轰波示意图，稳态一维流动守恒方程可以写为

$$\frac{\mathrm{d}}{\mathrm{d}x}\left(\rho u\right) = 0 \tag{3.7}$$

$$\frac{\mathrm{d}}{\mathrm{d}x}\left(p + \rho u^2\right) = 0 \tag{3.8}$$

$$\frac{\mathrm{d}}{\mathrm{d}x}\left(h + \frac{u^2}{2}\right) = 0 \tag{3.9}$$

其中，

$$h = \frac{\gamma}{\gamma - 1}\frac{p}{\rho} - \lambda Q \tag{3.10}$$

式中，$Q$ 是单位质量化学能，$0 \leqslant \lambda \leqslant 1$ 是反应进度变量。对式 (3.9) 和 (3.10) 求微分并联立可得

$$\frac{\mathrm{d}h}{\mathrm{d}x} + u\frac{\mathrm{d}u}{\mathrm{d}x} = \frac{\gamma}{\gamma - 1}\left(\frac{1}{\rho}\frac{\mathrm{d}p}{\mathrm{d}x} - \frac{p}{\rho^2}\frac{\mathrm{d}\rho}{\mathrm{d}x}\right) - \frac{\mathrm{d}\lambda}{\mathrm{d}x}Q + u\frac{\mathrm{d}u}{\mathrm{d}x} = 0 \tag{3.11}$$

由式 (3.7) 和 (3.8) 可得

$$\frac{\mathrm{d}\rho}{\mathrm{d}x} = -\frac{\rho}{u}\frac{\mathrm{d}u}{\mathrm{d}x} \tag{3.12}$$

和

$$\frac{\mathrm{d}p}{\mathrm{d}x} = -\rho u \frac{\mathrm{d}u}{\mathrm{d}x} \tag{3.13}$$

将上述表达式代入式 (3.11) 中消去 $\dfrac{\mathrm{d}p}{\mathrm{d}x}$ 和 $\dfrac{\mathrm{d}\rho}{\mathrm{d}x}$, 可得

$$\frac{\mathrm{d}u}{\mathrm{d}x} = \frac{(\gamma - 1)uQ\dfrac{\mathrm{d}\lambda}{\mathrm{d}x}}{c^2(1 - M^2)} \tag{3.14}$$

其中, $c^2 = \gamma p/\rho$ 和 $M = u/c$。因为 $\mathrm{d}x = u\mathrm{d}t$, 式 (3.14) 也可以写为

$$\frac{\mathrm{d}u}{\mathrm{d}x} = \frac{(\gamma - 1)Q\dfrac{\mathrm{d}\lambda}{\mathrm{d}t}}{c^2(1 - M^2)} \tag{3.15}$$

此时如果给定反应速率规律, 可通过数值积分求解上述方程。在爆轰理论和数值研究中, 广泛用到的简单反应速率定律为单步 Arrhenius 形式

$$\frac{\mathrm{d}\lambda}{\mathrm{d}t} = k(1 - \lambda)\mathrm{e}^{-E_\mathrm{a}/RT} \tag{3.16}$$

Arrhenius 速率有两个需要指定的常量 (指前因子 $k$ 和活化能 $E_\mathrm{a}$), 取决于需要模拟的可燃气体性质。

基于上述分析, 稳态的 ZND 结构计算按照如下进程开展: 对于给定的 $\gamma$ 和 $Q$, 首先由 CJ 理论得到爆轰速度。然后通过 Rankine-Hugoniot 正激波关系就可以确定前导激波后的 von Neumann 状态。采用以下几个表达式就可同时积分式 (3.13) 和式 (3.14), 包括以压力和密度表示的声速, 理想气体状态方程, 联系 $u$ 和 $c$ 的马赫数定义式, 以及将密度和压力与气流速度相联系的质量和动量守恒方程。最后从前导激波到 CJ 面进行积分, 其中 CJ 状态已经由 CJ 理论所确定。典型的温度和压力曲线如图 3.4 所示。

对于单步 Arrhenius 速率定律, 控制 ZND 结构最重要的参数是活化能, 它可以度量化学反应对温度的敏感性。对于低活化能, 前导激波后的反应是渐近的。相反, 对于高活化能, 初始化学反应速率很低, 但是当温度超过 $E_\mathrm{a}/R$ 量级后反应速率迅速增加。这就产生了一个很长的诱导区, 而在其后较短的时间内反应迅速完成。图 3.5 为不同活化能对应的温度曲线的对比。高温度敏感性 (即大的活化能) 也趋向于增加 ZND 结构的不稳定特性, 因为较小的温度扰动也会导致反应速率发生很大的变化。然而, 采用稳态一维方程排除了任何时间相关性, 因此在稳态一维模型中, 不稳定性不能自动显现出来。

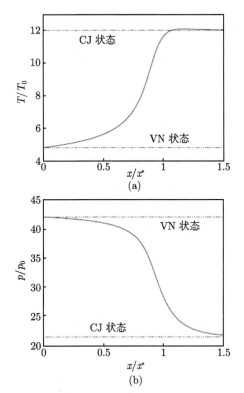

图 3.4 ZND 爆轰典型的温度 (a) 和压力 (b) 曲线 ($\gamma = 1.2$, $E_a = 50RT_0$, $Q = 50RT_0$),其中横坐标为半 ZND 反应区长度 [2]

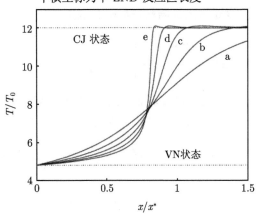

图 3.5 活化能对温度曲线的影响 ($\gamma = 1.2, Q = 50RT_0$); $E_a/(RT_0) = 30, 40, 50, 60$和$70$(分别对应曲线 a, b, c, d 和 e)[2]

对于包含热量源项的一维稳态可压缩流动,式 (3.14) 也能转化为更为熟悉的方程形式,此时流动马赫数的变化可以表示为热量释放的函数 (或者滞止焓的增

量)。可以将热量释放表示为

$$d(\lambda Q) = dq = dh_0 = c_p dT_0 = \frac{dc_0^2}{\gamma - 1} \tag{3.17}$$

式中，$h_0$，$T_0$ 和 $c_0$ 分别代表滞止焓、滞止温度和滞止声速。从马赫数的定义 $M = u/c$ 可得

$$\frac{dM}{M} = \frac{du}{u} - \frac{dc}{c} \tag{3.18}$$

同样的，由声速和理想气体状态方程 ($c^2 = \gamma RT p$ 和 $p = \rho RT$)，可得

$$2\frac{dc}{c} = \frac{dT}{T} \quad \text{和} \quad \frac{dp}{p} = \frac{d\rho}{\rho} + \frac{dT}{T} \tag{3.19}$$

由连续性方程和动量方程，可得

$$d(\rho u) = 0, \quad \frac{du}{u} = -\frac{d\rho}{\rho} \tag{3.20}$$

及

$$d(p + \rho u^2) = 0, \quad \frac{dp}{p} = -\gamma M^2 \frac{du}{u} \tag{3.21}$$

采用上述表达式，式 (3.14) 可写为

$$\frac{dM}{M} = \frac{(1 + \gamma M^2)\left(1 + \dfrac{\gamma - 1}{2}M^2\right)}{2(1 - M^2)} \frac{dT_0}{T_0} \tag{3.22}$$

若流动中有热量加入，该式给出了马赫数随滞止温度的变化。对这个方程积分可得

$$\frac{T_0}{T_0^*} = \frac{2(\gamma + 1)M^2\left(1 + \dfrac{\gamma - 1}{2}M^2\right)}{(1 + \gamma M^2)^2} \tag{3.23}$$

其中，$T_0^*$ 对应 $M = 1$ 时的滞止温度。对于给定的初始马赫数，能够加入流动中的最大热量发生在 $M \to 1$ 时。因此，加入的最大热量可以写为

$$q_{\max} = h_0^* - h_0 = c_p(T_0^* - T_0) = c_p T_0\left(\frac{T_0^*}{T_0} - 1\right) \tag{3.24}$$

所以

$$\frac{q_{\max}}{c_p T_0} = (\gamma - 1)\frac{q_{\max}}{c_0^2} = \frac{T_0^*}{T_0} - 1 \tag{3.25}$$

用式 (3.23) 代替 $T_0^*/T_0$，上面的表达式变为

$$2(\gamma^2 - 1)\frac{q_{\max}}{c_0^2} = \frac{(M^2 - 1)^2}{M^2\left(1 + \dfrac{\gamma - 1}{2}M^2\right)} \tag{3.26}$$

这个表达式给出了加入最大热量 $q_{\max}$ 刚好使得流动壅塞 (即 $M \to 1$) 时所对应的初始马赫数。换句话说，假如指定 $q_{\max}$，那么 $M$ 就对应为 $q_{\max}$ 加入流场中，流动就达到声速的初始马赫数。流动马赫数由 Rayleigh 线的斜率给出，而 $q_{\max}$ 决定了平衡状态的 Hugoniot 曲线。式 (3.26) 给出了 CJ 马赫数，以及由此得到的 Rayleigh 线的斜率。在平衡 Hugoniot 曲线上，从初始状态到达最终状态存在两个可能的路径: 沿着 Rayleigh 线直接从初始状态到达最终状态，或者先沿着 Rayleigh 线到达激波 Hugoniot 曲线，然后随着热量的释放，从激波后的状态 (即 von Neumann 状态) 向下沿着相同 Rayleigh 线到达平衡 Hugoniot 曲线。

尽管本节的讨论是基于 $\gamma$ 为常数的理想气体，但也容易推广到具有详细多步化学反应的多组分理想气体混合物。式 (3.7)~ 式 (3.10) 给出的守恒方程仍然适用，但是单位质量的比焓需要修正一下。定义 $h_i$ 为第 $i$ 种组分单位质量的比焓，即

$$h_i = h_{f_i}^{\circ} + \int_{298}^{T} c_{p_i} \mathrm{d}T \tag{3.27}$$

其中，$h_{f_i}^{\circ}$ 为生成焓，$c_{p_i}$ 为组分 $i$ 的热容。单位质量混合物的焓值为

$$h = \sum_i X_i h_i(T) \tag{3.28}$$

其中，$X_i$ 为组分 $i$ 的质量分数。利用式 (3.28)，能量方程可表示为

$$\frac{\mathrm{d}h}{\mathrm{d}x} + u\frac{\mathrm{d}u}{\mathrm{d}x} = \sum_i \left( h_i\frac{\mathrm{d}X_i}{\mathrm{d}x} + X_i c_{p_i}\frac{\mathrm{d}T}{\mathrm{d}x} \right) + u\frac{\mathrm{d}u}{\mathrm{d}x} = 0 \tag{3.29}$$

理想气体状态方程为 $p = \rho R T$，因此导数 $\mathrm{d}T/\mathrm{d}x$ 为

$$\frac{\mathrm{d}T}{\mathrm{d}x} = \frac{\partial T}{\partial p}\frac{\mathrm{d}p}{\mathrm{d}x} + \frac{\partial T}{\partial \rho}\frac{\mathrm{d}\rho}{\mathrm{d}x} + \frac{\partial T}{\partial R}\frac{\mathrm{d}R}{\mathrm{d}x} \tag{3.30}$$

因为当组分浓度 $X_i$ 变化时，混合物 $R$ 随着 $x$ 变化。通过状态方程可以得到 $\partial T/\partial p$, $\partial T/\partial \rho$ 和 $\partial T/\partial R$ 为

$$\frac{\partial T}{\partial p} = \frac{1}{\rho R}, \quad \frac{\partial T}{\partial \rho} = -\frac{p}{\rho^2 R}, \quad \frac{\partial T}{\partial R} = -\frac{p}{\rho R^2} \tag{3.31}$$

因此有

$$\frac{\mathrm{d}T}{\mathrm{d}x} = \frac{1}{\rho R}\frac{\mathrm{d}p}{\mathrm{d}x} - \frac{p}{\rho^2 R}\frac{\mathrm{d}\rho}{\mathrm{d}x} - \frac{p}{\rho R^2}\frac{\mathrm{d}R}{\mathrm{d}x} \tag{3.32}$$

利用质量和动量守恒方程 (3.7) 和 (3.8)，可以得到导函数 $\mathrm{d}\rho/\mathrm{d}x, \mathrm{d}p/\mathrm{d}x$ 为

$$\frac{\mathrm{d}\rho}{\mathrm{d}x} = -\frac{\rho}{u}\frac{\mathrm{d}u}{\mathrm{d}x} \quad \text{和} \quad \frac{\mathrm{d}p}{\mathrm{d}x} = -\rho u\frac{\mathrm{d}u}{\mathrm{d}x} \tag{3.33}$$

这样，导函数 $\mathrm{d}T/\mathrm{d}x$ 变为

$$\frac{\mathrm{d}T}{\mathrm{d}x} = -\frac{u}{R}\frac{\mathrm{d}u}{\mathrm{d}x} + \frac{T}{u}\frac{\mathrm{d}u}{\mathrm{d}x} - \frac{T}{R}\frac{\mathrm{d}R}{\mathrm{d}x} \tag{3.34}$$

式中，利用状态方程将 $p/(\rho R)$ 替换为 $T$。混合物的气体常数为 $R = \sum_i X_i R_i$，$R_i = \bar{R}/W_i$ 为组分 $i$ 的气体常数。$\bar{R}$ 为通用气体常数，$W_i$ 为组分 $i$ 的分子质量。因此有

$$\frac{\mathrm{d}R(X_i)}{\mathrm{d}x} = \sum_i \frac{\partial R}{\partial X_i}\frac{\mathrm{d}X_i}{\mathrm{d}t}\frac{1}{u} \tag{3.35}$$

式中，已经将 $\mathrm{d}x = u\mathrm{d}t$ 代入。将式 (3.34) 和 (3.35) 代入式 (3.29) 可以得到

$$\frac{\mathrm{d}h}{\mathrm{d}x} = \sum_j X_j \frac{\mathrm{d}h_j}{\mathrm{d}T}\left(-\frac{u}{R}\frac{\mathrm{d}u}{\mathrm{d}x} + \frac{T}{u}\frac{\mathrm{d}u}{\mathrm{d}x} - \frac{T}{R}\sum_i \frac{\partial R}{\partial X_i}\frac{1}{u}\frac{\mathrm{d}X_i}{\mathrm{d}t}\right) + \sum_i \frac{h_i}{u}\frac{\mathrm{d}X_i}{\mathrm{d}t} + u\frac{\mathrm{d}u}{\mathrm{d}x} = 0 \tag{3.36}$$

求解 $\mathrm{d}u/\mathrm{d}x$ 可以得到

$$\frac{\mathrm{d}u}{\mathrm{d}x} = \frac{\dfrac{1}{u}\left\{\displaystyle\sum_i T\frac{\partial R}{\partial X_i} - \frac{\displaystyle\sum_i Rh_i}{\displaystyle\sum_j X_j\frac{\mathrm{d}h_j}{\mathrm{d}T}}\right\}\dfrac{\mathrm{d}X_i}{\mathrm{d}t}}{\dfrac{Ru}{\displaystyle\sum_j X_j\dfrac{\mathrm{d}h_j}{\mathrm{d}T}} + \dfrac{RT}{u} - u} \tag{3.37}$$

上式可以进行简化，注意到

$$\frac{\mathrm{d}h_i}{\mathrm{d}T} = c_{p_i}, \quad \sum_i X_i c_{p_i} = c_p = \frac{\gamma R}{\gamma - 1}, \quad c_{\mathrm{f}}^2 = \frac{\gamma p}{\rho} = \gamma RT$$

并且 $\gamma = \dfrac{c_p}{c_v}$。式 (3.37) 可以转化为

$$\frac{\mathrm{d}u}{\mathrm{d}x} = \frac{(\gamma - 1)\left\{\displaystyle\sum_i \frac{\gamma T}{\gamma - 1}\frac{\partial R}{\partial X_i} - \sum_i h_i\right\}\dfrac{\mathrm{d}X_i}{\mathrm{d}t}}{c_{\mathrm{f}}^2 - u^2} \tag{3.38}$$

式中，$c_{\mathrm{f}}^2 = \gamma RT$ 定义为混合物的冻结声速。对于不同化学组分，式 (3.38) 可以与动力学速率方程同时进行积分。此处假设在反应区内部的每一个位置 $x$，这些变量与积分形式的守恒定律相关联，并采用当地的状态方程。因此有

$$\rho = \frac{\rho_0 u_0}{u} \tag{3.39}$$

$$p = p_0 + \rho_0 u_0 (u_0 - u) \tag{3.40}$$

$$T = \frac{p}{\rho R} \tag{3.41}$$

并且在 $R = \sum_i X_i R_i$ 中, 当地的值 $X_i$ 可以从动力学速率方程得到.

利用基元反应模型得到的爆轰波的 ZND 结构如图 3.6 和图 3.7 所示, 分别显示了氢气和乙炔气体中的爆轰波压力和温度分布. 可以看到两者和采用单步反应模型得到的结果有类似之处, 但是可燃气体的性质会对波后参数分布产生明显的影响. 在氢气–空气混合气体中, 诱导区长度短而放热区长度长, 与乙炔–空气混合气体中诱导区长度长而放热区长度短形成明显的对比. 这就对应于单步反应模型中的活化能影响, 即氢气–空气混合气体对应于低活化能、乙炔–空气混合气体对应于高活化能. 然而, 基元反应模型中并不需要显式给出整体反应活化能, 而是通过基元反应的活化能对全部反应进行同时模拟, 综合获得波后反应进程. 与之类似的是单步反应的另外两个关键参数, 即放热量和比热比. 这三个参数都是通过计算同时进行的多个基元反应获得的, 在基元反应模型中不需要显式地给出, 因此避免了单步反应带来的误差. 在反应过程中, 比热比是变化的, 放热量取决于局部的热力学参数, 并最终达到热化学平衡状态, 而这个状态是由反应组元的物性参数和化学反应速率参数共同决定的. 此外, 单步反应模型中指前因子是决定单位长度的一个系数, 单位长度的选取具有一定的任意性, 因此指前因子以及常用的空间尺度——半反应区长度, 并没有实际的意义. 而在基元反应模型中, 各个反应的指前因子并不能任意改动, ZND 模型中的长度是有实际意义的. 因此, 通常认为基元反应模型精度更高, 更适用于定量的研究.

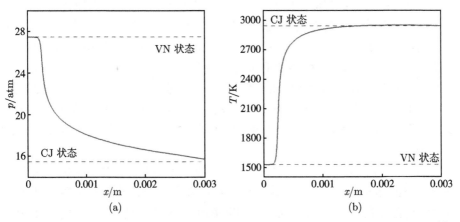

图 3.6　1atm 当量比氢气–空气混合气体中的 CJ 爆轰波压力 (a) 和温度 (b) 分布 [2]

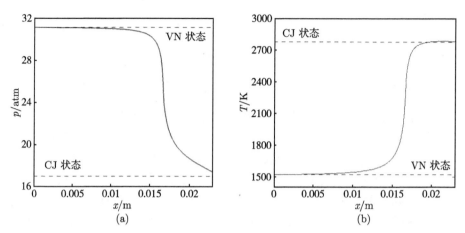

图 3.7   1atm 当量比乙炔–空气混合气体中的 CJ 爆轰波压力 (a) 和温度 (b) 分布

除了单步反应模型和基元反应模型, 还存在着一些多步反应模型, 这些多步反应模型也能够对爆轰波的 ZND 结构进行计算。这些反应模型又可以分两类, 一类是简化基元反应模型, 另一类是多步总包反应模型。前者建立在基元反应模型的基础上, 本质上是为了解决常规基元反应模型计算量过大的问题。利用一些分析方法, 确定重要的组元和关键的反应, 在一定的条件下构成一组反应机理, 利用有限的反应来模拟放热过程。这种方法仍然是基于物性参数计算 ZND 结构, 因此获得的结果和常规基元反应模型基本相同。然后由于组元数和反应数大大减少, 能够极大地降低计算量。这对于一般的 ZND 模型计算效果并不显著, 但是在涉及复杂流动的爆轰波模拟时, 能够将计算量降低一个数量级, 有利于促进计算资源的高效利用, 能够求解常规基元反应模型求解不了的问题。另一种反应模型更接近于单步反应模型, 但是将化学反应按照特征分区, 比如诱导区、放热区, 有时候放热区还会细分为链支化反应区、链终止反应区。对不同的区域, 采用不同的控制参数, 由此形成了两步、三步等多种反应模型。图 3.8 显示了采用诱导–放热两步反应模型获得的 ZND 结构, 可以看到诱导区和放热区能够严格分开, 由此可以对 ZND 结构中涉及的典型特征长度进行参数化研究, 探讨爆轰波燃烧机理。这种模型的计算量更接近于单步反应模型, 远低于简化基元反应模型和常规基元反应模型。但是由于可变参数不多, 特别是重要的物性参数没有引入, 在提高计算速度的同时牺牲了部分计算精度。

总体而言, ZND 模型是一种优点和缺点都非常明显的模型。其优点在于考虑了爆轰燃烧的非平衡过程, 并提出了能够解释爆轰波自持传播的化学反应过程与前导激波相互作用机制。因此这是一个完整的爆轰波理论模型, 首次把爆轰波的化学反应过程与激波动力学过程成功地结合在一起。ZND 模型对于爆轰物理研究的贡献是巨大的, 它为爆轰波描述了一个清楚的物理图像, 指明了爆轰现象研究的方向。同时在化学反应区引入了有限速率化学反应的概念，也是后来发展的一些计算流体力学计算模型的理论基础。另一方面，ZND 模型本身也存在着严重的缺陷。根本问题在于该模型假设波后可燃气体是通过前导激波压缩实现自点火的层流燃烧过程，从而与实际情形产生了较大的差异。由于激波和化学反应的非线性耦合，爆轰波面会形成非常复杂的含有横向激波的湍流燃烧结构。因此应用基于 ZND 理论的计算模型对爆轰波进行起爆和传播机制研究时，获得的计算结果与实验数据存在不同程度的差异。另外，进一步的研究表明利用 ZND 理论推导出的爆轰动力学参数 (如起爆临界能量、爆轰传播极限等) 与实验结果也存在不同程度的偏离。

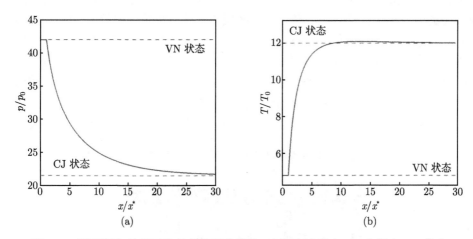

图 3.8 利用诱导–放热两步反应模型获得的 CJ 爆轰波压力 (a) 和温度 (b) 分布

## 3.3 爆燃转爆轰过程

通常的火焰传播速度是很低的，而爆轰波能够以很高的速度传播，主要原因是燃烧放热区之前有个很强的激波。按照这个激波的形成方式，爆轰波的起爆可以分为两种：爆燃转爆轰和直接起爆。爆燃转爆轰就是由低速爆燃波在一定条件下转变为爆轰波，涉及一个强激波的形成过程。而直接起爆通过瞬间的能量释放形成强激波，进而发展成为爆轰波，大部分情况下初始强激波比 CJ 爆轰波的前导激波更强，是一个激波的衰减过程。在这两个过程中，前者需要的起爆能量较小，受到湍流、激波相互作用、剪切层失稳和燃烧等诸多不稳定性因素的影响，后者需要较强的点火源，整个过程受到起爆能量的影响很大，波动力学过程相对简单。对于实际的燃料–空气混合气体，能够实现直接起爆的点火能量，或者称为临界起爆能量，通常是比较高的，因此大部分起爆过程是通过爆燃转爆轰来实现的。

　　早期的研究曾经认为爆燃转爆轰是一个爆燃波连续加速到爆轰波的发展过程。由于对高速爆燃波的研究存在很大的困难，特别是实验测量方面，因此研究者希望研究低速爆燃波是如何加速的，并利用这些结果去外推获得爆燃转爆轰的关键参数。这方面的研究产生了大量的成果，加深了研究者对于低速爆燃波的认识，并提出了爆燃转爆轰的转变长度 (run-up length) 等参数。但是大量的研究表明，爆燃波的加速过程受流场的初始和边界条件影响很大，不同的条件下研究结果的可重复性很差。其中的原因，直到 Oppenheim 和 Urtiew 的实验研究 [3] 之后才被广泛认识和接受，那就是爆燃转爆轰实质上包含了两个阶段，即爆燃波的连续加速过程和爆轰波的突然形成过程。首先，在一定的条件下低速的火焰能够不断地连续加速成为高速的湍流火焰；然后在边界层失稳区域或者湍流火焰面附近 (turbulent flame brush) 能够产生局部的爆炸中心，即起爆热点 (hot spot)。热点起爆产生的更强的压缩波在向外传播过程中诱导更强的化学反应，形成爆轰泡 (detonation bubble)。这个研究结果将具有很大不确定性的爆燃波加速过程从爆轰波形成的爆燃转爆轰过程中分离出去，对于研究爆轰波的形成具有重要的推进作用。

　　图 3.9 和图 3.10 分别显示了实验得到的不同阶段的火焰加速过程。在火焰初

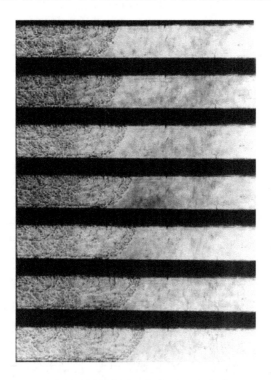

图 3.9　氢气–氧气混合气体中爆燃转爆轰过程初始阶段的火焰加速纹影 ($p_0 = 11.16\mathrm{kPa}$, $\Delta t = 5\mu\mathrm{s}$)[3]

始阶段的加速过程中，可以看到火焰面上形成了复杂的蜂窝状结构，不过波前的压缩波只是隐约可见。但是火焰加速过程经过充分发展之后，能够形成具有前导复杂激波系的湍流火焰流场。此时不仅可以在火焰面附近观察到明显的蜂窝状燃烧面，而且在波系前方存在多道复杂的压缩波/激波。这种加速过程被认为是一种自反馈的过程，压力波的形成反过来会促进火焰面的加速，进而导致更强的压力波。这种自反馈机制主导了火焰加速过程，形成了高速爆燃波，为爆轰波的形成提供了条件。

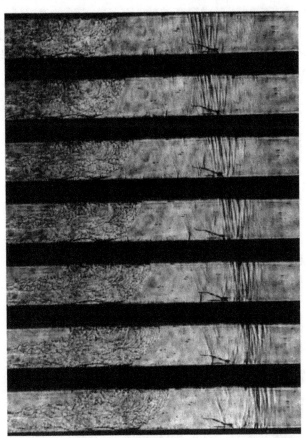

图 3.10    氢气–氧气混合气体中爆燃转爆轰过程起爆前阶段的火焰加速纹影 ($p_0 = 11.16\text{kPa}$, $\Delta t = 5\mu\text{s}$)[3]

但是爆轰波的形成并不是简单地通过已有的激波和燃烧带耦合实现的。图 3.11 显示了爆轰波真正的形成过程，可以看到在下壁面燃烧面附近，会形成局部的爆炸中心。这种爆炸中心被称为热点，在它们的作用下会发展出局部的强激波和燃烧带耦合的结构，形成爆轰泡。这种结构高速传播，能够迅速扩展到整个燃烧面上，并进一步向前赶上原来的激波和压缩波,形成在管道中传播、覆盖整个燃烧面的爆轰波。由此可见爆燃转爆轰过程实际上包含两个阶段,在第一个阶段,低速的火焰能够不断地连续加速成为高速的爆燃波,在第二个阶段,爆燃波面附近形成热点,从而实现爆燃波到爆轰波的突变。第一阶段的加速过程,实际上是在边界条件的作用下燃烧通过自反馈不断增强的过程,研究发现管道的直径、管壁粗糙度等许多因素都会对加速过程产生重要的影响。这些现象充分说明了爆燃转爆轰过程的复杂性,这也是困扰起爆理论的主要问题。然而,图 3.9～图 3.11 显示的结果,其意义在于证实爆燃波并不是连续加速形成爆轰波的,而是在某种条件下通过局部的热点形成爆轰波。这说明具有很大不确定性的爆燃波加速过程并不是起爆的关键。加速过程中形成的复杂压力波系和燃烧带结构,只是为最终的起爆,即热点的爆炸提供了一种环境,这成了后来开展的一系列实验和理论研究的基础。

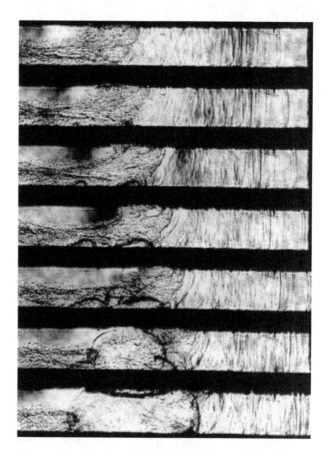

图 3.11   氢气–氧气混合气体中爆燃转爆轰过程爆轰形成阶段的火焰加速纹影

$(p_0 = 11.16\text{kPa}, \Delta t = 5\mu\text{s})^{[3]}$

　　即便对于爆轰波的最终起爆过程只是提供了一个外部条件，研究者对于爆燃波的加速过程也是比较感兴趣的，后续开展了大量研究。一个典型的研究内容就是爆燃波在边界层影响下的传播过程，如图 3.12 所示。可以看到由于边界层的作用，爆燃波面向前凸起形成 V 形火焰面。这种火焰面结构是边界层内温度比较高，火焰沿着边界层传播比较迅速造成的。反过来，这种结构导致了火焰局部的燃烧速率改变，进而引起传播速度、波前状态的变化，形成了一种自反馈效应。此外，爆燃转爆轰方面研究得比较多的壁面效应是火焰面在有障碍物的管道中的传播。传统的边界层与火焰面相互作用的研究，可以看成一种基本的火焰与壁面效应的研究案例。而障碍物效应可以看作另外一种人为设置的壁面效应。这种壁面效应能够极大地缩短爆燃转爆轰所需的距离，而且可以通过调整障碍物的尺寸、放置位置等因素，实现爆轰起爆的相对可控，因此也得到了不少关注。大量研究结果表明，爆燃转爆轰是一种非常复杂的过程，不仅需要考虑点火源的强度，更重要的是涉及长时间的激波、湍流、边界层等因素的相互作用。由于流体中种种非线性效应的影响，对这个过程进行实验测量、数值模拟都是非常困难的。在实验过程中，管道壁粗糙度的微小差别可能导致爆燃转爆轰的距离成倍变化，而目前的数值模拟技术对包含声波、激波、湍流和边界层的全流场精确模拟也是不可能实现的。问题本身的复杂性和研究手段的制约极大地阻碍了对于爆燃转爆轰问题的研究和认识水平，因此虽然学术界对这个问题研究多年，目前仍然是许多学者关注的前沿问题。

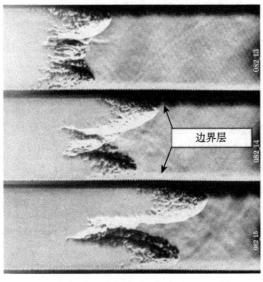

图 3.12　爆燃波与边界层作用形成的 V 形火焰 [4]

## 3.4　直接起爆过程

直接起爆相对于爆燃转爆轰是一个比较简单的过程，通过研究建立了相对比较成熟的理论。直接起爆需要较高能量的点火源，利用点火源形成的强激波直接实现激波和燃烧的耦合，起爆过程主要受起爆能量的影响，而和边界条件的相关性不大。相对而言，爆燃转爆轰过程是由爆燃波在一定条件下逐渐发展成为爆轰波的，受到湍流/激波相互作用、剪切层失稳等诸多不稳定性因素的影响。由于不涉及爆燃转爆轰过程中长时间的湍流燃烧加速以及边界层的影响，直接起爆本质上取决于初始点火条件。研究发现只要能量释放足够迅速，那么，是否能够起爆仅取决于点火能量大小。能够形成起爆的最小点火能量被称为临界起爆能量。关于临界起爆能量的研究是爆轰波形成机理的基础，它回答了爆轰波在什么条件下能够形成的问题。

在过去几十年，研究者利用固体炸药、电火花、冲击波或激光作为点火源，对直接起爆过程进行了大量的研究。实验发现强点火源产生一道强冲击波而后逐渐衰减，如果点火能量小于这个临界起爆能量，波后化学反应区将会和前导激波解耦，最后爆轰波会退化为爆燃波。最早的直接起爆的准则是由 Zeldovich 建立的，他认为要实现直接起爆，起爆冲击波的马赫数在衰减到 CJ 马赫数时，其传播距离必须大于 CJ 爆轰的诱导区长度。这个准则基于 ZND 模型得到的临界起爆能量比实验测量结果小得多，但是它把冲击波衰减和传播距离与时间联系起来，为后续研究提供了思路。

基于大量的实验结果，研究者发现球面爆轰波起爆的临界起爆能量和燃烧反应诱导时间的立方成正比。然而对于真实的胞格爆轰波，燃烧反应诱导时间的确定是非常困难的，因此研究者建立了基于胞格尺度的唯象起爆理论。研究发现在临界直接起爆的情况下，前导强激波通常要衰减到 CJ 爆轰波以下，即传播马赫数接近 CJ 马赫数一半的时候，然后通过爆燃转爆轰过程，进而发展为爆轰波。这种以 CJ 马赫数一半的速度传播的准定常爆轰波的发展取决于两种物理因素：一个因素是波面曲率的扩展使前导激波不断衰减，另一因素是化学反应放热使其得到增强。两者物理机制的互相竞争在适当的起爆能量下达到平衡。Lee[2] 提出采用 CJ 爆轰马赫数和爆轰胞格尺度建立起爆能量计算方法，代替 Zeldovich 提出的 CJ 马赫数和诱导区长度理论。应用这种爆轰起爆理论得到球面爆轰波的临界起爆能量为

$$E_c = 14.5\pi\gamma p_0 M_{CJ}^2 \lambda^3$$

其中，$\gamma$ 是混合气体的绝热指数；$p_0$ 是混合气体的初始压力；$M_{CJ}$ 是混合气体中的 CJ 爆轰波马赫数；$\lambda$ 是胞格尺度。这个理论建立了以 CJ 爆轰波速度和胞格尺

度为基础的临界起爆能量计算方法，得到的结果和实验结果符合较好。

对于同样的气体，如果得到了球面爆轰波的临界起爆能量，柱面和平面爆轰的起爆能量是很容易计算出来的。理论分析表明，球面爆轰直接起爆的临界能量正比于诱导区长度的立方，而柱面和平面爆轰直接起爆的临界能量分别正比于诱导区长度的平方和的一次方，该分析也得到了实验结果的验证。根据量纲分析，可以定义一个爆炸特征长度 $R_0$，即

$$R_0 = \left(\frac{E_{c球面}}{p_0}\right)^{1/3} = \left(\frac{E_{c柱面}}{p_0}\right)^{1/2} = \frac{E_{c平面}}{p_0}$$

对于给定热力学状态的可燃气体，该爆炸特征长度应当是一个常数，数值为诱导区长度的若干倍。该特征尺度就建立起了不同维度爆轰波起爆能量之间的关联，给出了临界起爆能量和诱导区长度之间的关系。由于诱导区长度和爆轰胞格尺度常常成正比，因此临界起爆能量和胞格尺度也有相同的比例关系。这样可以通过测量胞格尺度来确定起爆能量，是一种非常实用的起爆能量确定方法，在工程上具有很大的应用价值。

直接起爆能量确定之后，似乎直接起爆就变得非常简单了，其实不然。一方面，上述直接起爆能量只是一个经验公式，基于一些定性的分析得到，缺乏严密的论证。为什么要采用胞格尺度作为特征尺度，以及采用 CJ 速度的一半作为衰减极限，仍然缺乏严格的理论依据。另一方面，起爆能量计算公式中，爆轰波的胞格尺度的确定存在较大的误差，因此起爆能量本身的确定也存在较大的误差。对于高活化能的气体，爆轰胞格存在若干尺度，最大与最小尺度之间可能相差几倍甚至数十倍，此时起爆能量的确定就非常困难。

研究者对点火能量接近临界起爆能量的爆轰波进行研究，发现了一些有趣的现象。图 3.13～图 3.15 显示了一个经典的实验，即激光点火起爆球面爆轰波的过程 [5]。从图 3.13 显示的可燃气体中点火后的流场纹影可以看到，从点火中心会发展出球面的激波，波后有燃烧带跟随，但是两者距离越来越大。这说明激波和燃烧带是独立传播的，激波没有能够实现波后气体的自点火。从图 3.14 显示的可燃气体中点火后的流场纹影可以看到，激波和燃烧带是耦合传播的。爆轰波从点火中心形成，在后续传播过程中激波和燃烧始终耦合在一起，因此可以推断点火能量高于临界直接起爆能量，在该次实验中实现了爆轰波的直接起爆。然而，如果点火能量处于直接起爆能量附近，流场就更加复杂，如图 3.15 所示。在点火之后，明显地看到在大部分波面上激波和燃烧带是解耦的，这类似于不能起爆的情况。然而，在左上方的波面上可以观察到局部的激波和燃烧带耦合，这种耦合进而形成了沿波面逆时针方向运动的横波。可以说这种局部的耦合已经在当地形成了爆轰波，但是波面在其他区域仍然是独立传播的激波和爆燃波。随着波面的向外传播，横波沿着波

面运动，将爆轰波面逐渐扩展到整个球面上，从而实现球面爆轰波的起爆。

2cm

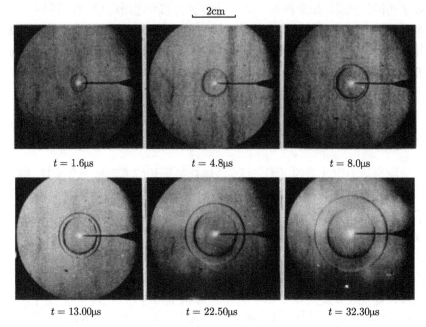

$t = 1.6\mu s$　　　　　　$t = 4.8\mu s$　　　　　　$t = 8.0\mu s$

$t = 13.00\mu s$　　　　　$t = 22.50\mu s$　　　　　$t = 32.30\mu s$

图 3.13　球面爆轰波亚临界直接起爆 [5]

2cm

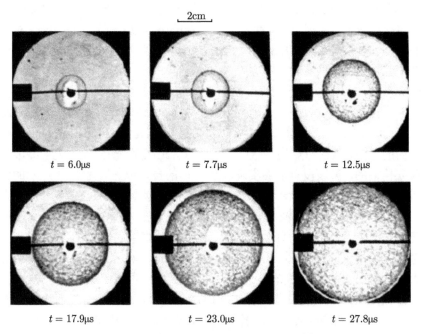

$t = 6.0\mu s$　　　　　　$t = 7.7\mu s$　　　　　　$t = 12.5\mu s$

$t = 17.9\mu s$　　　　　$t = 23.0\mu s$　　　　　$t = 27.8\mu s$

图 3.14　球面爆轰波超临界直接起爆 [5]

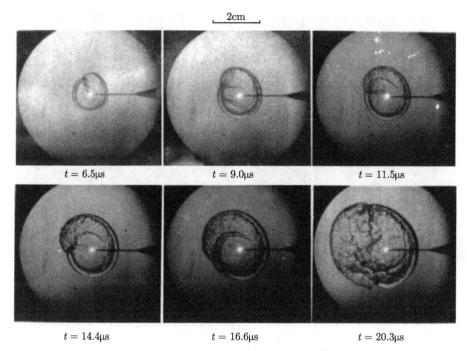

图 3.15 球面爆轰波临界直接起爆 [5]

另一个比较典型的起爆过程如图 3.16 和图 3.17 所示。在这个研究中，中心是固体炸药，通过引爆放置在可燃气体中的柱状炸药，起爆圆柱形气体爆轰波。由于炸药爆轰的速度是确定的，可以通过波面的斜率来计算柱面爆轰波向外传播的速度，并结合流场显示的结果判断是否产生了气体爆轰波的起爆。对比图 3.16(a) 和 (b)，可以看到柱面激波不同的传播速度。虽然燃烧面的对比不明显，但是仍然能够分辨存在激波与燃烧面耦合和不耦合两种情况，分别对应直接起爆图 3.16(b) 和没有起爆图 3.16(a)。图 3.17 显示了临界直接起爆的结果，可以看到对于任意位置的柱面爆轰，在初始阶段，即炸药爆轰扫过阶段都是没有起爆的，而在一段时间过后，通过一些离散的点发展出爆轰波。上述两个实验中的临界起爆现象，有一个共同的特点，就是通过离散的起爆点形成局部的爆轰波，然后借助爆轰波传播速度远大于爆燃波的特点向其余波面传播，最后完成爆轰波的完全起爆。这些离散的点位置基本无法预测，类似于爆燃转爆轰中的热点，而且其后续发展的波动力学过程与爆燃转爆轰中的热点起爆并无差别，因此研究者倾向于认为这些离散的起爆点和爆燃转爆轰中观察到的热点本质上是一致的，说明热点起爆是爆轰波中一种具有普遍意义的过程。

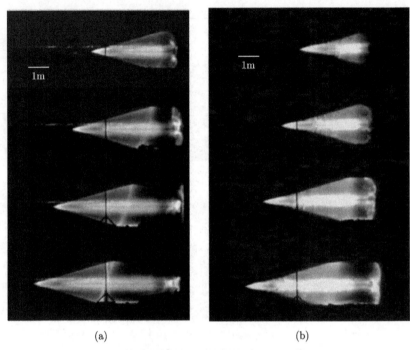

图 3.16　柱面爆轰波亚临界 (a) 和超临界 (b) 直接起爆 [6]

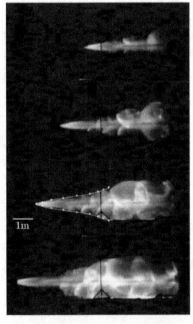

图 3.17　柱面爆轰波临界直接起爆 [6]

从 20 世纪五六十年代开始，爆轰波起爆和熄爆的研究揭示了经典的爆轰理论，如 CJ 理论和 ZND 模型，无法解释的现象和没有深入研究的问题。将爆轰波起爆的研究分为爆燃转爆轰和直接起爆是一个巨大的进步，但是后来的研究发现两者存在着内在的联系，即热点起爆的发现和提出。起爆的本质在于激波和燃烧的耦合关系如何建立，而其他的问题都不属于核心问题。这并不是说对爆燃波加速等过程的研究是没有意义的，而是必须把热点的发展和演化研究放在更高的层次上。

利用数值模拟技术能够对直接起爆过程进行更深入的研究。Ng 等采用三步链式反应模型模拟了一维爆轰波的起爆过程，如图 3.18 所示。可以看到随着点火激波的传播，前导激波的压力逐渐衰减，其中曲线 1 对应的是点火能量较低条件下，激波和燃烧没有形成耦合，从而逐渐衰减到声波的情形。如果点火能量足够大，点火激波就能够和燃烧耦合起来，形成爆轰波，如曲线 3 所示，直接从过驱动爆轰波衰减为 CJ 爆轰波。但是在点火能量接近起爆能量的条件下，流动发展的过程比较复杂，如曲线 2 所示。首先前导激波会不断衰减，可以推测这个过程中反应区长度逐渐增加。但是当激波衰减到某一状态时，即 $x/x^* = 30 \sim 60$，前导激波的衰减过程不再继续，反而形成了一段 "稳定" 传播的激波，其传播速度约为 CJ 爆轰速度的 0.6 倍。可以推测此时反应区长度是基本不变的，反应区末端相对于波面的速度达到或略低于声速，从而阻碍或大大削弱了稀疏波向前导激波的传播。但是这种状态并不能长期持续，是一种亚稳定状态。在发展到一定阶段之后，这种亚稳态的激波反应区耦合结构会重新加速，导致形成过驱动爆轰波，并最终衰减为自持 CJ 爆轰波。

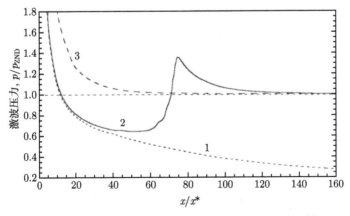

图 3.18 平面直接起爆过程中的前导激波压力变化 [7]

图 3.19 显示了同样的化学反应模型下的柱面和球面爆轰波的起爆过程。柱面和球面流动仍然采用一维方程，通过不同的源项来模拟曲率半径的影响。和图 3.18

类似，仍然是曲线 1 对应亚临界起爆，曲线 2 对应临界起爆，曲线 3 对应超临界
起爆。和一维平面爆轰波相比，柱面和球面爆轰波诱导的稀疏波更强，因此所需要
的起爆能量更高。因此，在柱面爆轰波临界起爆状态下，激波衰减到 CJ 爆轰波对
应压力的位置要离点火区较远，而球面爆轰波对应的位置更远，这体现了三种爆轰
波起爆对于点火能量的不同要求。但是无一例外，三种临界起爆情况下，都会出现
激波先衰减到 CJ 爆轰波对应的前导激波马赫数以下，然后形成过驱动爆轰波的过
程。对平面爆轰波而言，过驱动爆轰波的峰值在 $x/x^* = 75$ 附近；对柱面爆轰波，
过驱动爆轰波的峰值在 $x/x^* = 150$ 附近；对球面爆轰波，过驱动爆轰波的峰值在
$x/x^* = 230$ 附近。与平面爆轰波不同的是，柱面和球面爆轰波即使在超临界起爆
或临界起爆已经形成过驱动爆轰波的条件下，由于波面曲率的影响，仍然会衰减到
CJ 爆轰波以下，从下方逐渐逼近 CJ 爆轰波。

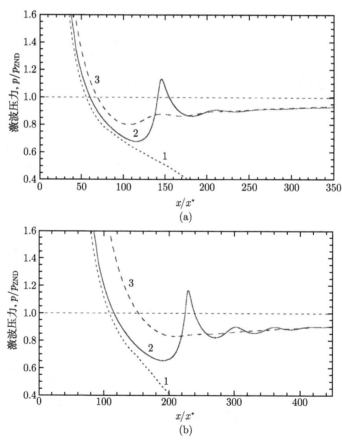

图 3.19　柱面 (a) 和球面 (b) 直接起爆过程中的前导激波压力变化 [7]

传统上认为直接起爆就是点火激波直接诱导爆轰波的形成，首先形成过驱动爆轰波，然后发展为 CJ 爆轰波。这种情况对应超临界起爆，但是临界起爆的情况就要复杂得多。在临界起爆条件下，点火激波的动力学过程对点火能量的变化非常敏感，从而点火能量的微小变化就可能引起两种截然不同的结果，这和爆燃转爆轰过程是类似的。更重要的是，临界直接起爆中爆轰波的形成也是通过热点来实现的。图 3.20 通过压力显示了热点发展诱导的临界直接起爆过程。可以看到在临界起爆条件下，前导激波已经衰减到 CJ 爆轰波前导激波马赫数以下。由于化学反应对温度的指数依赖关系，化学反应速率远低于 CJ 爆轰波后的速率，化学反应区很长。热点的出现实际上发生在化学反应区末端，首先在小扰动作用下会形成一个压力极大值。压力的上升会导致温度的上升和化学反应的加速，进而反过来促进压力的上升。在这种正反馈机制的作用下，新的压力峰值形成并向前赶上点火激波，形成能够稳定传播的激波和燃烧带耦合结构。这种临界起爆中热点的形成和发展

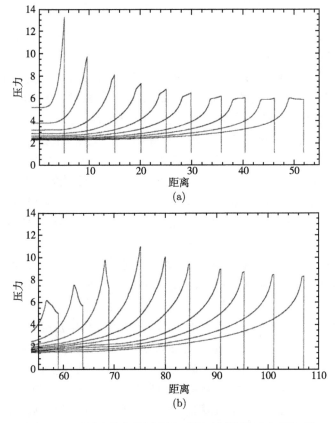

图 3.20 平面直接起爆过程中不同时刻流场压力变化 [7]

图中压力和距离已无量纲化

过程,和爆燃转爆轰过程是一致的。两种情况下都会首先形成弱激波和燃烧带的亚稳定耦合结构,只不过爆燃转爆轰中是通过火焰面加速形成的,而临界直接起爆中是通过点火激波衰减形成的。这种亚稳定的结构在小扰动的作用下,会形成新的压力峰值,向周围高速传播,赶上并与已有的弱激波合并,形成新的过驱动爆轰波面。因此,热点起爆的本质特点在于通过形成新的强激波,实现激波和燃烧带的稳定耦合。

最后需要指出的是,实际过程中大部分起爆是通过爆燃转爆轰过程来实现的。在工程上利用爆轰波时,比如在爆轰驱动激波风洞或爆轰发动机中,是希望实现直接起爆的。但是实际过程中只能利用一些手段实现快速的爆燃转爆轰,通常难以实现本节所讨论的这种直接起爆。虽然有的文献中声称实现了直接起爆,其物理意义与本节所讨论的直接起爆也存在明显区别。

## 3.5　SWACER 理 论

自 20 世纪五六十年代以来,借助于实验测量技术的发展,研究者逐渐认识到真实的爆轰波存在着复杂的结构,并对此展开了深入的研究。这个阶段研究的特点是定性的研究多,定量的研究少,大量的研究关注的是爆轰波中激波和燃烧的相互作用关系。这是因为爆轰波是一种非常复杂的现象,燃烧往往发生在几毫米量级的尺度内,但是却随着激波以每秒数千米的速度传播;从 300K 左右的波前温度,可以在毫秒量级增加到 1000K 以上,进而诱导剧烈的放热反应。这对实验和数值模拟都提出了很大的挑战,因此,气体爆轰的研究还处于 “现象搜集” 阶段,以至于20 世纪五六十年代以来,从未有 CJ 理论和 ZND 模型相同级别的重要理论出现。

然而,借助于大量研究者的广泛积累,爆轰研究在某些领域仍然有一些重要进展。这些研究结果被成功用于构建一些唯象的模型,对于指导生产实践和推动爆轰的深入研究起到了重要的作用。其中爆轰波形成的 SWACER(shock wave amplification by coherent energy release) 理论,是爆轰波起爆研究中的一个重要进展。这个理论的思想最早可以追溯到 Zeldovich 对于爆轰波起爆的研究,经过 John Lee 教授的发展和完善,能够用于揭示爆轰波形成过程中的激波和燃烧耦合作用。这个理论认为爆轰波形成中出现的热点是对该点周围的流场化学反应诱导时间分布的反应,如果存在恰当的诱导时间梯度,那么反应波路径与激波/压缩波轨迹重合,就会导致激波/压缩波在传播过程中不断受到化学反应释放的能量的支持而加速,最后形成爆轰波。实际流动过程中,爆轰波的形成过程是非常复杂的,可能是由冲击波诱导直接起爆,也可能通过长距离的湍流火焰发展,进而通过局部的热点爆炸起爆。热点起爆是一个非常迅速的爆炸过程,而且热点的出现往往具有随机性,很难利用实验手段对其内部的热化学反应过程进行研究。然而,SWACER 理论能够对爆轰波的各种复杂的热点起爆过程给出统一的解释，因此是爆轰波起爆理论发展的重要一环。

利用数值模拟，研究者对爆燃波面附近的爆轰波过程进行了数值模拟，观察到了热点起爆过程，并对此进行了分析。图 3.21 显示了爆燃波在管道壁面附近诱导热点，以及热点发展形成爆轰波的过程 [8]。可以看到爆燃波的燃烧在未反应区形成了复杂的波系结构，比如弱的激波、压缩波等。在某些条件下，激波和化学反应耦合起来，导致局部的放热率迅速增大，形成强激波并通过正反馈作用进一步加速放热，就会形成热点起爆。值得注意的是，在计算域的右上角，也形成了一个独立的燃烧带，但是这个燃烧带并没有在局部诱导爆轰波的起爆，因此这是一个"失败的"热点。

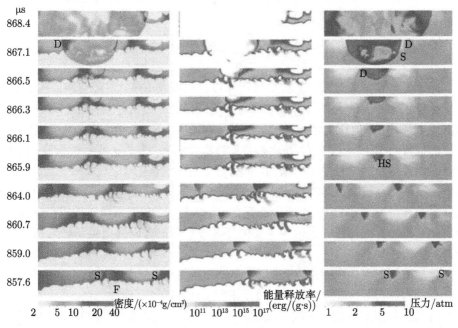

图 3.21 火焰面附近热点的形成和发展过程 [8] (后附彩图)

为什么有的热点能形成起爆，即诱导了爆轰波，有的热点只诱导了爆燃波？国内外的学者对爆轰波的形成进行了大量的数值模拟，其典型过程为激波与火焰面相互作用，形成高速爆燃波，并在一定情况下起爆爆轰波。这方面 Oran 及其合作者开展了大量工作，图 3.22 显示了一个典型的热点周边流场参数分布，可以计算得到点火延迟时间，可以看到总体趋势是中心点火延迟时间短，周边点火延迟时间长。利用点火延迟时间，可以获得自点火波 (spontaneous wave) 的传播速度 $D_{\mathrm{sp}}$，可以看到中心速度高、外层速度低。这就为形成自点火的压力波提供了一个条件。SWACER 理论认为，如果这个条件合适，小扰动的压力波在向外传播过程中与燃烧放热耦合起来，就能够形成热点起爆。需要指出的是，通常这种模拟基于一些理想化的条件，并不能和真实的实验进行精确比对。其学术意义在于认识激波和燃烧耦合作用下的爆轰波起爆规律，并非直接为工程设计提供服务。

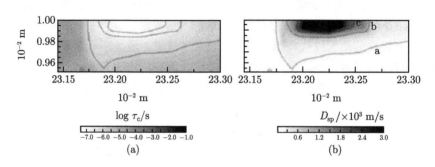

图 3.22   热点周边的点火延迟时间和自点火波波速 [8]

除了爆燃转爆轰过程，临界直接起爆过程也涉及 SWACER 机制。图 3.23 显示了数值模拟得到的一维爆轰波临界直接起爆过程，可以看到在起爆过程中前导激波逐渐衰减，峰值压力达到了 CJ 爆轰波峰值压力之下。在随后的过程中，箭头所指的位置产生了一个热点，并逐渐和放热耦合起来。形成了波后压缩波。这个压缩波在向前传播的过程中不断增强，最后赶上前导激波，形成过驱爆轰波。这种过驱爆轰波是热点起爆的典型特征，在爆燃转爆轰过程中经常被测量到。由于上述热点起爆及其相关的 SWACER 机制的存在，可以说热点起爆是爆燃转爆轰过程和临界直接起爆的共同特征，这也为当前的爆轰波起爆机理研究提供了一个新的分类方法和视角。

虽然前面利用二维的结果分析了 SWACER 理论，但是本质上它是一维的，因此一些研究者利用一维的数值模拟技术进行了深入的细化研究。Bartenev 等 [10] 对诱导时间梯度作用下的爆轰波形成过程进行了总结，阐述了不同的线性梯度分布下对应的不同的爆炸过程，给出了爆轰波形成的必要条件。进一步的研究包括引入不同尺度的正弦扰动对线性梯度分布进行了修正，研究了扰动频率对爆轰波起爆最小点火长度的影响；在线性温度梯度场作用和爆轰波形成临界条件下，研究化学反应放热率和温度梯度的关系；在不同的波面曲率和不稳定性条件下，诱导时间梯度对起爆的影响。这些研究结果在一定程度上是对 SWACER 理论的定量化的推广，但是该理论本质上是一个定性的理论，因此也难以对复杂的实际起爆流动进行定量的预测。即便如此，需要强调的是，该理论仍然在爆轰理论发展过程中有着承前启后的重要作用。

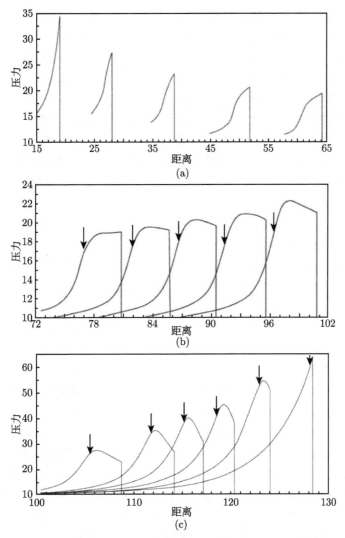

图 3.23 爆轰波临界直接起爆过程中的 SWACER 机制 [9]

图中压力和距离已无量纲化

## 3.6 爆轰动力学参数

由于多种物理化学过程的耦合, 气体爆轰波存在着复杂的结构, 对其起爆和传播过程进行研究也是非常困难的。为此, 研究者希望提炼出一些关键特征参数, 在一定程度上能够反映爆轰波的特征, 以便对爆轰波进行更加深入的探讨和研究。毫无疑问, 爆轰波的传播速度是最基础的一个特征参数, 这个参数可以通过 CJ 理论计算得到，并进而导出爆轰波后的压力、温度、反应速度等特征信息。CJ 理论不需要了解波面附近的参数分布，只需要进行爆轰状态的平衡热力学计算。然而，对于深入的研究，研究者需要对化学反应速率、爆轰极限、起始能量、临界管径、化学反应区的时间和空间尺度等有深入的了解，把这些参数称为爆轰动力学参数以区别于 CJ 理论计算出来的平衡状态爆轰参数。ZND 模型假设平面激波后面跟着一个诱导区和放热区，从而使得上述动力学参数的计算成为可能。然而通过 ZND 模型计算出来的结果和实验相差很大，其根本原因在于 ZND 模型所得到的结构是不稳定的。实验已经证实，真实的自持传播爆轰波都具有三维的胞格结构，但是有关胞格爆轰结构的定量理论还有待发展，现在仍然没有一种定量的理论能够给出胞格爆轰的动力学参数。

　　爆轰波的动力学参数有很多，Lee[11] 在综述论文中提出了四个关键的动力学参数，分别是胞格尺度 (detonation cell size)，临界直接起爆能量 (critical energy for direct initiation)，临界管道直径 (critical tube diameter) 和爆轰极限 (detonation limit)。其中占据核心地位的是胞格尺度，主要是指 CJ 爆轰波对应的胞格宽度。这是因为爆轰波的高温、高压、高速给实验测量带来了很多困难，因此大量的实验结果是通过烟迹显示技术得到的。这些结果使研究者对爆轰波胞格尺度的变化有了深入的了解，进而导致胞格尺度成为后面三个动力学参数研究的基础。原则上也可以用其他的特征长度，如 ZND 结构的化学反应区长度，作为动力学参数研究的基础。然而，过去几十年大量的工作是建立在爆轰胞格尺度基础上的，为此有必要首先对胞格尺度及其相关动力学参数的研究成果进行一下梳理。

　　早期的爆轰研究发现，爆轰波的前导激波后方会形成一系列横波，并把这种爆轰波称为胞格爆轰波。胞格爆轰波可以通过烟迹技术或光学摄影获得静态的图像，通常把得到的这种 “鱼鳞” 状的图案称为爆轰胞格。胞格爆轰波是一种多维爆轰波结构，无论实验还是数值模拟都证实了这种结构的真实性。然而，爆轰波的 ZND 结构虽然不是真实的结构，也是有其重要的理论意义和应用价值的。ZND 结构可以看成胞格爆轰波在垂直于传播方向上的平均，因此在工程上对于大尺度的胞格爆轰波研究，可以用 ZND 结构代替真实的胞格爆轰波结构。理论研究发现多维 ZND 结构是不稳定的，数值模拟中如果采用一维 ZND 结构作为初始条件，二维或者三维的 CJ 爆轰波很快会出现三波点和小的横波。这说明多维爆轰波总是无条件不稳定的，因此爆轰波的 ZND 结构也可以看成是消除横向不稳定之后的一种亚稳定状态的爆轰波。真实的爆轰波由于纵向和横向的两种不稳定性相互作用，相关研究是非常困难的。然而一维爆轰波的 ZND 结构可以是稳定的，从而将横向和纵向不稳定性区分开来，为爆轰波的深入研究打开了一条道路。

　　平均爆轰胞格可以看作是 ZND 结构在小扰动作用下，非线性不稳定性得到充分发展之后的结构。胞格尺度的变化特征是非常有规律的，在过去几十年中，研究者对这种规律进行了深入的研究。早期对于胞格尺度的测量主要关注 He、Ar、$N_2$ 稀释过的低压燃料与氧气的混合物，研究目的在于确定影响爆轰波胞格结构的关键因素。目前对于常规的氢气、碳氢燃料中的胞格已经有了深入的了解。研究发现，CJ 爆轰波的胞格只和预混气体参数有关，而和其形成方式等因素无关。即使经历了绕射或者反射等过程，在足够宽的管道中胞格尺度也总是趋向于一个固定值。因此，胞格尺度实际上是一个由预混气体的状态决定的常数，给定了预混气体的组元及其压力、温度，就能得到一个固定的胞格尺度。对于理想化学当量比的氢气–空气混合气体中，一个大气压和室温条件下，实验测得的胞格尺度为 8~15mm。需要指出的是这种误差很大程度上是因为胞格尺度比较模糊，存在不同强度的横波以及多尺度的胞格结构。不同的研究者在处理的时候，对于构成胞格的横波轨迹采用不同的判断标准，就会造成胞格宽度存在大概两倍的误差。

研究发现对于氢气–空气混合气体，压力、温度和当量比的变化都会对胞格宽度产生明显的影响。在其他参数不变的条件下，压力升高会导致胞格宽度减小，而压力降低会导致胞格宽度增加。温度对胞格参数的影响类似，温度升高会导致胞格宽度减小，而温度降低会导致胞格宽度增加。胞格对于化学反应当量比的变化非常敏感，一般在理想化学当量比的条件下，胞格宽度达到其最小值，如图 3.24 所示。当量比小于 1 的情况下，胞格宽度随着当量比的增加而减小，当量比大于 1 的情况下，胞格宽度随着当量比的增加而增加。当量比在 0.45~1.0 范围内，对应的胞格宽度变化范围是 15.1~245mm；当量比在 1.0~3.57 范围内，对应的胞格宽度变化范围是 15.1~189.2mm。需要指出的是压力升高导致胞格尺度减小的结论，对于其他种类的混合气体基本也适用；然而温度的变化对胞格的影响则要复杂得多，从目前的结果看还缺乏一般性的规律。

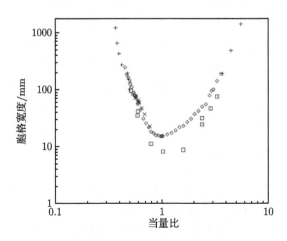

图 3.24 氢气–空气混合气体中的胞格宽度 [12]

对于氢气–氧气混合气体，在一个大气压和室温条件下，实验测得的胞格尺度为 1.3~2mm。胞格宽度随着压力升高会进一步减小，随着压力的降低而增加。当压力下降到 10kPa 以下时，胞格宽度会增加到 10mm 以上，而且这种变化在对数坐标系中体现出了很强的线性变化规律。在氢氧混合气体中添加氩气，会导致胞格尺度明显增加，同时变得更加规则。氩气的比例对胞格的影响很大，40%~55% 的氩气对胞格宽度影响较小，但是 70% 及其以上的氩气对胞格宽度影响较大，此时氩气添加量的小幅变化都会对胞格宽度产生剧烈的影响。

由于胞格尺度在动力学参数中的基础重要性，研究者对一个大气压条件下燃料–空气混合物的爆轰波胞格尺度进行了系统的研究，包括了所有常见的燃料，如图 3.25 所示。其中纵轴代表胞格尺度，横轴代表碳氢燃料空气混合气体的当量比。首先可以看到最小的胞格尺度通常发生在理想化学当量比处，当量比的增加或者降低都会导致胞格尺度变大。对于相同氧化剂和稀释气体，其他小分子碳氢燃料的胞格宽度一般要大于氢气的胞格宽度。如在一个大气压和室温条件下，乙烯 ($C_2H_4$) 混合气体中的胞格宽度约为 26mm，乙烷 ($C_2H_6$) 混合气体中的胞格宽度约为 54mm。按胞格尺度从小到大排序依次为 $C_2H_2$，$H_2$，$C_2H_4$，$C_3H_8$，$C_2H_6$，$C_4H_{10}$ 和 $CH_4$。上述结果中有两种气体是比较特殊的，就是甲烷 ($CH_4$) 和乙炔 ($C_2H_2$)。虽然同属烃类，$CH_4$ 对爆轰特别不敏感，在化学计量比条件下平均尺寸在 340mm 左右。这说明其敏感性低，不容易形成爆轰，这也是以甲烷为主要成分的天然气作为燃料的一个巨大的优势。另外可以看到，相同条件下乙炔的胞格宽度要小于氢气，说明乙炔中容易形成爆轰波，而且对于相同数目的胞格需要的管道直径或宽度更小。这种特性为乙炔爆轰波的研究提供了很大的方便，因此过去几十年乙炔爆轰是研究最多的碳氢燃料爆轰。乙炔爆轰波还有一个特别之处在于其最小胞格并不出现在恰当化学反应当量比条件下，而是在燃料/氧化剂比例 1.5 附近出现。这种现象是由乙炔气体的物理、化学性质决定的，也引起了许多研究者的关注。

值得一提的是，在过去几十年，研究者提出了若干预测爆轰波胞格尺度的模型，能够在不同程度上对胞格尺度进行预测。这种模型在工程上是很有用的，但是作为一些唯象的经验总结，还属于半经验的模型。另一方面，利用实验测量确定混合气体的胞格尺度已经有了比较成熟的方法，那些预测胞格尺度的唯象模型的主要作用是在应用的时候提供一定的方便。虽然胞格尺度在给定混合气体状态参数的时候就已经确定下来了，但是仍然没有理论能够建立起物性参数和化学动力学参数与宏观的胞格尺度之间的联系。

临界起爆能量在本章前面部分已经做了比较深入的介绍。这是基于一些实验观察和定性分析提出的预测直接起爆的关键动力学参数。这个参数建立了起爆和胞格宽度之间的联系，由于后者非常容易获得，因此对起爆的预测也是一个比较简单的工作。但是，由于胞格尺度的误差比较大，特别是对于强不稳定的爆轰波，临界起爆能量也会存在一个范围很大的误差带。在误差带内，由于临界起爆会诱导热点出现，起爆变得难以预测。无论如何，临界起爆能量是一个重要的动力学参数，对于进一步深入认识爆轰波起爆机理具有重要价值。

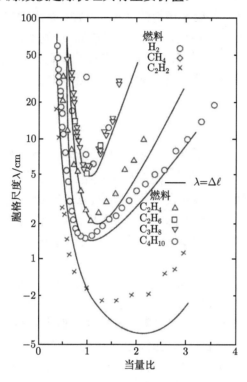

图 3.25 燃料空气混合气体中的胞格宽度 [11]

临界管道直径是一个既能表征起爆特性又能表征传播特性的重要动力学参数。该动力学参数的提出是为了回答在一个圆管道中传播的爆轰波，如果从管道中向充满相同可燃气体的无约束空间绕射，是否能够继续形成球面爆轰波并继续传播的问题。这个问题不但有重要的理论意义，而且在工程上具有直接的应用价值。研究发现，如果管径大于某一个特定的值，那么管道中的平面爆轰波就会转变为无约束空间中的球面爆轰波；如果管径小于该值，膨胀波就会使得化学反应区和激波解耦，最终就会形成球面爆燃波。因此，研究者把这个参数值定义为临界管道直径，以区分管道中的爆轰波在无约束的无限大空间中绕射后的传播形态。由于管道中已经存在爆轰波，所以这个问题实际上是爆轰波传播的问题。但是如果把圆管道爆轰看作点火源，则该问题就是球面爆轰波的起爆问题，因此该参数也可以看作是爆轰波形成的动力学参数。该问题不仅在学术上有重要意义，而且具有明确的应用背景。因为抑制管道中的爆轰波向更大的空间中传播对于爆炸灾害的削弱和控制是非常重要的。另一方面，这个问题的重要性在于球面爆轰波是一种完全不依赖于边界条件的爆轰波，因此从管道约束的爆轰波到无约束爆轰波的转变，反映了爆轰波存在一个内在的特征尺度。

　　研究发现临界管道直径随着压力的减小而增加，而且，在理想化学当量比下临界管道直径具有最小值。这种变化关系和前文所述的胞格尺度的变化关系是一致的，因此，临界管道直径和胞格尺度的内在联系引起了爆轰研究者的关注。基于大量实验数据的积累，临界管道直径和胞格尺度之间确立了在较大范围内具有普适性的量化关系

$$d_c \approx 13\lambda$$

实践表明这个关系对于氢气和小分子碳氢燃料与空气、氧气的混合物都是适用的。这个关系在实践中是非常有用的，这是因为胞格尺寸可以在实验室小尺度的爆轰管中测量得到，进而就可以得到临界管道直径。必须指出的是，由于胞格尺度的不确定性，这个关系只是一个近似的关系，并不是一个严格的理论模型。

　　到目前为止还没有定量的理论用来预测临界管道直径。临界管道直径也可以通过对爆轰波绕射传播的动力学过程进行分析得出，这种分析假定球面爆轰波的形成源于一个爆轰核 (detonation core)，也就是稀疏波的传播在抵达绕射爆轰波中心线时，爆轰波中心的部分必须已经运动了足够长的距离以保证其不受影响。为此，管道直径必须足够大，以避免稀疏波过早到达中心。然而，这种分析也是为该临界参数提供一种后验的思路，在普适性等方面具有很大的局限性。一些研究者也开展了基于其他特征长度的临界管道直径研究，但是尚没有取得明显的进展。

　　爆轰极限作为一个重要的动力学参数，一般指的是组分极限，但是通过长期的研究仍然建立了基于胞格尺度的长度极限，称为极限管径。组分极限是指能够维持爆轰波自持传播所需的最小与最大燃料浓度，由于受传播边界影响，对管道中传播的爆轰波来说组分极限和管道直径必须同时给出。严格说来，壁面的性质也会影响爆轰波的传播，因此壁面的材料和壁面的粗糙度也对组分极限产生影响。总的来说，不同的管道直径和粗糙度，都有其各自的燃料下限和燃料上限，柱面爆轰波和球面爆轰波也有它们的组分极限。

　　对爆轰物理的研究，通常考虑光滑的圆形管道中传播的爆轰波，这时存在一个极限管径。对于爆轰极限管径研究是爆轰前期研究一个非常重要的方向。研究者发现爆轰波在管道中传播时，边界导致的热量和动量损失，会对爆轰波的速度产生影响。但是随着管道直径的减小，这种影响越来越大，最后导致爆轰波不能自持传播，因此通常把这个尺度称为极限管径。对于临近爆轰极限的混合物来说必须使用非常强的点火源，于是这里就有一个问题：管道到底多长才能使得我们的爆轰波不

受点火源的影响而自持传播? 实验显示点火源影响的衰减时间非常长, 通常需要几百个管道直径, 这就导致实验室中许多小尺度爆轰实验的可靠性被质疑, 给研究带来了很大的不确定性。

大量实验显示在管道直径略大于临界管径的情况下, 研究发现总是会形成一种特殊的爆轰波, 称为单头螺旋爆轰波。这种爆轰波的特征在于只有一道横波沿着管道的周向运动, 但是能够长时间自持传播。对单头螺旋爆轰的实验研究总结发现, 极限管径和爆轰波的胞格宽度存在线性的关系, 即

$$\lambda = 2d_{\lim}$$

Lee 认为, 旋转爆轰波圆形管道的周长至少应该对应一个完整的胞格尺寸, 因此

$$\lambda = \pi d_{\lim}$$

由于胞格尺度测量的不确定性, 上述两种关系之间的差别是可以接受的。对于高宽比很大的准二维平面管道, Vasiliev 发现能够维持爆轰波持续传播的条件是高度约为一个胞格尺度, 这从另一个方面证实了 Lee 提出的旋转爆轰极限管径的合理性。

爆轰动力学参数研究的是胞格爆轰波起爆、传播过程中的关键参数。理论上, 给定混合气体的热力学参数, 如压力、温度、密度, 其反应机理就已经确定下来, 进而其动力学参数就已经确定下来了。但是, 如何从混合气体的热力学参数, 结合化学反应模型, 得到动力学参数, 还是一个根本性的难题。基于大量的实验结果, 研究者建立了不同动力学参数之间的联系, 在满足工程应用方面取得了很大的进展。胞格尺度是一个宏观的参数, 体现了激波和燃烧耦合的综合效果, 因此其他的动力学参数都可以建立在胞格尺度的基础上, 以建立一个相对比较完备的体系。然而, 由于胞格宽度本身是一个实验测得的物理量, 后续的分析也往往基于实验观察, 不是从一个严格的理论体系推导出来的, 因此这方面还有很多工作要做。

Ng 等 [13,14] 的研究结果发现, 对于经过氩气稀释的乙炔–氧气混合气体, 临界管径和胞格尺度的比例关系并不是唯一的。对于理想化学当量比的混合气体, 该比例值约为 13, 但是当稀释比例大于 40% 后, 该比例值会逐渐升高, 如图 3.26 所示。这种现象出现的原因在于不稳定性对爆轰波传播和起爆的影响。对于高活化能的爆轰波, 横波强度较大, 在边界失稳区容易形成爆炸中心, 因此容易形成球面爆轰波。对于低活化能的爆轰波, 横波在传播和起爆过程中作用较小, 主要的燃烧过程是通过前导激波压缩实现的, 因此一旦前导激波被削弱, 就很难重新起爆, 所以临界管径往往较大。这说明动力学参数模型具有很大的局限性, 在应用的时候需要考虑多种复杂因素的影响。

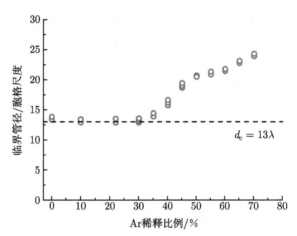

图 3.26　乙炔–氧气混合气体中，氩气稀释比例对于临界管径的影响 [14]

　　以前的动力学参数往往建立在胞格尺度的基础上，然而胞格尺度并不是唯一的选择。由于胞格尺度的研究比较成熟，大量的研究结果遵照惯例，以胞格尺度为模型基准。最近的一些研究结果就揭示了采用其他特征长度反而有可能导致更简单的结果。图 3.27 显示了不同混合气体中爆炸特征长度和胞格尺度的关系，可以看到实验结果围绕直线 $R_0 = 26\lambda$ 拟合得较好。然而，碳氢燃料和氧气混合气体中的爆轰波都是比较不稳定的，对于比较稳定的爆轰波，如采用高比例氩气稀释的乙炔–氧气混合气体，该关系不再适用。研究发现在采用 50% 和 70% 的氩气稀释后，比例系数 26 分别会增加到 37.3 和 54.8，如图 3.28 所示。

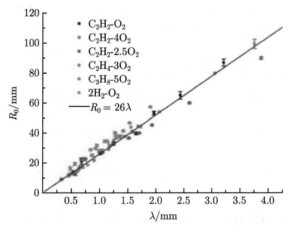

图 3.27　不同混合气体中的爆炸特征长度和胞格尺度的关系 [13] (后附彩图)

　　虽然爆炸特征长度对胞格尺度的依赖关系随着爆轰波不稳定性的变化而改变，研究者却发现了另一种正比关系。图 3.29 显示了爆炸特征长度和 ZND 结构诱导

区长度之间存在不变的线性关系

$$R_0 = 2320\Delta_i$$

这说明爆炸特征长度和诱导区长度之间存在更本质的联系，能够超越不稳定性对于爆轰波起爆过程的影响。

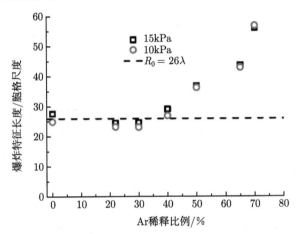

图 3.28    乙炔–氧气混合气体中，氩气稀释比例对于爆炸特征长度的影响 [14]

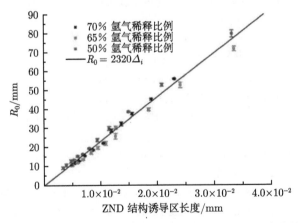

图 3.29    乙炔–氧气混合气体中，ZND 结构诱导区长度与爆炸特征长度的关系 [13](后附彩图)

上述研究说明不同的动力学参数之间的关系存在复杂的内在联系，需要进一步挖掘。虽然目前大量的结果是基于胞格尺度的，但是爆炸特征长度、诱导区长度等都可以作为动力学参数的基准。这当然有赖于更多实验和数值模拟提供的胞格结构信息，因此目前爆轰波研究迫切需要进行这类现象的收集和数据挖掘工作，以建立更高精度的动力学参数模型。这种宏观的模型只是爆轰波应用中需要解决的一类问题,更重要的是在物性参数、反应模型到动力学参数,研究者还缺乏深入的理解。由于实验手段的限制,爆轰波研究长期面临缺乏 "原料" 的问题。最近十几年飞速发展的计算流体力学技术和计算资源的急剧增加,为爆轰波研究提供了一个巨大的机遇。大量的数值模拟工作得以在较高的模拟精度上开展,从而推动了爆轰物理基础与应用的研究。

## 参 考 文 献

[1] Fickett W, Davis W C. Detonation: Theory and Experiment (Dover Books on Physics). New York: Dover Publications, 2000

[2] Lee J H S. The Detonation Phenomenon. New York: Cambridge University Press, 2008

[3] Oppenheim A K, Urtiew P A. Experimental observations of the transition to detonation in an explosive gas. Ceramics International, 1966, 40(7): 9563-9569

[4] Kuznetsov M, Alekseev V, Matsukov I, et al. DDT in a smooth tube filled with a hydrogen-oxygen mixture. Shock Waves, 2005, 14(3): 205-215

[5] Lee J H S. Initiation of gaseous detonation. Annual Review of Phys. Chem., 1977, 28(1): 75-104

[6] Radulescu M I, Higgins A J, Murray S B, et al. An experimental investigation of the direct initiation of cylindrical detonations. J. Fluid Mech., 2003, 480: 1-24

[7] Ng H D, Lee J H S. Direct initiation of detonation with a multi-step reaction scheme. J. Fluid Mech., 2003, 476: 179-211

[8] Oran E S, Gamezo V N. Origins of the deflagration-to-detonation transition in gas-phase combustion. Combustion and Flame, 2007, 148(1): 4-47

[9] Lee J H S, Higgins A J. Comments on criteria for direct initiation of detonation. Phil. Trans. R. Soc. Lond. A, 1999, 357(1764): 3503-3521

[10] Bartenev A M, Gelfand B E. Spontaneous initiation of detonations Prog. Energy Combust. Sci., 2000, 26(1): 29-55

[11] Lee J H S. Dynamic parameters of gaseous detonations. Annual Review of Fluid Mechanics, 1984, 16(1): 311-336

[12] Kaneshige M, Shepherd J E. Detonation database. Explosion Dynamics Laboratory Report FM97-8, 1997. Graduate Aeronautical Laboratories, California Institute of Technology Pasadena, CA.

[13] Zhang B, Ng H D, Lee J H S. Measurement and scaling analysis of critical energy for direct initiation of gaseous detonations. Shock Waves, 2012, 22(3): 275-279

[14] Zhang B, Mehrjoo N, Ng H D. et al. On the dynamic detonation parameters in acetylene-oxygen mixtures with varying amount of argon dilution. Combustion and Flame, 2014, 161(5): 1390-1397

# 第4章　气体爆轰波的胞格特征与实验观测

ZND 结构的失稳会导致纵向和横向扰动的放大，从而分别形成一维的脉冲爆轰波和多维的胞格爆轰波。在过去五十年，关于胞格爆轰波的研究实际上已经成为爆轰物理最重要的一个分支。由于爆轰波极高的传播速度和波后高温、高压特性，在数值模拟技术发展起来之前，研究者能够应用的技术只有宏观的波速测量，以及记录波头结构的烟迹片显示技术。借助烟迹片显示技术，研究者对爆轰胞格进行了大量研究和分析，基本获取了常见燃料在不同压力、温度、当量比状态下的胞格宽度特性。近来，借助数值模拟技术获得了胞格动态演化过程，揭示了这种胞格宽度形成的机理。本章首先介绍多波结构及其胞格特性方面的进展，然后讨论胞格爆轰波在管道中传播的特性，关注由此导致的一些特殊现象，如单头螺旋爆轰。4.3 节介绍爆轰波绕射、反射过程，关注胞格对这些传播过程的影响，以及反过来这些过程导致的胞格变化。柱面爆轰波是一类特殊的爆轰波，得到了广泛研究，4.4 节将介绍这方面的最新进展。此外，研究者发现某些气体可能出现多层次的胞格，这是因为气体存在两个相差比较大的放热特征长度，4.5 节介绍了这方面的研究进展。

## 4.1　多波结构及其胞格特性

由于激波和燃烧的耦合作用，爆轰波的 ZND 结构是不稳定的，通常被称为爆轰波的内在不稳定性。这种不稳定性导致的失稳，诱导了多波结构，也称为胞格爆轰波。借助烟迹技术，早期的研究者对于爆轰的胞格特性进行了深入的研究。近年来，随着数值模拟技术的发展，研究者开始能够对动态的胞格演化过程进行研究。实验和数值模拟均发现，对胞格结构进行扰动，如利用粗糙壁面、吸声壁面、障碍物、孔板透射，只要爆轰波没有熄灭，总会迅速恢复到平衡状态的胞格爆轰。因此，可以推测胞格爆轰是激波和燃烧耦合形式的一种稳定状态，有必要对其中纵向和横向激波共同诱导燃烧的机制进行研究。

为了分析爆轰波波面的多波结构，图 4.1 显示了模拟得到的胞格爆轰波传播过程中不同时刻的压力流场。燃烧模型采用基元反应模型，混合气体为理想化学当量比的氢氧混合气体，掺混 70% 的氩气。初始压力为 6.67kPa，初始温度为 298K。该模拟采用的计算域高度为 20mm，网格尺度为 0.2mm。通过在波前引入随机扰动，可以看到平面爆轰波后方出现了若干横波，前导波面被横波分割，逐渐发展为胞格爆轰波。横波通过碰撞相互作用，最后会形成几道较强的横波。图 4.1(c)~(e)

横波数目都是六道，从而形成了三个完整的胞格。但是给定管道高度，即 20mm，并不是胞格宽度的整数倍，因此上述结构还没有达到平衡状态。经过长期的发展，图 4.1(f) 显示了 2.7ms 时的胞格结构，可以看到只剩下五道横波，波面由入射激波 I，马赫干 M 组成，它们之间通过横波 T 联结在一起。横波的演化和发展是非常复杂的过程，需要长时间的模拟以去除初始扰动的影响，这对计算资源是个巨大的挑战。但是实验对应的又是毫秒量级的很短的一段时间，难以进行测量，因此实验和计算结果的相互验证和对比分析是爆轰波多波结构研究领域一个亟待解决的问题。

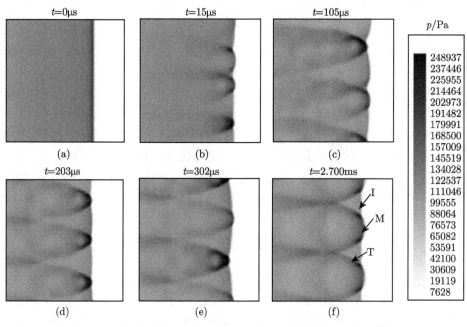

图 4.1　氢气–氧气–氩气混合气体中胞格爆轰波压力流场 [1]

图 4.2 是采用不同变量显示的同一时刻的胞格结构。该结果与图 4.1 结果来自同一算例，显示图像高度为 5mm，计算选取的网格尺度为 0.025mm，并经过长时间的计算使胞格结构达到平衡状态。可以看到胞格爆轰的波面是由入射激波 I 和马赫干 M 构成的，横波 T 从上向下运动，但是其本身并不是平直的，而是可以分为多段。在紧贴波面后方是弱横波 (weak T)，向上游延伸之后形成强横波 (strong T)。强横波后方的压力明显高于弱横波，说明其压缩作用直接诱导了燃烧。从密度流场可以看出，马赫干后方的流场中存在两条滑移线，其中第二条滑移线是由弱横波到强横波的过渡引起的。从温度和 OH 密度流场可以看出，在第一条滑移线和马赫干之间存在旋涡结构，同时在弱横波上方存在未反应区 (dark region)。这种未

反应区的存在说明弱横波类似于入射激波,没有形成直接点火;强横波和马赫干都形成了直接点火,因此燃烧带和激波紧密耦合在一起。这种分段横波以及滑移线、旋涡结构,与用单步反应模型得到的胞格结构是定性一致的。

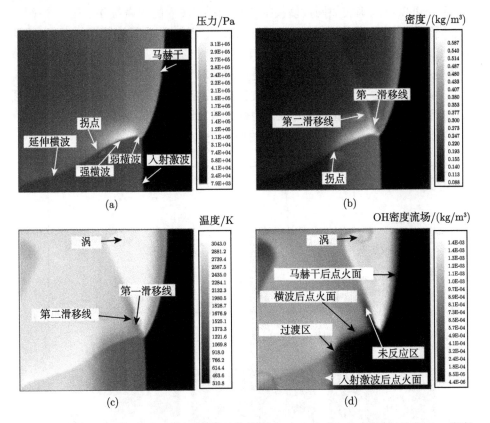

图 4.2 基元反应模型得到的爆轰胞格结构的压力 (a)、密度 (b)、温度 (c) 和 OH 密度流场 (d)[1]

    为了说明上述结构是如何在烟迹片上形成 "鱼鳞状" 图案的,图 4.3 显示了波面结构的空间演化过程,标记了入射激波、马赫干、强/弱横波和滑移线的发展。可以看到波面的结构特征在发生三波点碰撞或者壁面反射之后,并不会发生变化,只是运动方向变为和以前相反的方向。模拟结果显示,在胞格结构演化过程中,入射激波和轨迹线的夹角 $\phi$ 为 45°~50°,入射激波和马赫干的夹角 $\Delta$ 为 40°~45°。因此马赫干和运动轨迹的夹角约为 90°,也就是说,三波点始终沿着与当地马赫干垂直的方向运动。

    上述数值结果揭示了爆轰波的结构以及胞格发展的动态过程,与更早的烟迹研究结果是一致的。为了对数值结果进行验证,需要对波面流场进行直接的测量,这在技术上是非常困难的。直到最近几年，借助最新的平面激光诱导荧光 (planar laser-induced fluorescence, PLIF) 显示技术，研究者才实现对波后流场的直接观察 [2,3]。图 4.4 显示了利用 PLIF 技术直接观察到的爆轰波面结构，其中亮度表示 OH 浓度。可以看到确实如同数值模拟结果一样，波后的燃烧带并不是一个平面，而是被横波分割为不同的区域。有些区域 OH 浓度较大，位置比较靠前，可以推测是马赫干后方直接发生了化学反应；而有些区域位置比较靠后，OH 浓度较低，是入射激波后方的燃烧带。图 4.5 显示了更少的稀释气体中的爆轰波，可以看到燃烧带更加不规则。总体上马赫干和入射激波在流向的距离明显增加，同时在某些位置可以观察到波后未反应气团。不同气体中爆轰波的这些差异，是由不同的爆轰波不稳定性决定的，也和以前数值模拟得到的结果是一致的。

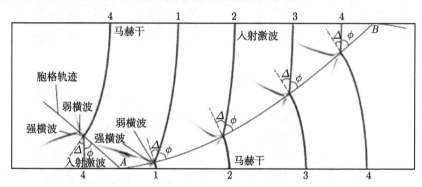

图 4.3　爆轰波三波点的运动轨迹及其对应的波系演化 [1]

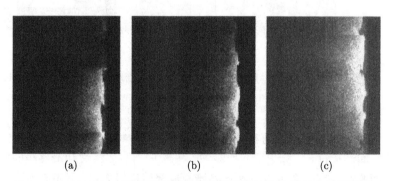

(a)　　　　　　　　　　(b)　　　　　　　　　　(c)

图 4.4　压力 20kPa，80%Ar 稀释的理想化学当量比氢氧混合气体中爆轰波后 OH 荧光图像 [3]

(a) Shot 1411; (b) Shot 1415; (c) Shot 1416

图 4.6 显示了 80%Ar 稀释的混合气体中同一时刻爆轰波的纹影和荧光图像，并将两者结合在一起得到了完整的爆轰波面结构。可以看到马赫干直接诱导了可燃气体的燃烧，但是入射激波后方的可燃气体并没有直接反应，横向激波的二次压

缩才是其发生放热反应的直接原因。这种现象在以前的研究中已经被发现，但是只有借助 PLIF 技术才得到直接的验证。由于 PLIF 仍然难以对爆轰波进行动态的测量，而且不能得到动态的信息，因此其主要作用是对数值结果进行验证。过去几十年，爆轰研究得到了长足的进步，主要依赖数值模拟手段的发展和计算资源的增加。数值结果的可靠性通过宏观测量，如爆轰波速度、波后压力等进行验证。烟迹技术得到的胞格结构提供了一种可靠性较高的间接验证，随着 PLIF 等流场直接测量技术的发展，可望为数值模拟提供更好的验证手段。但是受制于爆轰波流场的特征，这类光学测量技术想得到定量的、动态的信息仍然极其困难，制约了此类技术在爆轰研究中的应用。

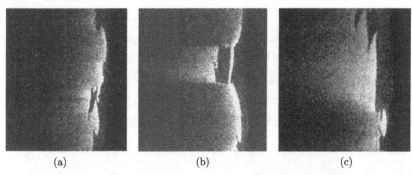

图 4.5　压力 20kPa，(a) 60％、(b) 65％和 (c) Ar 稀释的理想化学当量比氢氧混合气体中爆轰波后 OH 荧光图像 [3]

(a) Shot 1426；(b) Shot 1427；(c) Shot 1428

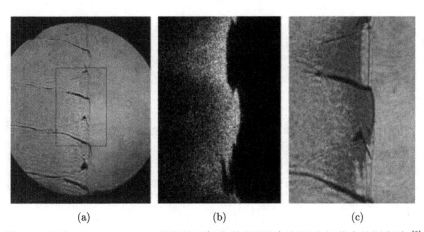

图 4.6　压力 20kPa，80％Ar 稀释的理想化学当量比氢氧混合气体中的爆轰波 [3]

(a) 纹影；(b) PLIF；(c) 纹影和 PLIF

## 4.2　爆轰波传播过程中的胞格演化

对于一维爆轰波，利用数值模拟可以得到稳定的 ZND 结构。但是多维爆轰波必然产生横波，其中的关键在于多维爆轰波还受到横向激波和燃烧耦合作用的影响。在小扰动作用下，横向的失稳最终发展出胞格结构。Gamezo 等 [4,5] 利用爆轰波 ZND 结构作为初始条件，对二维的平面爆轰波失稳进而形成胞格爆轰波的过程进行了模拟。模拟采用的化学反应模型是单步模型，采用了 FCT(flux-corrected transport) 格式进行激波捕捉，同时采用了激波固定坐标系方法以提高模拟效率。数值模拟结果显示活化能对于形成的胞格爆轰波结构具有决定性的影响，活化能较低的气体中爆轰波比较稳定，活化能较高的气体中爆轰波会形成复杂的结构。图 4.7~ 图 4.9 显示了不同活化能下的爆轰胞格的形成和演化过程。从图 4.7 可以看到在较低的无量纲活化能 $E_a/(RT_{ZND}) = 2.1$ 条件下，爆轰波面会在较长时间和区域内维持稳定，但是在 $L = 15\text{mm}$ 左右波面会失稳，形成一定数目的横波。这些横波构成了胞格爆轰波，并能够维持长时间和长距离的自持传播。

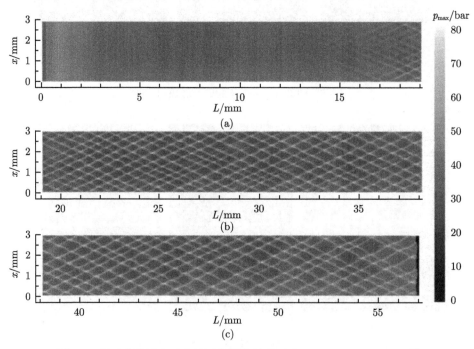

图 4.7　通过流场最大压力显示的爆轰波的形成 $(E_a/(RT_{ZND}) = 2.1)$[4]

$1\text{bar} = 10^5\text{Pa}$

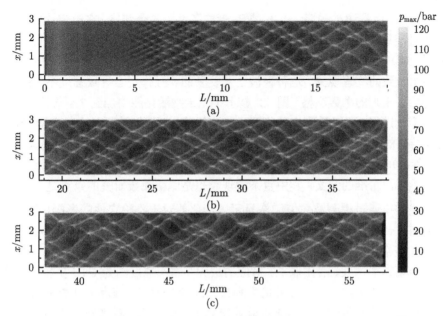

图 4.8 通过流场最大压力显示的爆轰波的形成 $(E_a/(RT_{ZND}) = 4.9)$[4]

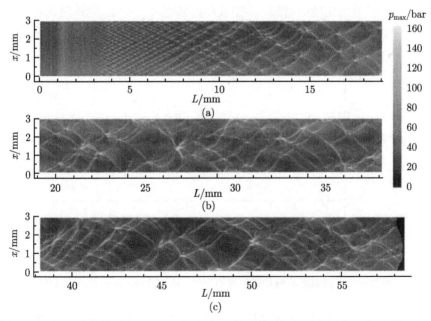

图 4.9 通过流场最大压力显示的爆轰波的形成 $(E_a/(RT_{ZND}) = 7.4)$[4]

将无量纲活化能增加到 4.9 之后，可以发现失稳位置提前到了 $L = 5\text{mm}$ 左右，同时初始横波数目增加，如图 4.8 所示。但是这些横波并没有全部发展为能够稳定存在的横波，而是通过碰撞、合并，最后形成了 3~3.5 个胞格。在给定计算区域下，反应速率常数的选择决定了胞格尺度，因此绝对的胞格数目是没有意义的。但是，随着活化能的升高，在胞格爆轰波演化过程中出现的横波碰撞、合并，则是与实验观察结果一致的物理现象。这种横波之间复杂的相互作用会导致强度不一的横波，进而诱导不规则的爆轰胞格。图 4.9 显示了无量纲活化能增加到 7.4 条件下的爆轰波胞格形成过程。可以看到失稳位置进一步提前，初始横波数目进一步增加，最终能够维持住的横波数目进一步减少。该活化能气体中的爆轰胞格非常不规则，即使经过长距离的传播，仍然不断有横波产生或者消失。对这种爆轰是否已经达到平衡状态很难给出精准的定义，其中复杂的现象也是胞格爆轰研究的重点之一。

上述结果通过爆轰波数值胞格显示了活化能对于不稳定性的影响，这种影响也可以通过传播速度的变化体现出来。图 4.10 显示了通过胞格长度和传播速度归一化的单胞格长度内爆轰波面传播速度。可以看到随着活化能的增加，波面传播速度的脉动越来越大。活化能 2.1 对应的最大和最小速度约为 CJ 速度的 1.2 倍和 0.88 倍，但是活化能 7.4 对应的最大和最小速度约为 CJ 速度的 1.7 倍和 0.7 倍。这一点通过上述数值胞格的结果也能够得到定性的认识。图 4.11 显示了波面传播到不同位置时的平均速度，可以看到活化能 2.1 的爆轰波传播速度基本等于 CJ 爆轰波速度，而随着活化能的增加，传播波动越来越大。然而，无论活化能高低，传播速度总是围绕 CJ 速度进行波动，因此爆轰波宏观传播速度等于 CJ 速度也就不难理解了。

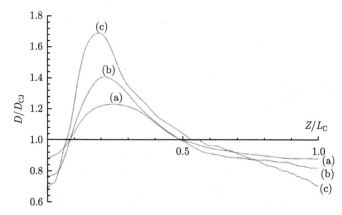

图 4.10　单胞格长度内爆轰波面传播速度的变化，$E_a/(RT_{ZND}) = 2.1(a), 4.9(b), 7.4(c)$

上述研究以爆轰波的 ZND 结构作为初始条件，对爆轰波前导激波失稳进而发展成胞格爆轰波的过程进行了剖析。如果采用爆炸波点火，也会出现类似的演化过程。然而，这种平面激波失稳毕竟是理想化的假设，和实际情况有一定的差异。为了研究实际的起爆过程，可以利用数值模拟获得在可燃气体中采用激波聚焦点火的流场。平面激波在抛物面反射聚焦，这是一种经典的聚焦方式。对于图 4.12 所研究的较深抛物面，几何参数 $d{:}R=2{:}1$，计算中取抛物面半径 $R=5\times10^{-3}$m，深度 $d=10\times10^{-3}$m。激波首先发生马赫反射，然后马赫干在抛物面底部发生聚焦。激波波前的静止气体为理想化学当量比的氢气–空气混合气体，即 $2H_2+O_2+4N_2$，气体压力 $20$kPa，温度 $298.15$K。波后气体的当量比不变，压力等热力学参数通过指定激波马赫数得到。

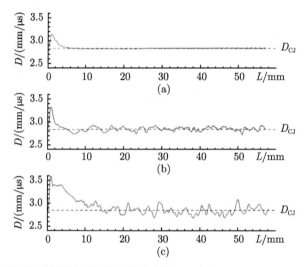

图 4.11 不同位置上爆轰波面传播速度的变化，$E_a/(RT_{ZND})=2.1$(a), $4.9$(b), $7.4$(c)

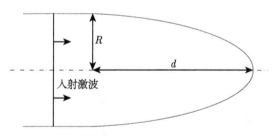

图 4.12 激波抛物面反射聚集点火示意图

马赫数为 $2.50$ 的激波从抛物反射面聚焦形成爆轰波的过程如图 4.13 所示。平面激波在抛物面上发生了马赫反射，马赫干长度增加而入射激波长度减小，同时由于曲率不断增加，在反射面附近可以观察到压缩波，如图 4.13(a) 所示。随着激波向右传播，两个反射激波和三波点在到达抛物面顶点之前先后发生了碰撞，如图 4.13(b) 所示。反射激波在对称面反射后向外运动，同时由于抛物面的作用，马赫干在传播过程中波面面积逐渐缩小而马赫数逐渐增加，最后在抛物面顶点汇聚。激波聚焦诱导了可燃气体剧烈的放热反应，从而在聚焦后的反射激波后方形成了高温高压区，如图 4.13(c) 所示。高温区的反应面和激波波面耦合传播，并很快在波面后方形成两道横向运动的激波，如图 4.13(d) 所示。横向运动的激波在波面后方往复运动，形成了三波结构。三波结构是激波聚焦诱导的爆轰波形成的标志。在爆轰波向左传播过程中，横波数目逐渐变化，当爆轰波到达抛物面出口附近时，可以观察到三道较强的横波，如图 4.13(e) 所示。爆轰波运动到管道入口附近时，较强横波的数目不变，但是在波面上某些位置如 $y = 0.4$ 附近可以观察到新的横波形成，如图 4.13(f) 所示。

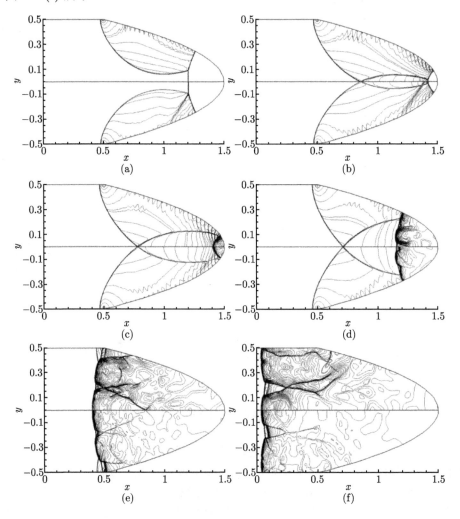

图 4.13　马赫数 2.50 的激波聚焦形成爆轰波的压力 (对称轴上方) 和温度 (对称轴下方) $x, y$ 以半反应区长度无量纲化

爆轰波运动到管道入口附近时局部放大的爆轰波波面结构如图 4.14 所示。可以看到两个横向运动的激波即将发生碰撞, 爆轰波波面被横波分为三部分, 中间是入射激波, 两端是马赫干。横波从波面上的三波点向波后延伸, 马赫干后方存在源于三波点的滑移面, 而且在波面后的横波上存在另一个三波点。这种波面结构是强横波作用下的典型的三波结构, 和 4.1 节模拟得到的结果是一致的, 说明已经形成了胞格爆轰波。由于马赫干马赫数较大, 点火延迟时间较短, 因此其后的化学反应面能够和激波波面紧密耦合在一起, 而入射激波后马赫数较小, 激波波面和反应面是分离的。入射激波后的气体在经过横向激波的二次压缩后, 反应速率可以超过三波点附近的马赫干后方的气体, 说明横向激波在爆轰气体的点火过程中发挥了重要的作用。

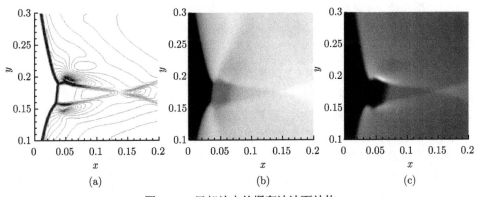

图 4.14　局部放大的爆轰波波面结构

(a) 压力；(b) 温度；(c) OH 密度；$x, y$ 以半反应区长度无量纲化

研究发现马赫数 2.40 及其以上的激波聚焦都能形成爆轰波, 其中马赫数 2.40和 2.45 的情况下横波的产生过程和前文所述的马赫数 2.50 的情况基本相同, 图 4.15给出了这两种马赫数下爆轰波运动到管道入口附近时的压力流场。马赫数 2.40 的激波聚焦形成的爆轰波波面后方有两道较强的横波和两道稍弱的横波。其中 $y = 0.36$附近的弱横波在马赫干内向下运动, 而 $y = 0.18$ 附近的弱横波是马赫干和入射激波的分界, 因此前者逐渐减弱而后者逐渐增强。马赫数 2.45 的激波聚焦形成的爆轰波波面后方有三道较强的激波, 同时波面上存在一个明显的凹点可能发展成为横波, 如图 4.15(b) 所示。因此, 马赫数 2.40, 2.45 和 2.50 这三种情况下的爆轰形成都是通过局部的弱横波产生及其往复运动逐渐增强来实现的, 横波的产生机制和爆轰波的形成机理基本相同, 横波数目受入射激波马赫数影响较小。

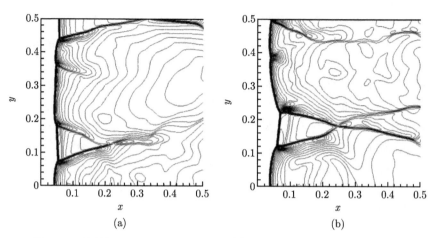

图 4.15　马赫数 2.40 (a) 和 2.45 (b) 的激波聚焦形成爆轰波的压力流场

$x, y$ 以半反应区长度无量纲化

　　马赫数增加到 2.55 及其以上, 爆轰波的形成过程会发生明显的变化。图 4.16 显示了马赫数 2.55 的激波聚焦后横波的形成过程。由于聚焦比较强, 前导激波马赫数比较大且放热反应速率较大, 在激波和反应面发生明显的解耦之前, 就可以观察到许多较弱的横波在波面后方出现。随着爆轰波的传播, 部分横波首先得到了增强, 形成了两道较强的横波, 其余横波仍然较弱。在其后的传播过程中, 其余的弱横波也逐渐增强为强横波, 在流场中可以观察到 9 道比较强的横波。横波的数目在随后的传播过程中保持相对稳定, 没有随着波面面积的增加而变化。马赫数为 2.60 的流动过程和横波产生规律与马赫数分别为 2.55 的情况是相似的。图 4.17 显示了马赫数分别为 2.55 和 2.60 的激波聚焦后形成的爆轰波运动到管道出口附近时的波面结构, 可以看到两者在波面上都存在复杂的三波结构, 而且横波的数目基本相同。这两种流动情况下马赫数足够大, 因此横波在激波和反应面分离之前就出现了, 抑制了两者的解耦。但是本质上爆轰波的形成还是依赖于聚焦产生的高温高压区的点火, 是一个聚焦导致的瞬态过程, 横波在爆轰波的形成过程中作用不大。

　　对于相同状态的混合气体, 马赫数从 2.40 变化到 2.50, 波后状态虽有变化但是变化不大。但是马赫数从 2.50 增加到 2.55, 可以明显看到一种不同的胞格演化过程。较低马赫数下的胞格数目较少, 会形成包括强横波的经典胞格结构; 而较高马赫数下横波数目较多, 比较类似于高活化能气体中平面爆轰波失稳的初期。可以推测随着爆轰波的传播, 这种结构将逐渐过渡到横波数目较少的平衡状态, 但是上述非平衡状态的出现说明横波的发展和起爆流场的点火能量密切相关。

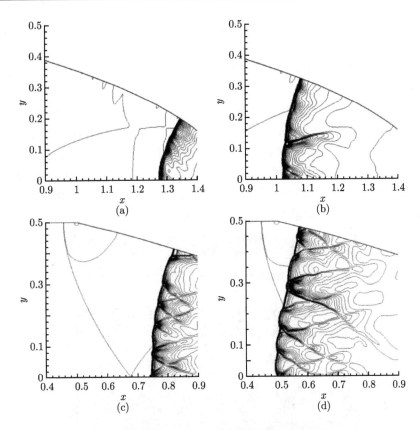

图 4.16 马赫数 2.55 的激波聚焦形成横波的压力流场

$x, y$ 以半反应区长度无量纲化

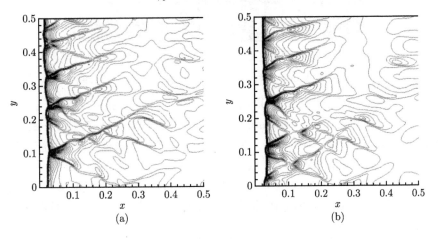

图 4.17 马赫数 2.55(a) 和 2.60(b) 的激波聚焦后形成爆轰波的压力流场

$x, y$ 以半反应区长度无量纲化

真实多维爆轰波更加复杂，其中横向的激波和燃烧相互作用在其中发挥了重要作用。这是因为多维爆轰波还存在横向运动的激波，能够实现对纵向激波压缩后的高温气体进行二次压缩，从而诱导燃烧。在活化能较高的条件下，横向激波强度也就越大，此时横向的压缩、点火发挥了更加重要的作用。为了研究横向激波在传播中的作用，可以利用孔板作为管壁，研究吸波壁面作用下爆轰波的熄灭过程[6]。图 4.18 显示了不同压力下乙炔–氧气混合气体中的胞格爆轰波传播。实验结果显示压力为 3.6kPa 的爆轰波不会熄灭，同时胞格结构没有发生明显的变化。如果将压力降低到 3.2kPa，可以观察到爆轰波传播受到了明显的影响，胞格尺度变大并出现局部的熄爆，但是爆轰波仍然能够不断形成新的胞格而实现自持传播。进一步将压力降低到 2.6kPa，则横波消失，爆轰波不能持续传播。

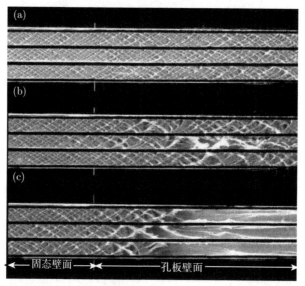

图 4.18　理想当量比乙炔–氧气混合气体中的胞格爆轰波传播

管道高度 25.4mm，气体压力 (a) 3.6kPa、(b) 3.2kPa、(c) 2.6kPa

该研究说明横波在爆轰波传播过程中是必不可少的，实际的波后气体点火是通过横波二次压缩实现的。研究发现在这种管道中如果想保证爆轰波不会熄灭，管道高度必须大于胞格尺度的 4 倍。这是因为爆轰波在传播过程中，横波在壁面附近不断消失；但是在远离壁面处，会形成新的横波。如果管道高度足够大，新的横波能够发展起来，就能够抵消壁面对于爆轰波的扰动，从而保证爆轰波自持传播。这说明在实际爆轰波传播过程中，横向的扰动会起到更重要的作用，从而决定爆轰波的弱化和熄爆特性。

爆轰波的弱化与熄爆是一个非常复杂的过程。在爆轰波的直接起爆和爆燃转爆轰两种过程中，前者比较简单而后者比较复杂，原因在于前者主要受点火源的影响，而后者不仅受到点火源还受到边界条件的影响。爆轰波的熄爆过程可以看作是爆燃转爆轰过程的逆过程，因为这个过程本质上就是爆轰波如何分裂形成独立传播的激波和爆燃波。因此，这个过程对边界条件有着很强的依赖关系，这在上面讨论的多维爆轰波在吸波管道的传播过程中已经得到了证实。然而，和爆燃转爆轰过程相比，弱化和熄爆过程还有一个明显的特点，就是边界条件的影响可以通过胞格结构和不稳定性特征来进行模化。比如在上述研究中，相同的管道、不同的气体，对应不同的不稳定性特征的爆轰波，研究发现管道高度大于胞格尺度的 4 倍，爆轰波就能继续传播。这种结果就比爆燃转爆轰研究中定性的结果更进一步，提供了基于宏观参数的定量结果。过去几十年，研究者在爆轰波胞格结构和不稳定性特征方面积累了大量的数据，如果能将这些结果利用起来，对于爆轰波起爆和熄爆的研究都具有重要的意义。

## 4.3　胞格爆轰波的反射与绕射

胞格爆轰波是一种动态的平衡结构，有两种情况会对这种平衡结构发生偏离。一种情况是 4.2 节讨论的爆轰波形成过程中的胞格演化，另一种就是本节讨论的胞格爆轰波发生反射与绕射的情况。爆轰波在传播过程中发生反射与绕射是一种常见的情况，不仅对相关工程设计具有实际意义，而且可以借助胞格的变化分析爆轰波的传播机理。图 4.19 显示了不同气体中爆轰波在楔面上发生反射的情况。可以看到 20kPa 理想化学当量比的氢氧混合气体中，爆轰波在倾斜角 20° 的楔面上发生了马赫反射，如图 4.19(a) 所示。但是马赫干诱导的三波点较弱，反射激波与爆轰波面后方原有的横波强度差别不大。如果在气体中掺混稀释气体 Ar 得到更加稳定的爆轰波，则马赫反射的反射激波会变得比较明显，更加接近激波反射，如图 4.19(b) 和图 4.19(c) 所示。但是和激波反射不同，爆轰波不存在自相似解。这是由于爆轰波面后方存在一个燃烧带，从而引入了一个内在的特征长度，导致爆轰波马赫反射和激波马赫反射存在根本性的差异。

如果爆轰波在倾斜角 40° 的楔面上发生了反射，则无论爆轰波原有横波强弱与否，都会形成较强的反射激波，能够与原有的横波明显区分开，如图 4.19(d)~(f) 所示。楔面角度的增加导致马赫干长度减小，但是其传播马赫数较高。此时在马赫干上没有横波，马赫干可以视为稳定的过驱动波面。如果进一步提高楔面角度，还会出现胞格爆轰波的规则反射。总之，楔面倾斜角和爆轰波稳定性的差异会导致不同的胞格爆轰波反射。反射产生的三波点和胞格爆轰波原有的三波点之间存在相互作用，导致流场比激波反射更加复杂。

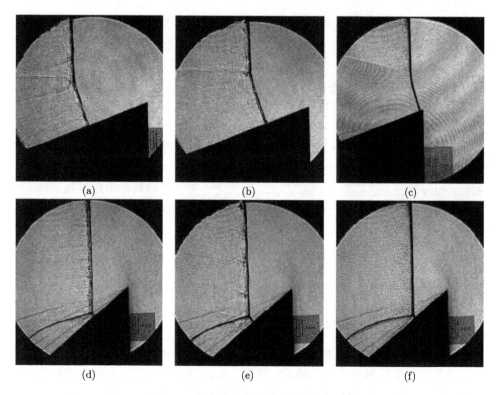

图 4.19　爆轰波发生马赫反射的纹影 [7]

楔面角度 20°: (a) 2H$_2$+O$_2$, 20kPa; (b) 2H$_2$+O$_2$+10.33Ar, 20kPa; (c) C$_2$H$_2$+2.5O$_2$+14Ar, 50kPa。

楔面角度 40°: (d) 2H$_2$+O$_2$, 20kPa; (e) 2H$_2$+O$_2$+10.33Ar, 20kPa; (f) C$_2$H$_2$+2.5O$_2$+14Ar, 50kPa

　　为了研究反射激波三波点和胞格三波点之间的相互作用，图 4.20 给出了 24kPa 的混合气体 2H$_2$+O$_2$+Ar 中胞格爆轰波反射的烟迹实验结果，并标识出了反射三波点的轨迹。可以看到在刚刚发生反射的初始阶段，由于胞格三波点的相互作用，很难区分反射三波点和胞格三波点。但是反射三波点形成之后，会沿着垂直于波面的方向传播，导致马赫干长度的增加。因而，在马赫反射后期，马赫干上会有若干胞格三波点在往复运动，并形成新的胞格结构。因此，从图 4.20 中可以看到两种胞格结构：一种是入射爆轰波上的胞格结构，在受到反射三波点影响前其尺度保持不变；另一种是位于楔面附近的马赫干上的胞格结构，其尺度明显减小。这两种不同的胞格尺度反映了爆轰波传播马赫数对胞格的影响。对于 4.2 节的结果，可以看到爆轰波从平面爆轰波失稳发展出胞格的过程中，经历了一段过驱动状态，也会出现小尺度的胞格结构。这和马赫反射导致的小尺度胞格结构出现的机理是类似的，说明过驱动爆轰波会导致胞格出现非平衡状态，从而导致胞格结构尺度变小。

图 4.20 混合气体 $2H_2+O_2+Ar$(压力 24kPa) 中，胞格爆轰波在倾斜角 19.3° 楔面上反射 [8]

为了对胞格爆轰波马赫反射的过程进行详细研究，Deng 等采用基元反应模型和 DCD 格式，对初始压力 16kPa 的 $2H_2+O_2+Ar$ 混合气体中的爆轰波在楔面上发生马赫反射的现象进行了模拟 [9]。图 4.21 给出了爆轰波从左向右传播过程中发生楔面反射形成的数值胞格分布，其中胞格是通过不同时刻流场最大压力得到的。可以看到爆轰胞格明显地由两部分构成，一部分是未受反射激波影响的原始胞格，另一部分是受到反射激波影响的马赫干上的胞格。这两部分胞格被一条由反射激波、入射爆轰波和爆轰马赫干相互作用形成的反射激波三波点轨迹分开。爆轰胞格尺度在这条轨迹线两边出现明显变化：由爆轰波楔面反射马赫干形成的胞格尺度明显减小，而入射爆轰波的胞格尺度不变。对比图 4.21 的数值结果和图 4.20 的实验结果可以发现，数值模拟得到的胞格比较规则。但是胞格马赫反射的基本现象，以及胞格三波点和反射三波点之间的相互作用，其数值和实验结果是一致的。因此，下面就可以利用数值结果对胞格爆轰波发生马赫反射的过程进行分析。

图 4.21 爆轰波在楔面角为 20° 的收缩管道中传播时的爆轰胞格演化

图 4.22 给出了爆轰波阵面压力沿三个胞格 (由左至右标记为 Cell-1、Cell-2、Cell-3) 中心线，在不同时刻记录的波阵面压力曲线，该曲线包含着四个由两个三波点碰撞所产生的最高压力峰值。可以看出 Cell-1 处于爆轰反射主三波点轨迹之外，第一个峰值压力是由入射爆轰波阵面上两个三波点碰撞产生的。Cell-1 中心线

上波阵面压力经过了一个减弱和增加过程，波阵面压力变化高达第一个峰值压力的 60%。Cell-1 与 Cell-2 的交点位于爆轰反射三波点轨迹上，由于入射爆轰波、横波和反射激波的相互作用，第二个峰值压力远远高于第一个峰值压力。第三个峰值压力处于 Cell-2 和 Cell-3 的交点上，其值与第四个峰值压力几乎相当。由于 Cell-3 处于爆轰反射主三波点轨迹之内的区域内，Cell-3 的两个顶点压力峰值近似相等，这说明爆轰马赫干实际上已趋于稳定。这一点从 Cell-2 和 Cell-3 中心线上波阵面压力变化趋势也可以得到证实，可以看到两者是相似的。然而，比较发现 Cell-2 和 Cell-3 中心线上波阵面的平均压力比 Cell-1 中心线上波阵面平均压力明显要高，表明马赫干上的胞格是一种过驱动爆轰波的胞格。

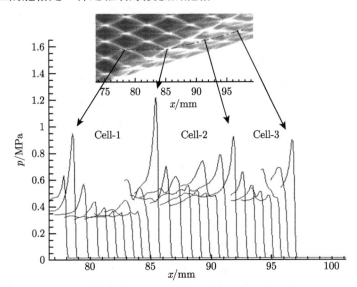

图 4.22　沿三个胞格中心线上爆轰波面压力记录曲线

　　胞格爆轰波的绕射是一种与反射相对的过程。反射会导致爆轰波强度的增加，但是绕射会导致爆轰波强度的降低。这是因为绕射产生的稀疏波会引起爆轰波中激波和燃烧的耦合关系的变化，甚至可能导致爆轰波的熄灭。本节讨论的绕射主要是爆轰波在截面积渐变的扩张管道中传播的过程，与上述楔面反射的情况相对应。图 4.23 显示了理想化学当量比的乙炔–氧气混合气体中胞格爆轰波在楔面角度 15° 的扩张管道中的绕射，初始管道宽度为 26mm。可以看到在气体压力为 3.0kPa 的情况下，绕射产生的稀疏波导致爆轰波熄灭。在管道出口处可以观察到爆轰胞格烟迹，但是在下游完全观察不到胞格。当气体压力增加到 3.5kPa 时，情况变得比较复杂。在管道出口附近，爆轰波胞格会消失，说明发生了熄爆，但是下游可以看到重新形成了爆轰波。重新起爆点有两个：一个位于距离管道出口约 60mm 处的下方管道壁；一个位于距离管道出口约 80mm 处的上方管道壁。这两处重新起爆都可以观

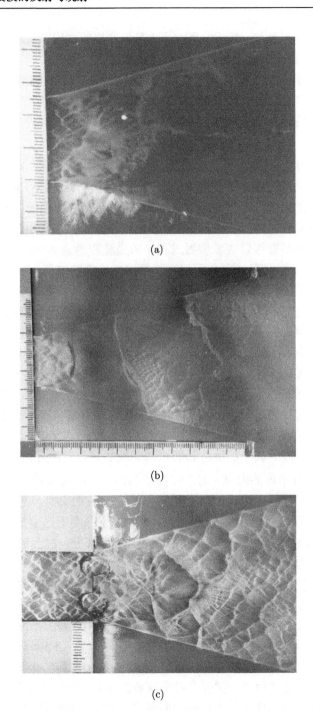

(a)

(b)

(c)

图 4.23 混合气体 $C_2H_2+2.5O_2$ 中的胞格爆轰波在楔面角度 15° 的扩张管道中的绕射 [10]

(a)~(c) 的波前气体压力分别为 3.0kPa, 3.5kPa, 4.0kPa

察到首先形成小尺度胞格,然后发展成为大尺度胞格的过程。当气体压力进一步增加到 4.0kPa 时,稀疏波扰动对于爆轰波的传播进一步降低。可以看到在管道出口附近仍然会观察到原有的胞格尺度变大的过程,但是爆轰波胞格还没有完全消失之前,新的小尺度胞格就突然形成,抑制了胞格爆轰波的衰减。对比以上的结果可以得出结论,不稳定性较强的爆轰波,稀疏波扰动造成的影响较小,绕射不容易导致爆轰波熄灭。

胞格爆轰波的绕射本质上是稀疏波作用下的胞格爆轰波的演化问题。上述研究结果说明,如果爆轰波能够抵抗稀疏波扰动,它就能够在扩张管道中继续传播。但是扩张管道中的爆轰波如果想达到平衡状态,需要产生更多的胞格,这是因为对于给定的预混气体,胞格尺度是一定的。因此,需要对胞格演化的动力学特性过程进行研究,才能理解胞格爆轰波绕射过程中的激波和燃烧耦合机制。图 4.24 显示了不同稳定性的胞格爆轰波在截面积渐扩管道中传播的过程。对于第一种较稳定的爆轰波,如果扩张角过大则爆轰波直接熄灭,在扩张角较小时初始阶段胞格会变大。在传播过程中胞格发生分裂,产生了新的横波从而实现了胞格尺度的基本不变。对于第二种稳定性中等的爆轰波,能够承受的扩张角也较大,此时在均匀管道出口前方可以观察到胞格的消失。但是随后会形成一个起爆面,其下游是大量的小尺度胞格,并迅速发展出尺度和均匀管道中胞格尺度相同的胞格结构。如果继续增加气体压力和管道扩张角角度,就能观察到爆轰波边缘熄爆,但是中心一直维持胞格结构的传播。这种情况下,中心的胞格结构不断向周围扩展,形成新的平衡状态的胞格结构。这三种爆轰波绕射过程中的过渡结构揭示了稀疏波对不同稳定性爆轰波的扰动,对于理解其中的激波和燃烧耦合机制是非常重要的。

由于实验测量手段的限制,对非平衡状态的胞格爆轰波进行动态研究是非常困难的,因此可以采用数值模拟对初始压力为 16kPa 的 $2H_2+O_2+Ar$ 混合气体中的爆轰波绕射进行研究。图 4.25 给出了具有 20° 扩张角管道中的胞格分布图。绕射处斜向上的一组畸变胞格明显把爆轰胞格分成两部分,左上部的胞格未受流动膨胀的影响,称为入射爆轰波胞格;右下部的胞格尺度明显增大,称为绕射爆轰波胞格。随着爆轰波向下游传播,扩张段壁面附近的绕射爆轰波胞格逐渐均匀化,表明绕射爆轰波也达到了暂时的稳定状态。图 4.26 给出了受稀疏波影响的四个连续胞格 (由左至右标记为 Cell-4、Cell-5、Cell-6、Cell-7) 中心线上不同时刻的波阵面压力分布,有五个明显的峰值压力位于这四个胞格的端点。Cell-4 两端的压力峰值仍然位于稳定区域入射爆轰波胞格的顶点,反映了绕射前爆轰波阵面三波点碰撞产生的压力峰值。在此之后由于扩张角处稀疏波的影响,波阵面压力不断下降,在达到 Cell-6 的左端点时出现了压力峰值的最低点,反映了流动膨胀对爆轰波阵面热力学参数的影响。Cell-7 胞格两个顶点的两个峰值压力在数值上近似相等,Cell-6 和 Cell-7 中心线上的波阵面压力分布也相似,由此可知此处绕射爆轰波达到稳定。由

图 4.24 混合气体 $C_2H_2+2.5O_2$ 中的胞格爆轰波在不同角度的扩张管道中的绕射 [11]

波前气体压力和角度分别为 (a) 10°, 4.0kPa; (b) 25°, 8.0kPa; (c) 45°, 10.6kPa

于 Cell-6 和 Cell-7 中心线上的波阵面压力分布比 Cell-4 中心线上的波阵面压力分布低,与入射爆轰波相比可以认为绕射爆轰波是一种稳定的亚驱爆轰波。

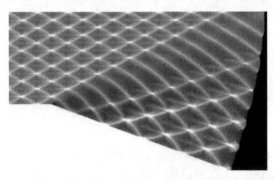

图 4.25   爆轰波在扩张角 20° 扩张管道中传播的胞格演化

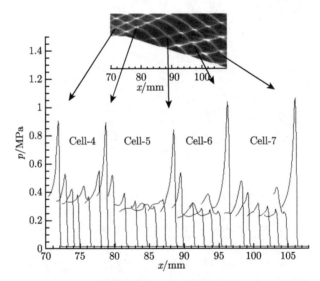

图 4.26   沿四个典型胞格中心线上爆轰波面压力记录曲线

## 4.4   柱面爆轰波胞格的演化规律

上面对于爆轰波传播过程中胞格演化的模拟,揭示了激波和燃烧的耦合作用对于爆轰波胞格发展过程的影响。可以看到初始胞格具有一定的随机性,在线性不稳定性的作用下逐渐失稳,然后在非线性不稳定性的作用下过渡到一个平衡状态。平衡状态的爆轰波依然可能出现横波的不断形成和消失,判断其是否处于平衡状态的标准是平均胞格尺度不再发生变化。爆轰波传播过程中横波的形成和消失,以及不同横波之间的相互作用过程体现了激波和燃烧耦合系统的宏观特性, 揭示了爆轰波传播的物理机制。然而这个过程通常受到边界条件的影响, 给实际的管道爆轰传播过程的研究带来了不确定性。为了更深入地研究激波和燃烧耦合规律, 特别是波面不稳定性对爆轰波传播的影响, 需要削弱边界条件的约束。由于球面爆轰波的三维结构测量困难, 可以利用柱面爆轰波对这个问题进行研究。Soloukhin 等[12]对乙炔–氧气混合气体中的柱面散心爆轰波进行了实验研究, 其胞格发展演化过程如图 4.27 所示。可以看到波面附近存在着两组相对运动的横波, 这和平面爆轰波是类似的; 通过不断形成新的横波, 胞格宽度随着波面向外传播保持不变。由于爆轰波面的面积随着柱面爆轰波直径的增加而迅速增大, 为了保持横波平均间隔距离的恒定, 横波的数目也在迅速增加。这个实验结果显示了横波形成的过程, 这对于研究爆轰波传播机理非常重要。

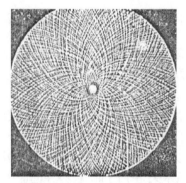

图 4.27　60mmHg[①] 压力下, 理想化学当量比乙炔–氧气混合气体中的柱面散心胞格爆轰波

　　由于实验手段的限制, 利用这种静态图像对横波的形成和演化很难给出具体的分析。为此, Jiang 等[13] 利用数值模拟手段, 对柱面散心爆轰波的传播过程进行了模拟, 研究了横波的形成和发展规律。该研究采用的激波捕捉格式为 NND (Non-oscillatory non-free parameter dissipative) 格式, 模拟了理想化学当量比的氢气–氧气混合气体, 初始压力为 1.0atm, 温度 293K, 计算区域为 30° 的环扇形区, 内外半径分别为 0.5cm 和 15.5cm。在中心区采用高温高压点火之后, 柱面爆轰波会向外传播并发生复杂的胞格演化过程。对化学反应的模拟采用的是 Sichel 提出的两步反应模型[14], 该模型包含诱导反应和放热反应, 但是放热量、绝热系数等均通过组元浓度分数计算得到。

　　图 4.28 显示了模拟得到的柱面散心爆轰波的数值胞格, 并标注了观察到的四种横波形成机制。首先可以看到初始阶段通过对流场施加扰动, 得到了两个胞格, 它们的宽度随着爆轰波向外传播而逐渐增加。到了一定程度之后, 在第一种横波

---

① 1mmHg $= 1.33322 \times 10^2$ Pa。

形成机制的作用下,胞格分裂形成新的横波,胞格宽度降低。随着波面继续向外传播,后续的过程中不断伴随着新的横波形成,在不同的位置可能出现不同的横波形成机制。通过归纳发现存在四种横波形成机制,下面对这些机制作用下的横波形成过程分别进行分析。

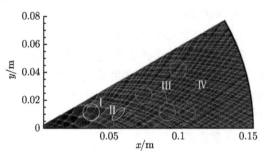

图 4.28　数值模拟得到的柱面散心爆轰波的数值胞格及四种横波形成机制

第一种横波形成机制称为凹面聚焦机制 (concave front focusing),如图 4.29 所示。这个机制主导了波面发生剧烈变化阶段的横波形成,会导致一个较大的胞格在传播过程中分裂为两个胞格,是爆轰波在早期波面面积发生剧烈变化阶段,新横波形成的主要机制。可以看到新的横波在初始阶段比较弱,但是经过与其他横波相互作用,迅速增强形成了新胞格。图 4.30 显示了这个过程中的爆轰波面在不同位置的动态传播过程,可以看到爆轰波面在向外传播的过程中,原有横波之间的间隔会逐渐变大。爆轰波面本来是个凸面,但是在凸面中心附近远离横波,燃烧速率较低。这就导致凸面在传播过程中逐渐减速,进而在波面上会发生某种类型的“凹陷”,如图 4.30(a) 所示。对于激波和燃烧的耦合系统,这种波面形状的改变是不稳定的,在爆轰波面传播过程中,这种扰动会逐渐放大。这种不稳定性发展过程中的胞格分裂本质上源于化学反应区和激波共同作用导致化学反应带的加速,如图 4.30(b) 所示。图 4.31 显示了这种“凹陷”激波面汇聚导致的横波形成过程,这种横波形成机制称为凹面聚焦机制。

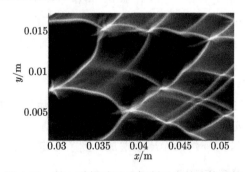

图 4.29　第一种横波形成机制对应的胞格结构

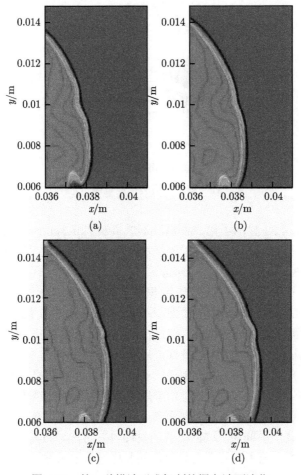

图 4.30 第一种横波形成机制的爆轰波面演化

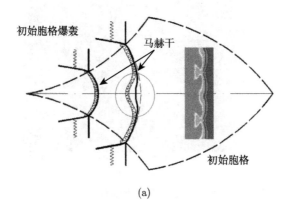

(a)

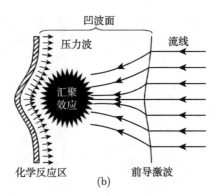

图 4.31　第一种横波形成机制示意图

图 4.32 和图 4.33 显示了第二种横波形成机制 (kinked front evolution) 对应的胞格结构及其波面演化过程。可以看到横波初始是很弱的，也是从波面小扰动发展起来的，如图 4.32 所示。和上一种情况不同，此时的横波只有一道，而不是方向相反的一对横波。从图 4.33 可以看到，新横波的起源出现在一道向下运动的横波背面，由于柱面散心爆轰波传播中波面面积不断扩大，初始的小扰动在波面上发展起来。起初会在波面形成很弱的扭曲，但是在某些条件下这些扭曲可能迅速增强。特别是经过和反向横波碰撞之后，这种横波逐渐发展为强横波，推动了胞格结构的形成。这种波面上单道横波出现的机制显然和第一种凹面聚焦机制不同，数值结果则显示出它出现的位置相对靠后。此时由于爆轰波面的面积已经较大，其增加的速度在降低，因此新横波形成的速度也在降低。随着波面面积的增加，这种横波的作用是调整不同横波之间的间距。这种横波的发展也有可能导致其后的同向横波消失，或者说两个同向横波合并，并不会导致新的胞格结构的形成。

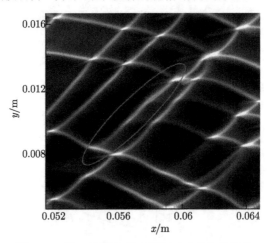

图 4.32　第二种横波形成机制对应的胞格结构

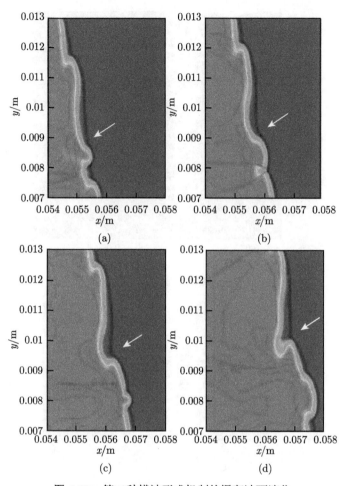

图 4.33 第二种横波形成机制的爆轰波面演化

图 4.34 和图 4.35 显示了第三种横波形成机制 (wrinkled front evolution)，可以看到这种横波形成往往需要跨越多个网格，在向外发展过程中不断增强。初始对波面的扰动非常小，因此很难准确定义其发展的起始位置。但是这种横波的形成随着波面面积的增加是一个逐渐加强的过程，不会导致如第二种机制那样的同向横波消失。随着柱面散心爆轰波传播面积的增加，这种形成机制会导致横波绝对数目的大幅增加。和前两种形成机制相比，这种形成机制具有两个特点：一个是能够一次形成多道横波，而第一种机制一次只能形成两道反向运动的横波，第二种机制只能形成一道横波；第二个特点是横波形成是一个跨越多个网格的、相对缓慢的过程。这是因为在后期爆轰波的表面积增加，速度逐渐降低，因此横波形成速度也比较慢。但是由于能够一次形成多道横波，这种机制是爆轰波面演化后期横波形成的主要方式。

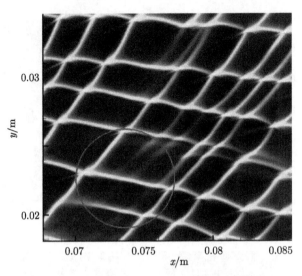

图 4.34　第三种横波形成机制对应的胞格结构

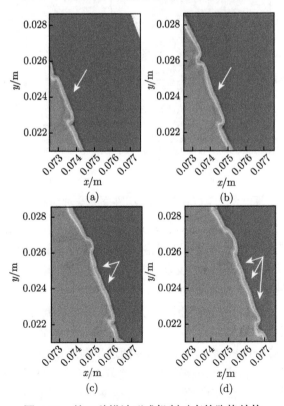

图 4.35　第三种横波形成机制对应的胞格结构

利用数值模拟，还可以观察到横波通过合并实现绝对数目减少的过程，由于其背后的机制和上述爆轰波的横波形成过程是类似的，我们称之为第四种横波形成机制 (transverse wave merging)。这种过程在前面已经观察到，但是在爆轰波面演化的后期会频繁出现，如图 4.36 所示。横波在运动过程中，通过与反向横波的碰撞，强度发生变化。横波是增强还是减弱取决于碰撞后局部的气体动力学参数，总体而言如果局部横波数目较少则容易增强，而局部横波数目较多则容易减少。图 4.36 显示了在同向横波距离较近的情况下，碰撞之后发生两道横波合并的过程。通过这种横波合并机制，能够对横波的数目以及波面上的分布进行调整，从而使得整个爆轰波面逐渐趋向于平衡爆轰波。

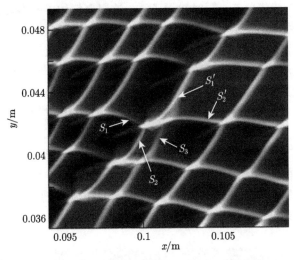

图 4.36　第四种横波形成机制对应的胞格结构

上述四种横波形成机制，都是利用数值模拟对柱面爆轰波传播过程进行模拟观察到的。波面上横波发展的动力学过程显示了爆轰波中存在一个平衡状态，即以平均速度为 CJ 速度传播的胞格爆轰波状态。当胞格爆轰波偏离这个状态时，通过波面后方横波的运动，爆轰波总体会逐渐向平衡状态靠拢。观察到的四种横波形成机制显示，这是一种自组织现象，激波和燃烧系统的耦合使得横波的数目自动增加，从而满足平均胞格距离的要求。这种现象是爆轰波最主要的特点之一，对于建立爆轰波相关理论非常重要。

## 4.5　复杂爆轰波的传播与观察

本章前四节的内容讨论了爆轰波胞格结构的特征及其不同条件下的发展动力学过程，主要关注了激波和燃烧的相互作用对于胞格爆轰波的影响。虽然激波和燃烧的相互作用是气体爆轰最本质的特征，但是实际爆轰中在许多情况下可能会涉及可压缩湍流，从而使爆轰波更加复杂。图 4.37 采用纹影和烟迹实验结果显示了在相同的管道和预混气体压力中，不同的气体组分对爆轰波胞格结构的影响。可以看到对于掺混了 85%Ar 的理想化学当量比的氢氧混合气体，爆轰波面后的横波是比较规则的，层流燃烧带紧贴在激波后方。烟迹实验结果显示胞格宽度为 70mm 左右，胞格结构是非常规则的，和本章 4.1 节讨论的结构类似。但是如果将 Ar 的稀释比例降低到 80%，就可以观察到波后燃烧变得不稳定，虽然整体的燃烧还是层流状态的，但是三波点附近会发生明显的燃烧区长度增加，如图 4.37(b) 所示。此时胞格宽度为 35~45mm，不同胞格之间开始出现明显的差别。图 4.37(c) 显示了以 $H_2$ 为燃料，$N_2O$ 为氧化剂，同时掺混了 $N_2$ 的混合气体中胞格爆轰波纹影和烟迹胞格。可以看到爆轰波面后存在多组不同强度的横波，导致波后燃烧明显为湍流状态。此时的胞格宽度分布在 5~32mm 的范围内，从而导致这种情况下不存在传统意义上的胞格宽度。图 4.37(d) 显示了采用 $N_2$ 稀释的理想化学当量比的甲烷-空气混合气体中的爆轰，波后燃烧也处于湍流状态。该胞格爆轰波的特点是存在一组较强的横波诱导出大尺度胞格，但是大胞格内部会出现较弱横波诱导的小尺度胞格，统计发现胞格宽度分布在 2~52mm 的范围内。图 4.37 所示的这四组结果是典型的胞格爆轰波结果，显示了在爆轰波不稳定性逐渐增强的过程中，波后燃烧状态和胞格变化的趋势。前两种燃烧处于层流状态，胞格比较规则，过去几十年研究的主要是这类爆轰波。后两种燃烧转变为湍流状态，胞格非常不规则，对这类爆轰波的研究非常困难，结果也比较少。

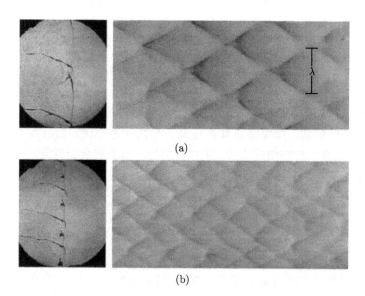

(a)

(b)

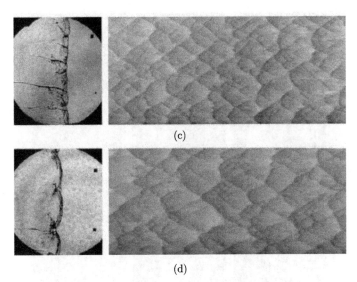

图 4.37 不同稳定性的胞格爆轰中的纹影和烟迹胞格 [15]

管道高度 150mm，气体压力 20kPa。(a) $2H_2+O_2+17Ar$；(b) $2H_2+O_2+12Ar$；(c) $H_2+N_2O+1.33N_2$；

(d) $C_3H_8+5O_2+9N_2$

借助 PLIF 成像技术，研究者对高度不稳定的爆轰波进行了直接实验观察。图 4.38 显示了采用 von Neumann 温度对活化能进行无量纲化之后，不同气体中的爆轰波面结构。该无量纲活化能反映了爆轰波的不稳定性，随着活化能的增加，爆轰波的不稳定性逐渐增强。图 4.38(a)~(c) 显示的活化能 6~10 的爆轰波中，已经可以观察到反应气体和未反应气体界面之间的 Kelvin-Helmholtz 不稳定性，而且波后明显存在弱荧光区，说明生成了波后未反应气团。在更高的活化能条件下，波面会出现很多荧光区 "碎片"，波面附近的平均空间尺度更小，如图 4.38(d)~(f) 所示。在某些区域可以看到横波后的相对发光强度很高，说明产生了强烈的局部爆炸，这种现象和爆轰波起爆过程中的热点有类似之处。但是对这些现象，研究者目前只是有了初步的了解，由于实验手段的限制，对于其中详细的物理、化学过程，还缺乏深入细致的研究。

最近几十年中，虽然研究者借助数值模拟手段，对不稳定性较强的爆轰波传播进行了许多研究，但是这些研究还处于起步阶段。本章 4.2 节介绍了采用单步反应模型模拟胞格爆轰波的结果，可以发现较高的活化能会得到非常复杂的胞格结构。但是采用数值模拟研究时，除了活化能还有许多因素对胞格结构产生了影响。图 4.39 显示了在乙炔–氧气混合气体中，一维脉冲爆轰波的传播。模拟采用了简化基元反应模型，通过不同 Ar 稀释比例和压力得到不同稳定性的爆轰波。可以看到当稀释比例比较高时，即使压力比较大，也能够得到比较稳定的爆轰波。但是随着稀释

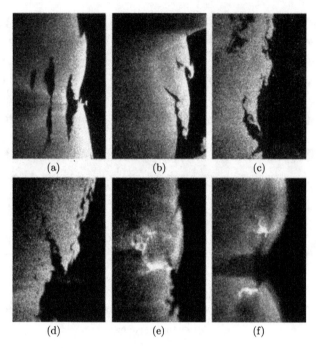

图 4.38　不同活化能 ($E_a/(RT_{VN})$) 的爆轰波面 PLIF 图像 [15]

(a) 6; (b) 7; (c) 8∼9; (d) 11∼12; (e), (f) 11∼13

比例减小，爆轰波压力振荡幅度开始增加，逐渐从规则爆轰波过渡为不规则爆轰波。当稀释比例提高到 70% 时，爆轰波振荡传播一定距离之后，会发生激波和燃烧的解耦，导致爆轰熄灭。值得注意的是，该研究模拟的是一维爆轰波，如果是多维爆轰波，在横向激波的反复作用下，图 4.39(d) 中的爆轰波仍然能够自持传播。不同的气体虽然稀释比例和压力不同，但是它们的敏感度是相同的，即无量纲的活化能 $E_a/(RT_S)$ 相同，这些模拟结果充分说明了爆轰波不稳定性研究的复杂性。

　　图 4.40 显示了采用两步反应模型得到的数值胞格，可以看到三种不同的胞格。第一种胞格结构非常规则，不同胞格之间的差距很小。第二种胞格比较不规则，胞格尺度的差异较大。但是第三种胞格更加不规则，存在许多小尺度结构和复杂的横波相互作用。这三种胞格之间的差异和采用单步反应模型改变活化能得到胞格之间的差异是相同的，但是在模拟中这三种胞格采用的活化能是完全相同的，它们的燃烧模型的唯一差别就是放热反应系数。因此，虽然目前大部分数值结果是基于单步反应模型的，采用活化能作为控制不稳定性的分叉参数 (bifurcation parameter)，但这并不是不稳定性产生的唯一原因。采用诱导-燃烧两步放热模型，放热反应速率系数可以作为不稳定性分叉参数。采用三步连锁反应模型，链化反应的跃变温度又可以作为不稳定性的分叉参数。它们的共同之处是表征了激波和燃烧之间的

耦合规律，因此要对不稳定性进行研究需要对这种耦合关系进行深入的研究。

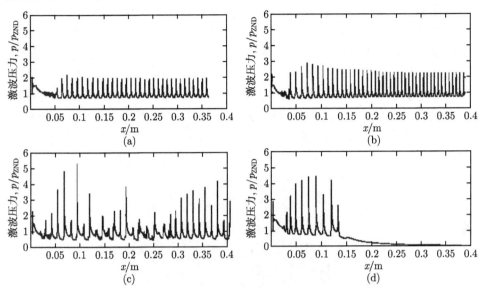

图 4.39 理想化学当量比乙炔–氧气混合气体中，脉冲爆轰波传播过程中前导激波压力变化 [16]

(a) 90%Ar, 100kPa；(b) 85%Ar, 60kPa；(c) 81%, 41.7kPa；(d) 70%, 16.3kPa

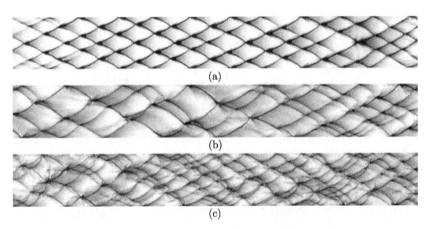

图 4.40 采用两步反应模型得到的数值胞格 [17]

放热反应速率系数 (a) $K_R = 0.866$；(b) $K_R = 3.46$；(c) $K_R = 12.9$

除了增加活化能、加速放热反应速率等可以导致复杂爆轰波之外，研究者发现在爆轰波中存在一种特殊的多层胞格结构。图 4.41 显示了数值模拟得到的多层爆轰波结构的数值烟迹图像，可以看到在大尺度的胞格内部，可能形成较为复杂的小尺度胞格。两层胞格相互作用，导致烟迹图像非常复杂。实际上，这种现象在实验中早已经得到证实，如在图 4.37(d) 中，就可以观察到类似的现象。从图 4.41 可以看到，小尺度胞格主要出现在大尺度胞格的后部，即大尺度胞格的入射激波上。大尺度胞格的马赫干上虽然也存在，但是强度比较弱，说明较高过驱动度抑制爆轰波稳定性的机理发挥了作用。这一点从图 4.42 中可以得到证实，可以看到大尺度胞格横波前方的小尺度横波强度明显较大。此外，小尺度胞格的密度和强度在传播过程中也会发生变化。而且小尺度胞格在大尺度胞格中的前半部密度大而强度低，但是在后半部密度小而强度高。总体而言，大尺度胞格和小尺度胞格的运动规律是相似的，都是激波和燃烧的相互作用导致的波面不稳定性引起的。

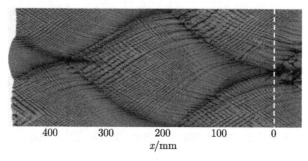

图 4.41　爆轰波多层胞格结构的数值烟迹图像，管道高度 200mm[18]

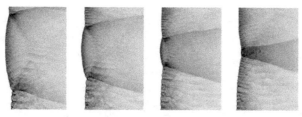

图 4.42　多层胞格爆轰波传播中不同时刻的密度流场 [18]

上述对多层爆轰胞格的模拟采用了双尺度燃烧模型。该模型将燃烧分为两步，第一步的特征长度在 $10^{-4}$m，第二步的特征长度在 $10^{-2}$m。和传统的两步燃烧模型不同，该模型并不是一步诱导反应加一步放热反应，而是两步放热反应。这两步反应放热的量相当，但是它们的特征长度相差较大。这样的双尺度燃烧模型更像是两个不同尺度单步反应模型的叠加，其质量分数、密度和温度变化如图 4.43 所示。在模拟中，第一步放热反应能够产生小尺度的胞格，而第二步放热反应决定了大尺度的胞格形成过程。该模型成功模拟了多层胞格现象，说明不同尺度的放热过程确实会引起多层胞格。由于在真实爆轰波燃烧过程中，前导激波和横波的强度可能在很大的范围内波动，波后气体的热力学状态存在很大的差异，不同尺度的放热过程是客观存在的。双尺度燃烧模型的提出为模拟更真实的胞格爆轰现象提供了一个有力的工具。

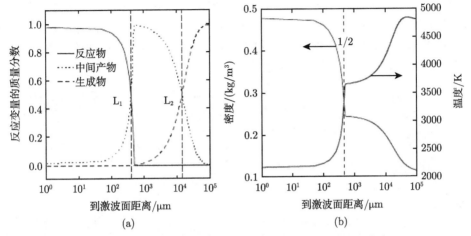

图 4.43 模拟多层胞格爆轰波采用的双尺度放热模型[18]

然而，胞格爆轰现象非常复杂，许多现象的产生可能涉及多方面原因，多层胞格爆轰波也是如此。对化学当量比为 1.5 的 $H_2$-$NO_2$/$N_2O_4$ 预混气体和化学当量比为 0.07 的 $H_2$-$N_2O$ 预混气体中的胞格爆轰进行了模拟，分别采用双尺度放热模型和单步放热模型产生的数值胞格、纹影和组元 N、$N_2$ 质量分数。图 4.44 和图 4.45

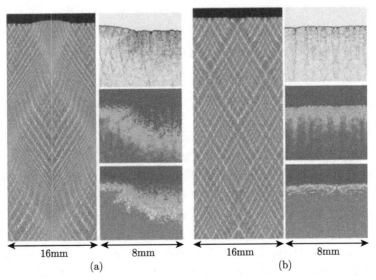

图 4.44 双尺度放热模型 (a) 和单步放热模型 (b) 产生的数值胞格、纹影和组元 N、$N_2$ 质量分数，气体为化学当量比 1.5 的 $H_2$-$NO_2$/$N_2O_4$ 预混气体，压力 100kPa，温度 293K[19]

显示了两个模拟结果，可以看到对于 $H_2$-$NO_2$/$N_2O_4$ 预混气体，确实双尺度放热模型和单步放热模型的结果存在明显的差别，说明多层胞格是由放热特征尺度的差异引起的。但是对于 $H_2$-$N_2O$ 预混气体，即使单步放热模型也能产生明显的多层胞格，说明放热特征尺度不是引起多层胞格的唯一原因。由于爆轰波涉及流体力学中的多种不稳定性，目前研究者对于这些不稳定机制在爆轰波中的作用还缺乏系统的理解与阐述，对于复杂爆轰现象的认识还有许多工作要做。

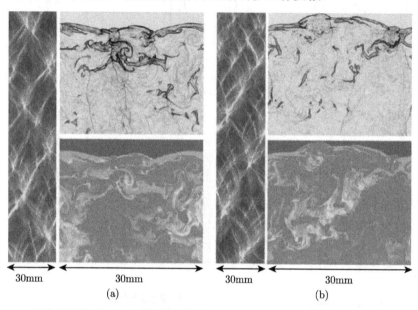

30mm　　　　　　30mm　　　　　　　30mm　　　　　　30mm

(a)　　　　　　　　　　　　　(b)

图 4.45　双尺度放热模型 (a) 和单步放热模型 (b) 产生的数值胞格、纹影和组元 N、$N_2$ 质量
分数，气体为化学当量比 0.07 的 $H_2$-$N_2O$ 预混气体，压力 70.9kPa，温度 295K[19]

# 参 考 文 献

[1] Hu X Y, Zhang D L, Khoo B C, et al. The structure and evolution of a two-dimensional $H_2$/$O_2$/Ar cellular detonation. Shock Waves, 2005, 14(1-2): 37-44

[2] Pintgen F, Eckett C A, Austin J M, et al. Shepherd direct observations of reaction zone structure in propagating detonations. Combustion and Flame, 2003, 133(3): 211-229

[3] Shepherd J E, Pintgen F, Austin J M, et al. The structure of the detonation front in gases. 40th AIAA Aerospace Sciences Meeting & Exhibit, 2002: 2002-0773

[4] Gamezo V N, Desbordes D, Oran E S. Formation and evolution of two-dimensional cellular detonations. Combustion and Flame, 1999, 116(1-2): 154-165

[5] Gamezo V N, Desbordes D, Oran E S. Two-dimensional reactive flow dynamics in cellular detonation waves. Shock Waves, 1999, 9(1): 11-17

[6] Radulescu M I, Lee J H S. The failure mechanism of gaseous detonations: experiments in porous wall tubes. Combustion and Flame, 2002, 131(1-2): 29-46

[7] Akbar R. Mach Reflection of Gaseous Detonations. Ph. D Thesis, New York, 1997

[8] Guo C M, Zhang D L, Xie W. The mach reflection of a detonation based on soot track measurements. Combustion and Flame, 2001, 127(3): 2051-2058

[9] Deng B, Hu Z M, Teng H H, et al. Numerical investigation on detonation cell evolution in a channel with area-changing cross section. Science in China Series G: Physics, Mechanics & Astronomy, 2007, 50(6): 797-808

[10] Khasainov B, Presles H, Desbordes D, et al. Detonation diffraction from circular tubes to cones. Shock Waves, 2005, 14(3): 187-192

[11] Thomas G O, Williams R L. Detonation interaction with wedges and bends. Shock Waves, 2002, 11(6): 481-492

[12] Soloukhin R I. Shock waves and detonations in gases. State Publishing House, Moscow, 1963. English Translation, Mono Book Corp., 1966: 138-147

[13] Jiang Z L, Han G L, Wang C, et al. Self-organized generation of transverse waves in diverging cylindrical detonations, Combustion and Flame, 2009, 156(8): 1653-1661

[14] Sichel M, Tonello N A, Oran E S, et al. A two-step kinetics model for numerical simulation of explosions and detonations in $H_2$-$O_2$ mixtures. Proc. Roy. Soc. A, 2001, 458(2017): 49-82

[15] Austin J. The role of instability in gaseous detonation. Ph. D. Thesis, California Institute of Technology, Pasadena, 2003

[16] Radulescu M I, Ng H D, Lee J H S, et al. The effect of argon dilution on the stability of acetylene/oxygen detonations. Proceedings of the Combustion Institute, 2002, 29(2): 2825-2831

[17] Ng H D, Zhang F. Detonation instability // Zhang F. Shock Wave Science and Technology Reference Library. Berlin Heidelberg: Springer-Verlag, 2012

[18] Sugiyama Y, Matsuo A. On the characteristics of two-dimensional double cellular detonations with two successive reactions model. Proceedings of the Combustion Institute, 2011, 33(2): 2227-2233

[19] Davidenko D, Mével R, Dupré G. Numerical study of the detonation structure in rich $H_2$-$NO_2$/$N_2O_4$ and very lean $H_2$-$N_2O$ mixtures. Shock Waves, 2011, 21: 85-99

# 第5章 气相规则胞格爆轰起爆和传播的
# 统一框架理论

本章将介绍气相规则胞格爆轰起爆和传播的统一框架理论，简称爆轰统一框架理论，该爆轰统一框架理论由六个关键要素构成一个相辅相成的关联结构，表现出起爆和传播的统一，包容现有经典理论的统一。第一个关键要素是爆轰波运行机制，表述了非线性波传播/化学反应过程相互作用规律，是爆轰波发展和传播依赖的主导机制。其后的两个要素是爆轰现象中普遍存在的两个基本过程，被定义为热点起爆过程和化学反应带加速过程。最后的三个要素是状态量，是描述爆轰现象的三个关键物理参数，即爆轰波稳定传播速度、临界起爆状态和平均胞格尺度，表征了爆轰波的主要特征。本章通过典型爆轰现象的计算模拟和理论分析，讨论上述关键物理要素的表现特性、内在机理、基本规律及其客观存在性。然后，依据爆轰统一框架理论，系统解释了已有的经典爆轰理论、应用计算流体力学技术获得的多维爆轰波计算结果、实验观察到的胞格爆轰图像，并指出了这些研究成果体现的关键物理要素及其在爆轰统一框架理论的位置。爆轰统一框架理论能够解释已经获得的爆轰波研究成果，表现出爆轰理论的统一性及其对深入研究爆轰现象的启发性。所以，气相规则胞格爆轰起爆和传播的统一框架理论对于开展深入爆轰物理研究具有重要意义。

## 5.1 引 言

爆轰现象观察与研究起源于早期煤矿的瓦斯矿难和近代化工厂的可燃混合气爆炸，其强大的破坏能力远远超过了当时人们对爆炸波和燃烧现象的把握与理解，引起了科学家的高度关注[1,2]。目前关于爆轰物理的研究已经从宏观规律的认知发展到微观机制的把握；工程领域的研究也从灾害的预防发展到爆轰现象的应用。爆轰波包含两个主要过程：一个是传播，另一个是起爆与发展。这两个过程的把握是揭示爆轰现象的关键着力点。

爆轰波本质上是发生在可燃气体中的一个燃烧过程，是可以自持的，也就是说爆轰波在传播过程中是经久不衰的。从学科方面讲，它是一种化学反应过程、激波动力学过程和热力学过程的耦合作用，一直是气体动力学的一个主要的前沿学科方向。对于爆轰波的起爆与发展，根据点火能量的大小，起爆可以分为直接起爆和爆燃转爆轰两种发展过程 [3]。直接起爆是在点火能量足够大的条件下,由起爆激波诱导产生强烈的化学反应,直接形成爆轰波。直接起爆存在一个过驱动爆轰到可自持爆轰的衰减过程,过驱爆轰是直接起爆过程的一个主要特征。然而,在更多的情况下,起爆初期仅仅形成一个爆燃波,然后在某些条件下逐步发展成为爆轰波,这个过程称之为爆燃转爆轰。Oppenheim 等 [4] 通过实验观察到了在管道燃烧过程中出现的爆燃转爆轰现象,发现在湍流火焰面附近会发生热点爆炸,从而导致由燃烧到爆轰波的发展。Thomas 等 [5] 采用湍流射流点火研究了爆轰起爆问题,也观察到了热点爆炸及其发展过程。近一步的研究表明,虽然直接起爆是通过产生强激波实现的,但是在许多情况下也会观察到热点爆炸形成的过驱动爆轰波首先衰减到 CJ 状态,然后再发展成为胞格爆轰的过程。因此,直接起爆和爆燃转爆轰的最终发展过程的物理本质是一样的,可以统一称为热点起爆过程 [6]。Lee 等 [7] 以热点起爆现象为基础提出了爆轰波起爆的 SWACER 理论 (shock wave amplification coherent energy release),即爆轰波的形成在于激波与化学能量释放的耦合与放大。这个理论得到了一些数值计算和实验结果的支持 [8],然而这种起爆过程的内在物理机制和关键控制参数尚不清楚。另外一个爆轰发展过程是火焰面加速,已有一些研究论文报告了相关的研究进展 [9,10]。从研究结果来看,火焰面结构常常表现得太复杂,包含了激波反射、热点、湍流、旋涡混合和其他的物理过程,并具有一定的随机性。但是,火焰面加速到爆轰波的宏观现象是清晰的,也就是说它的宏观规律是可以认识的。

在 20 世纪 60 年代,White[11] 采用流场显示技术,观察到了爆轰波的多波结构与爆轰胞格。实验结果表明前导激波后方的燃烧是由非常复杂的波系作用和湍流混合控制的,而相关爆轰胞格的大小和规则性与预混可燃气体的化学反应参数和热力学状态密切相关。进一步的研究表明:在低压条件下掺混了较多惰性气体的爆轰胞格具有良好的规则性;但是随着压力的升高或者惰性气体的减少,爆轰胞格尺度会逐渐减小,其爆轰波阵面表现出越来越多的不规则性。应用计算流体力学技术获得的数值模拟结果显示 [12]:具有较低活化能混合气体的爆轰波会形成规则的胞格结构,而较高的活化能会导致不规则的胞格结构。Pintgen 等 [13] 采用平面激光诱导荧光 (PLIF) 方法研究了爆轰波阵面附近的流场,发现规则爆轰的化学反应波面也是具有更复杂的物理化学特征的流动结构。

一般来讲,由于爆轰现象包含的物理化学过程复杂,爆轰波三维空间结构及其传播过程的高动态不稳定性,高精度的实验测量与数值模拟还是非常困难的。爆轰领域的科研工作者常常需要根据自己的研究目的,对爆轰波进行不同程度的简化。他们从不同的角度,开展自己感兴趣的爆轰现象某一个侧面的研究,并获得不同的爆轰物理研究成果。在理论研究方面,经典的理论成果有 CJ 理论、ZND 模型和 SWACER 机制 [14-18]。这些理论研究结果从不同侧面反映了爆轰波的某些物理特征和传播机制，对于爆轰物理的发展和工程应用起到了巨大的推动作用。在计算模拟方面，应用不同的爆轰反应模型，获得了一维、二维和三维的计算结果。这些结果也不同程度地表现出与实验结果的一致性，以及与爆轰现象的相似性，但是也都在不同程度上存在着差异。这些研究进展都具有一定的客观性和科学性，反映了爆轰波起爆和传播的不同侧面。但是也具有一定的局限性，因为他们仅仅是一个侧面的反映。随着爆轰现象的深入研究，人们发现目前尚无适当的理论能够给出一个关于爆轰现象的总体描述，而简化的理论模型常常给人们在开展深入爆轰物理研究时带来一些困惑，并缺乏启示性意义。

本章将系统介绍气相规则胞格爆轰起爆和传播的统一框架理论。该爆轰统一框架理论由一个物理机制、两个基本过程、三个关键状态等六个基本要素构成。这里的一个物理机制是指非线性波传播与化学反应带相互作用机制 (interaction of nonlinear wave propagation and chemical-reaction, INWPCR)；两个基本气动物理过程是热点起爆 (hot spot ignition) 过程和化学反应带加速 (chemically-reacting zone acceleration) 过程；框架理论的三个关键状态包括平衡传播状态 (equilibrium propagation state)、临界起爆状态 (critical initiation state) 和稳定胞格尺度 (stable cell size)。这六个基本要素构成了一个气相规则胞格爆轰起爆和传播的统一理论框架，给出了类似恐龙骨骼的爆轰现象的一个整体框架，对于爆轰现象的深入探索、机制认知和理论模化具有启示性意义。虽然，诸如横波、湍流、剪切层和热传导等物理现象在爆轰现象中也起着重要作用，并在不同程度上影响着爆轰波的物理特征，但是作为气相规则胞格爆轰波的基本骨骼框架，上述六个要素是最基本、最本质和最关键的。

## 5.2 热点发展与起爆过程的物理机制

爆轰波的热点起爆过程常常发生在含有激波和化学反应放热的复杂流场里，如图 5.1 所示的系列纹影照片表示的是一个高温射流诱导的热点发展及其起爆过程。在一定的热力学和气动环境条件下，可燃气的热点起爆现象是必然的。但是，热点出现的位置和时机具有一定的随机性，这种不确定性给实验测量和计算模拟都带来一些困难。

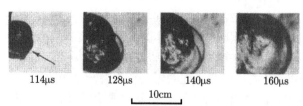

图 5.1 高温射流诱导的热点起爆发展过程的纹影照片 (可燃气体是 $C_2H_2+O_2$)[19]

为了排除影响起爆位置的不确定因素, 实现热点发展与起爆规律的研究, 姜宗林和滕宏辉特别设计了一个典型的气动物理算例, 即环形激波聚焦诱导的热点起爆过程[20,21]。该算例的计算域与入射激波运动的示意图如图 5.2 所示。算例的几何域由一个爆轰管和内含的一个圆柱体组成。初始条件是设定一个平面环状激波作为入射激波, 爆轰管内充满可燃混合气体。

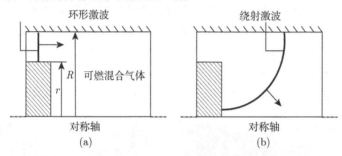

图 5.2 热点起爆的计算域和环形激波聚焦过程示意图

该激波在运动到圆柱体末端, 进入突扩管道时首先发生绕射, 绕射激波然后在对称轴上汇聚形成高温高压热点区。在这个气动物理算例中, 能够诱导起爆的高温高压热点区的位置是确定的, 产生的热点的热力学状态能够通过调整入射激波强度进行控制。所以, 给定一定强度的入射激波和适当的可燃气体初值条件, 这个算例能够在确定的位置产生可燃气体点火、起爆与发展过程。一般来讲, 对于一定初始状态的可燃气体, 热力学状态是可燃气体发生燃烧的关键参数。只要这些参数达到了临界状态, 化学反应就发生了, 至于如何使可燃气体达到这样的热力学状态是不重要的。所以, 这个气动物理算例对于热点起爆规律的研究具有普遍性意义。

考虑到爆轰波传播是基于激波诱导自点火机制, 热传导与分子扩散作用相对较小, 相关数值模拟研究常常采用多组元欧拉方程。但是对于热点起爆, 由于涉及爆燃转爆轰过程, 热传导和分子扩散也具有一定的影响, 本算例的计算模拟引入了气体黏性, 联立求解 N-S 方程。算例的可燃气体, 采用了化学反应机制比较成熟的氢氧混合气。另外, 考虑到爆轰波前后气体物理特性的变化, 对于爆轰过程的描述采用了基元反应模型。模型是包含 11 组元、23 个化学反应的氢气和空气的反应模型[22]。控制方程的离散采用了 DCD 格式[23], 该差分格式具有能够精确捕捉激波与接触间断, 同时能够避免数值振荡, 并无须附加额外的数值黏性。由于化学反应在起爆临界状态附近的强非线性特点, 低耗散、无数值振荡的激波捕捉格式对于提高爆轰波计算模拟精度, 获得合理的化学反应带宽度是非常必要的。

应用上述的数学物理方程, 开展了不同强度初始激波条件下的计算模拟, 获得了系列关于激波汇聚、热点生成和起爆的计算结果。图 5.3 给出了入射激波马赫数为 2.71 时, 两个相继时刻的流场结构。该图的上半部是等压线, 下半部是温度分布云图, 灰度代表温度的高低。由图 5.3(a) 上半部的压力等值线分布可以看到激波汇聚后形成的马赫反射, 马赫干略微向前凸起, 在与反射激波的交界点处存在一个剪切面。由图 5.3(a) 下半部的温度云图可以看到, 在马赫干后方形成了高亮度区, 相对其他灰度较深的区域, 这里是燃烧产生的高温区, 大约为 2400K。马赫反射形态的激波结构在图 5.3(b) 表示的时刻得到了进一步的发展。马赫干后出现大片的高亮度区, 这表明燃烧区在发展, 而且火焰面传播速度低于激波速度。在火焰面与马赫干之间出现了深灰区, 表明这两种界面是非耦合的。图 5.3 的流场特征表明激波聚焦形成高温热点, 确实点燃了可燃气体。

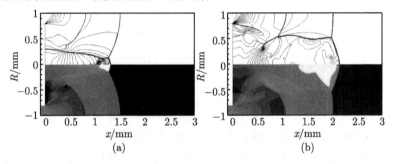

图 5.3　入射激波马赫数为 2.71 时, 相继两个时刻的流场压力等值线分布 (对称轴上部) 和温度分布 (对称轴下部, 其灰度的浅深代表温度的高低)

　　爆轰与普通燃烧的本质区别在于火焰面与激波是否耦合。为了分析该算例燃烧现象的物理化学特征, 图 5.4 给出了图 5.3(b) 流场中沿直线 $x = 1.8$mm 坐标线的压力、温度和组分 OH、$H_2$、$H_2O$ 的分布。对比图 5.4(a) 的压力与温度分布曲线可以看到, 这两个间断代表的燃烧带和反射激波位置是分离的, 不存在耦合叠加的爆

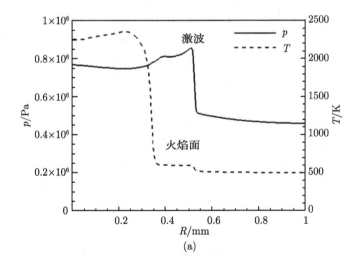

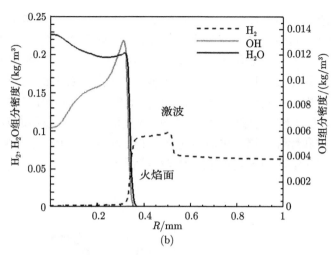

图 5.4 沿图 5.3(b) 中 $x = 1.8\text{mm}$ 流场剖面的压力、温度 (a) 和组分 OH、$H_2$、$H_2O$(b) 的
分布, 入射激波马赫数为 2.71

轰特征。而激波压缩产生的温度升高也低于爆轰燃烧带来的温度升高。同时, 组分
分布曲线表明, 组分间断界面与温度起跳紧密耦合在一起, 证明了燃烧现象的发生
和爆燃波的存在。

图 5.5 给出了不同时刻沿对称轴的压力和温度分布。这组时间序列曲线的对
比分析表明: 在燃烧带和激波的传播过程中, 激波虽然在逐渐衰减, 但是传播速度
依然比燃烧波快。燃烧带逐渐落后, 燃烧温度也在不断降低。两个现象各自独立传
播, 界面间的距离在不断增加, 不存在相互耦合的发展趋势。因此, 马赫数为 2.71
的入射激波聚焦虽然点燃了可燃气体, 造成了热点, 但是仅仅形成了爆燃波, 没有
发展成为爆轰波, 也不存在发展成为爆轰波的趋势。

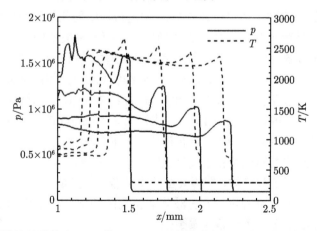

图 5.5 入射激波马赫数为 2.71 情况下, 沿对称轴四个不同时刻的压力和温度分布曲线

　　基于入射激波马赫数为 2.71 算例的热力学状态分析, 为了获得热点起爆现象, 需要进一步提高入射激波强度以提升汇聚点附近可燃气体的热力学状态。入射激波马赫数为 2.72 算例的激波汇聚过程如图 5.6 所示。对比图 5.6 和图 5.3 可知, 在两种强度的入射激波条件下, 不同时刻的激波结构是基本相似的, 但是较强的入射激波在汇聚后产生了更高的热力学状态。从图 5.6(a) 表示的激波结构的马赫干后面可以观察到, 已经形成的蘑菇状火焰结构。该火焰结构随后发展成为图 5.6(b) 所表示的环状激波和燃烧带耦合传播的现象, 在爆轰动力学中被称之为爆轰泡结构 (detonation bubble), 表现出热点起爆的典型特征。

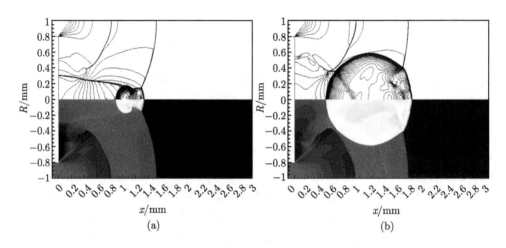

图 5.6　入射激波马赫数为 2.72 时, 两个时刻的流场压力等值线 (对称轴上部) 和温度云图分布 (对称轴下部, 灰度浅深代表温度的高低)

　　两个算例的马赫数差别仅仅是 0.3%, 但是流场中的化学反应出现了爆燃转爆轰的突变。这种马赫数微小增加能够诱导化学反应现象突变的事实表明存在一个热点起爆的临界状态。为了研究热点起爆过程的燃烧特征, 图 5.7 给出了图 5.6(a) 流场中沿 $x = 1.05\text{mm}$ 和 $x = 1.17\text{mm}$ 两条坐标线的压力和温度分布曲线。其中 $x = 1.05\text{mm}$ 的坐标线穿过蘑菇状燃烧区; $x = 1.17\text{mm}$ 的坐标线穿过马赫干背后的燃烧区, 具有一定的代表性。由图 5.7 中沿 $x = 1.05\text{mm}$ 的结果可以看到, 向上游传播的激波和燃烧带相互重合, 耦合形成蘑菇状的爆轰波; 沿 $x = 1.17\text{mm}$ 线的结果表明, 向下游传播的激波和燃烧带之间有一定距离, 是不相互耦合的, 燃烧依然是爆燃波。相对于前导激波, 爆轰波虽然形成较晚, 但是传播速度更快。虽然在图 5.7 的流场中依然能够观察到两种波阵面位置的差别, 但是随着爆轰波的发展, 迅速吞没了爆燃波, 形成了完整的爆轰泡。

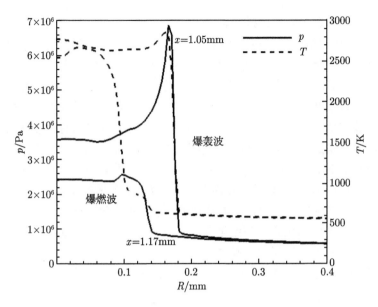

图 5.7 沿图 5.6(a) 中 $x = 1.05$mm 和 $x = 1.17$mm 流场剖面的压力和温度曲线，入射激波马赫数为 2.72

在上述两个物理演化过程中，马赫数的微小差别导致了爆燃转爆轰的突变，那么热点起爆过程中突变发生的物理机制是什么？图 5.8 给出了突变发生过程中，在不同时刻沿对称轴的压力、温度、组分 OH 和 $H_2O$ 分布。由图 5.8(a) 表示的压力曲线可见，流场中可燃气体的状态达到起爆临界状态后，压力迅速升高，很快到达极值点，然后略微降低，过渡到 CJ 爆轰状态。在这个过程中，温度也持续上升 (图 5.8(b))，表示了燃烧释热强度在持续升高；组分 OH 和 $H_2O$ 的极值点与压力同步，表示了燃烧波面的存在，也表明燃烧速率与压力强度紧密相关。图 5.8 给出的起爆过程中的突变特征表明：当一定体量的可燃气体达到临界起爆状态后，初始激波和化学反应相互作用实现了自我增强，即燃烧产生的压力波强化了前导激波，前导激波反过来又进一步提升了可燃气体的热力学状态，促进并加速了燃烧过程。这种正反馈现象是热点起爆的主导机制，表现为非线性压力波传播与化学反应带的相互作用 (interaction of nonlinear wave propagation and chemical-reaction, INWPCR)，是爆轰生成遵从的基本物理机制。当气体燃烧发生在任意空间点时，径向膨胀的燃烧波诱导的流动膨胀有一种弱化燃烧产物热力学状态的作用。如果化学反应热的释放速率大于流动膨胀的弱化效应，就出现称为 INWPCR 的正反馈机制，将导致激波的强化和燃烧反应加速。反之，如果化学反应热释放速率低于流动膨胀效应，这种热化学反应状态将启动 INWPCR 的负反馈机制，导致激波的弱化和燃烧反应减速。这两种物理现象的竞争，最后达到一种能够自持的平衡传播状态，即 CJ 爆轰状态, 也就是爆轰的稳定传播状态。

INWPCR 物理机制与 Lee 提出的 SWCER 理论 [8] 本质上是一致的, 都表述了前导激波与化学反应过程之间的相互作用。INWPCR 机制指出, 化学反应过程中热能的释放是通过非线性压力波的形式与前导激波相互作用的。相互作用一方面表现为对前导激波的支撑和维护, 另一方面表现为对化学反应速率的强化, 导致化学能量释放的增加 (即 SWCER 理论); 而相互作用还包含支撑强度不足时, 前导激波将呈现弱化现象, 这种效应对于燃烧带的影响表现为化学反应强度的减弱, 燃烧反应能量释放的衰减。前者是一个正反馈过程, 而后者为一个负反馈过程。所以INWPCR 机制是 SWCER 理论的拓展与提升, 具有更普遍的意义。另外, INWPCR 物理机制的正反馈现象发生时, 启动了爆燃转爆轰的转变过程, 此刻的热点区可燃气体达到的热力学状态称为临界起爆状态 (critical initiation state)。临界起爆状态的存在性将在后续的章节里重点论述。

图 5.8 的压力、温度、组分 OH 和 $H_2O$ 分布表明热点起爆时发生了明显的过驱

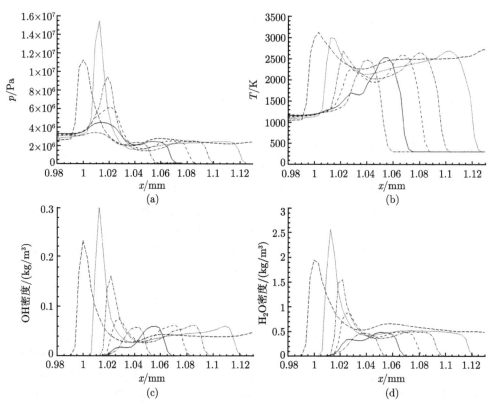

图 5.8　热点起爆发展过程中沿对称轴的压力 (a)、温度 (b)、OH (c) 和 $H_2O$ (d) 密度分布

动现象,即压力分布和典型燃烧产物出现了峰值,而且压力峰值明显高于稳定的爆轰波。然后,前导激波不断衰减,逐步过渡到 CJ 状态,发展成自持的爆轰波。这里观察到的物理现象与直接起爆过程实验研究结果表现出来的特点是一致的。对于热点起爆,当热点区气体达到临界起爆状态时,INWPCR 正反馈机制启动,实现了爆燃波到爆轰波的转变,过驱动现象是热点起爆的特征标志。

## 5.3 燃烧反应带及其发展规律

燃烧反应带的物理模型图像是指一条化学反应区。在反应带里,化学反应不断进行,持续释放热能,形成一个以一定速度推进的火焰面。燃烧反应带是一条具有比较简单的物理图像的燃烧结构,普遍存在于燃烧过程中。图 5.9 显示了在管道里发生的燃烧过程,给出了不同时刻燃烧带的形态和流场激波结构的纹影照片。这组实验照片还揭示了燃烧反应带迅速发展到爆轰波的加速过程。一般火焰面的传播都基于分子扩散和碰撞的热传递机制,大概是每秒几米的速度。如果受到对流和湍流的影响,火焰面的传播速度会高达几十米。但是这样火焰面传播速度依然与每秒数千米的爆轰波传播速度有量级的差别。这种燃烧反应带跨越式发展的物理机制是需要高度关注的。

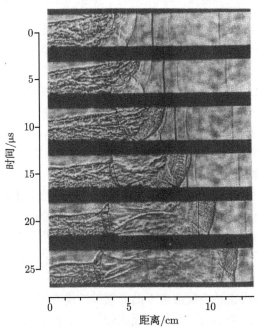

图 5.9　燃烧反应带加速到爆轰波过程的纹影照片,表示的是不同时刻的燃烧带和激波结构 [4]

　　为了研究燃烧反应带加速、诱发起爆过程、形成稳定爆轰的物理机制与气动特征, 图 5.10 给出了本章的第二个计算模型, 即激波与火焰面相互作用的物理过程示意图。算例的物理域是敞开的二维空间, 充满可燃烧混合气体。在物理域的中心, 首先采用电火花点燃可燃气体, 产生一个不断发展的燃烧反应环。然后, 在物理域的左边界, 引入一个入射激波, 使之与运动的燃烧反应带发生相互作用, 诱导燃烧反应带的畸变与失稳。畸变的燃烧反应带进一步发展, 有可能导致燃烧反应带从爆燃到爆轰转变。这个物理化学过程就是本章主要关注的物理现象。计算模型对于物理现象的简单化有助于消除其他因素的影响, 获得燃烧化学反应带发展的物理化学特征与气动演化规律。计算模型的简化还能够消除图 5.9 表示的边界层发展给计算模拟带来的困难, 给出精度更高的燃烧化学反应带运动的计算结果。

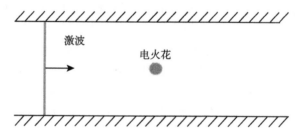

图 5.10　激波和火焰面相互作用算例初始流场的示意图, 可燃烧气体为 $H_2$ 和 $O_2$ 的混合气

　　图 5.11 给出了电火花点火后形成的燃烧波面的发展及其与入射激波相互作用过程 [24]。图 5.11 四个相继时刻的结果都由压力分布和温度云图组成。由图上部的压力分布可以看到入射激波的发展及其与燃烧反应面相互作用产生的畸变。从图下部的温度分布云图, 可以看到燃烧区域的发展。由其发展图像来看, 由于激波干扰的影响, 燃烧反应区呈现腰果形态分布。虽然燃烧反应带在扩张, 而且尾随激波作同向移动, 但是激波与燃烧反应面之间的距离还是在不断增加的, 即燃烧反应带运动远远低于激波传播, 两者是非耦合的。这种解耦现象表明该算例出现的燃烧现象是爆燃波而不是爆轰波。

　　图 5.12 由三个相继时刻的计算结果组成, 是在入射激波远离燃烧区以后, 畸变的燃烧反应带进一步发展, 最后演化成为爆轰波过程的时序图。由图 5.12(a) 所示时刻的流场结构可见, 在流场左端部分存在一个呈双凸面形状的燃烧反应带, 同时与燃烧带对应, 存在一个明显的压力梯度区, 温度强度分布没有明显的变化特征。由图 5.12(b) 表示的下一个时刻的压力分布可见, 压力梯度出现明显增强的现象; 而且温度分布表明在燃烧反应带下凸面顶部的局部温度开始升高; 而且, 这部分的燃烧反应带的运动在加速, 超前了反应带的上凸面。在图 5.12(c) 时刻的流场中, 出现了一个爆轰波阵面; 可以看到温度的明显升高, 这意味着燃烧化学反应的进一步加速和燃烧热释放的强化; 还可以从压力分布看到形成的前导激波, 燃烧反

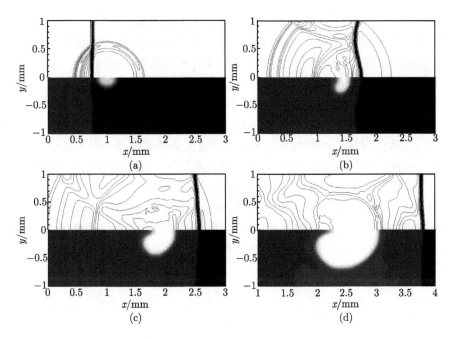

图 5.11　激波和火焰相互作用发展过程的压力分布 (对称轴上部) 和温度云图 (对称轴下部)，
入射激波马赫数 1.6

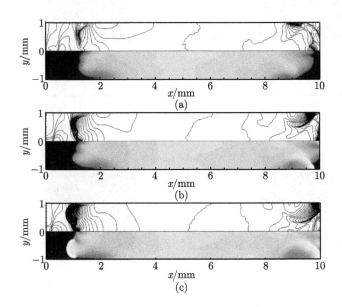

图 5.12　激波和火焰相互作用导致化学反应带加速诱导的爆轰波过程的压力分布 (对称轴上
部) 和温度云图 (对称轴下部)，入射激波马赫数为 1.6

应带和激波是耦合的, 完成了从燃烧反应带到爆轰波的演化过程。还有一个因素对于燃烧反应带的发展过程有重要影响, 这就是燃烧反应带前方的温度梯度。这种当地温度分布的非线性变化, 使得在压力波传播方向当地声速急剧降低, 从而导致压力波的汇聚, 对于加速激波的形成与强化起到了重要作用。

一般来讲, 由于火焰面运动过程中存在一种扩张效应, 相对于平面燃烧带, 凸面燃烧反应带具有更高的衰减速率。图 5.12 表示的燃烧反应带加速起爆现象表明: 对于厚度到达一定程度的燃烧反应带, 化学反应热的释放强于凸面燃烧反应带的扩张膨胀机制, 能够导致 INWPCR 正反馈机制形成, 驱动了爆燃波到爆轰波的突变发展, 也是燃烧反应带临界起爆状态的特征。

为了进一步分析燃烧反应带的发展特性, 图 5.13 给出了凸面燃烧反应带加速起爆过程前后系列时序计算结果。图 5.13 由四个时刻的流场图像组成, 每两张图表示的流场状态的时间间隔更短, 也能更加清晰地表现前导激波形成和燃烧反应

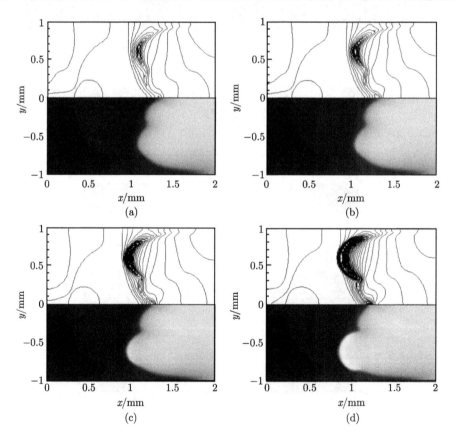

图 5.13　凸面燃烧反应带加速起爆过程的四个时序结果, 每个时刻的结果由压力分布 (对称轴上部) 和温度云图 (对称轴下部) 组成

带温升的过程。图 5.14 给出了图 5.13 表示的流场中沿 $x = 0.6$mm 坐标线的压力和温度分布。这条坐标线通过凸面燃烧反应带的中心,能够真实地反映燃烧反应带加速过程中压力和温度的变化趋势。图 5.14(b) 的温度分布表明,在加速过程中,波后的温度也与热点起爆一样在逐步上升,然后到达爆轰温度,但是变化速率要低一些。由图 5.14(a) 的压力分布可见,在化学反应带的加速过程中,压力的升高速率还是很高的,但是没有表现出明显的过冲特征。燃烧化学反应带加速形成爆轰波的过程同样依赖于 INWPCR 正反馈机制,与热点起爆的差别仅仅在于其起爆过程中驱动现象表现得弱一些。在热点起爆的发展过程中,激波扩张与流动膨胀都是三维的;而化学反应带加速的相关效应具有二维特征,所需求的过驱动程度的竞争优势要低一些。

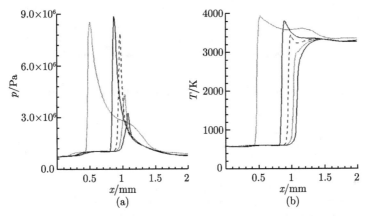

图 5.14 沿图 5.13 表示的流场中 $x = 0.6$mm 坐标线的不同时刻的压力 (a) 和温度 (b) 分布曲线

在传统的爆轰物理现象的研究中,火焰面加速也是重要的基础研究问题,获得了不少研究者的重视。但是在一般情况下,火焰面总是包含更多的物理现象,诸如激波反射、热点生成、湍流混合、燃烧反应等物理化学现象。作为爆轰物理的基本过程,本章提出的燃烧化学反应带概念具有更简单、更本质、更基础的特点,适合作为爆轰框架理论的基本因素,能够代表火焰面加速阶段的物理特征。

## 5.4 临界起爆状态及其特征参数

在 5.2 和 5.3 节介绍热点起爆和燃烧反应带加速现象的时候,分别涉及了可燃气体临界起爆状态。理论上讲,可燃气体只有达到了这个状态,反应过程才能触发 INWPCR 正反馈机制,启动由燃烧到爆轰的转变过程。为了研究临界起爆状态的存在性与临界性,这里给出了本章的第三个物理算例,图 5.15 给出了算例的几何域示意图。在这个算例中，入射激波在给定热力学状态的可燃气体中传播，然后与障碍物相互作用，进而诱导爆轰波的产生。图 5.15 所示的几何域有两个固定几何参数 [25]，一个是流动通道的高度，另外一个是障碍物尺度；还有两个可变参数，一个是障碍物间隔，能够调整障碍物间的流动膨胀度；另外一个是入射激波马赫数，用于调整激波反射后热力学状态的高低。可燃气体采用氢气、氧气和氮气的混合物。给定可燃混合气的初始温度为 300K，初始压力 1.0atm。在入射激波马赫数 2.9 的条件下，发生障碍物诱导片状激波，进而产生爆轰泡的物理现象，相关计算结果由图 5.16 给出。

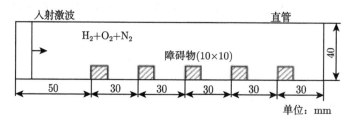

图 5.15　入射激波和障碍物作用发生爆轰现象算例的几何域示意图 [25]

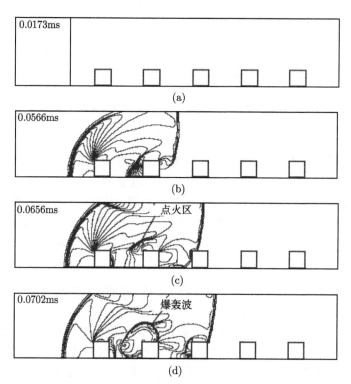

图 5.16　激波与障碍物相互作用诱导爆轰波发展过程的压力分布，入射激波马赫数为 2.9

图 5.16 给出了相继四个时刻障碍物诱导的爆轰波发展过程的压力分布。图 5.16(a) 表示计算模拟刚刚开始的流场状态，入射激波后面的气动与热力学状态都是均匀的。由图 5.16(b) 表示的流场结构，能够观察到激波在第一个障碍物处发生反射，形成了上行激波，对可燃气体产生了两次压缩；此刻的入射激波越过了第二个障碍物，一个片状激波出现在第二个障碍物的左上方。检查图 5.16(c) 表示的流场结构的温度分布图 (图 5.17(b)) 可知，逐步强化的片状激波诱导出一个燃烧反应区。在 0.0702ms 时刻，热点在第二个障碍物的扰动作用下迅速发展成长为一个爆轰泡。图 5.17(a) 的 HO$_2$ 组分分布表明，两次激波压缩在第一个障碍物左侧诱导了化学反应，原因是这里的正激波反射产生更高的温度。化学反应气体越过第一个障碍物，其头部存在一个明显的较高温度的反应区，这里水蒸气浓度最高。此刻的温度分布如图 5.17(b) 所示，剧烈的温度梯度表示了热点的存在。图 5.16(d) 泡状激波结构与燃烧反应带是紧密耦合的，属于典型的热点起爆现象。王春等 [25] 的论文给出激波与障碍物相互作用诱导爆轰波过程的详细描述。

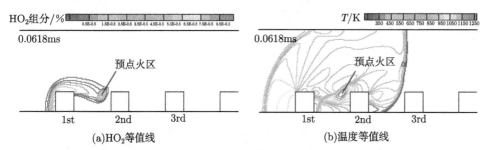

图 5.17 爆轰波形成过程中，在 0.0681ms 时刻流场的 HO$_2$ 组分 (a) 和温度分布 (b)(后附彩图)

为了考察热点起爆时刻可燃气体热力学状态的临界性，第二个计算工况的结果由图 5.18 给出，与图 5.17 一样表示了同样的气动物理过程。相对于计算工况 1，改变的计算条件仅仅是加长了障碍物之间的距离。图 5.18 给出了燃烧反应中间产物 HO$_2$ 组分和流场温度的分布。由图 5.18(a) 可以看到入射激波与首个障碍物作用，产生了反射激波，虽然产生的热力学状态不足以诱导爆轰，但是形成了具有较高化学活性的可燃气体中间产物气体团，而且产物气体团前部中心的化学活性最强。产物气团在入射激波诱导流场速度作用下，在向下游输运的过程中不断发生化学反应。可燃气体中间产物气体团虽然与第二障碍物也发生相互作用，但是并没有出现图 5.17 表示的起爆现象。流场进一步发展，在第三个障碍物前的气流滞止点诱导了片状激波，片状激波扰动进一步提高了反应气体团的热力学状态，在图5.18(b) 温度等值线图上同样能够观察到 HO$_2$ 的高产出区，以及其相应的高温区，具有明显的热点。片状激波对热力学状态的扰动，触发了 INWPCR 正反馈机制，导致了爆轰泡的发生与发展。片状激波的小扰动即可导致化学反应带加速并产生爆轰，所以决定可燃气体能够起爆的临界热力学状态是存在的。

可燃气体起爆具有临界热力学状态，并且其特征参数是强非线性的，即临界参数对于热力学状态的变化是非常敏感的。为了考察临界状态的敏感性，下面进一步分析本章物理算例的工况。这两个工况的初始边值条件完全一致，仅障碍物的间距存在差别。图 5.16 表示的算例工况几何域的障碍物间距为 30mm，而图 5.18 算例工况的障碍物间距为 40mm。激波动力学理论表明：较大的障碍物间距能够提高可燃气体中间反应产物团的膨胀程度，可以略微降低其热力学状态，使其偏离临界起爆状态。

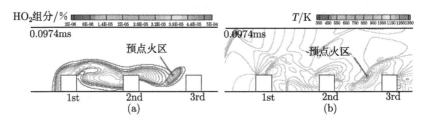

图 5.18　障碍物间距 40mm 条件下，在 0.0974ms 时刻流场 HO$_2$ 组分 (a) 和温度分布 (b)
(后附彩图)

图 5.18 给出了障碍物间距 40mm 条件下，在 0.0974ms 时刻流场的 HO$_2$ 组分和温度分布。由 HO$_2$ 组分图可以看到，在第二个障碍物上的拐角前方，并没有像工况 1 那样出现热点区。而相应热点起爆发生在第三个障碍物的左上角，温度分布也证明了这种现象。工况 2 的 INWPCR 正反馈机制在这里被触发，实现了爆燃到爆轰的转变。

对比这两个算例可知，虽然障碍物对于流动干扰的强度是一样的，但是较大的障碍物间距导致了其后较强的气流膨胀，降低了反应气体团的热力学状态，使得算例工况 2 在第二个障碍物左上拐角前方的热点状态低于算例工况 1 相应位置的热点状态。在这种情况下，向下游流动的热点区反应气体需要更长一点的预反应时间以提高其自身的热力学状态，临界起爆状态在第三个障碍物左上的拐角位置达到，发生了与算例工况 1 相同的热点起爆过程。较大障碍物间距带来的气流膨胀强度的增加是微小的，所以反应气团热力学状态的降低也是微小的。但是这种对于临界热力学状态的微小改变带来的流场状态发展趋势变化是突变的。所以，在这两种工况下流场结构的对比研究表明：可燃气体的临界起爆状态是存在的，而且具有临界敏感性，在临界点附近，化学反应状态的变化是强非线性的。

爆轰物理机制方面的深入研究表明：临界起爆状态受到多种因素的影响，比如反应气团的体量、化学反应进行的程度、反应气团的热力学状态、热点区周围的温度梯度等。由于化学反应对温度依赖的强非线性,临界起爆状态对热力学扰动非常敏感。虽然应用实验手段观察到的热点起爆现象的发生具有一定的随机性,但是临界起爆状态确实是客观存在的,具有内在的物理机制与规律。虽然热点起爆临界状态的物理特征是明确的,就是能够启动 INWPCR 正反馈机制,从而实现热燃烧到爆轰波的转化,但是,这种状态的参数化界定需要更深入的研究,而且应该与几何区域和起爆方式无关,仅仅取决于热点区气体成分、自身及其周边的气体动力学、热力学、热化学反应的耦合状态。

## 5.5 临界传播状态与胞格统计平均特性

CJ 理论认为爆轰波的传播是波后化学反应带的气体燃烧放热驱动的,激波又为气体燃烧创造了热力学环境。两者相辅相成,形成了爆轰波自持传播过程。根据可燃气体的介质特性、化学反应能量、气体初始状态,能够准确给出爆轰波宏观传播的特征参数。然而,实际的爆轰传播具有非常复杂的爆轰波面结构。早期对爆轰波结构研究的主要来源是通过观察烟迹照片记录,研究爆轰三波点运动轨迹及其波结构,图 5.19 是 White 和 Oppenheim 获得的实验结果。Shepherd[26] 归纳总结了大量的实验结果,给出了氢气、甲烷、乙炔等常见混合气体在不同热力学参数下的胞格尺度,并通过分析各种热力学状态下的胞格尺度,得到一些定性的规律。例如,理想化学当量比的混合气体能够形成一定尺度的胞格,而增加燃料或者氧化剂的比例都会导致胞格宽度增加;在能够形成稳定爆轰波的条件下,可燃混合气体的压力越小,胞格宽度就越大。

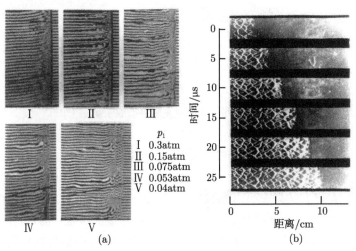

图 5.19 爆轰波的复杂结构 (a) 和烟迹片记录的爆轰波三波点运动轨迹 (b)[26]

　　在图 5.19 表示的气体爆轰波传播过程的烟迹片上,"鱼鳞" 状胞格结构的生成机制可以通过图 5.20 的波相位图表示出来。一般认为, 气体爆轰波传播过程在烟迹板上留下的白色痕迹是爆轰三波点处强剪切流动吹去当地烟灰生成的。实验图片上爆轰波从 A 点到 D 点完成一个传播周期, 这个周期以两个三波点的碰撞为起点, 并以另外两个三波点的碰撞为终点。在胞格周期的前半段, 两个三波点作反方向横向运动, 两个三波点的波阵面也以较高的马赫数向前传播, 传播速度大于相同时刻相邻胞格内的波面速度, 但是在不断衰减。三波点与壁面较强的剪切作用留下的轨迹形成了 AC 和 AB 两条迹线。在这个过程中, 由于两个横波的背向传播产生的膨胀效应, 前导激波不断弱化, 化学反应带不断变宽, 所以传播速度在不断衰减。在一个胞格周期的后半段, 来自 B 点和 C 点的三波点碰撞生成的两个横波作面向运动, 三波点间的爆轰波马赫数不断降低, 直至在 D 点发生了新的横波碰撞。一旦产生了三波点碰撞, 能产生新的弓形马赫干和两个反向传播的三波点, 胞格内原来的马赫干则过渡为入射波。而且入射波马赫数不断降低, 前导激波与化学反应带发生了一定程度的解耦。最终两个面向运动的横波在 D 点碰撞生成新的马赫干, 结束了入射波的衰减, 完成了一个传播周期。图 5.20 表示的这种波相位图是通过大量的烟迹实验结果总结出来的, 很好地解释了爆轰波传播的激波动力学和化学反应动力学的耦合过程。

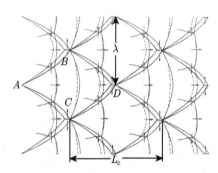

图 5.20　规则气体爆轰波胞格形成示意图 [27]

　　胞格结构形成与发展过程的研究表明, 虽然爆轰波宏观上是以稳定的速度传播的, 但实际上爆轰波的运动速度在一个胞格内是随着其在胞格中的不同位置而作周期性变化的。有研究结果表明, 爆轰波运动速度在 (0.8~1.6)CJ 爆轰速度之间变化。在三波点碰撞以后, 爆轰波是过驱动的, 有热点起爆的特征; 而后, 爆轰波衰减, 有燃烧反应带运动特征, 表现出 INWPCR 负反馈特点。爆轰传播速度主要取决于可燃气体能够释放的化学反应能量; 爆轰胞格的大小取决于可燃气体的点火诱导延迟时间, 也就是燃烧反应的强度或者速率。一般来讲, 化学反应能量越大, 传播速度越高；点火诱导延迟时间越短，爆轰胞格尺度就越小。

为了研究临界传播状态与胞格统计的平均特性，姜宗林等通过研究稳定胞格爆轰波在变截面管道中的反射和绕射两个典型的传播过程 (几何域的偏角分别为正负 20°)，分析了燃烧反应强度对爆轰临界传播状态与胞格尺度的影响。并且参照稳定传播的爆轰波，首次提出了 "超临界" 和 "亚临界" 爆轰波的概念 [28]。本章应用这个算例，说明具有稳定胞格爆轰波的临界传播状态。

图 5.21 显示了爆轰波反射过程中，胞格结构演化过程与三个典型胞格中心线上不同时刻的爆轰压力分布。通过比较马赫干前后的爆轰压力分布，可以看到在反射爆轰波的影响区域，胞格尺度变小，爆轰速度增加，胞格内的爆轰压力都有相应提高。相对于给定的可燃气体和初始状态对应的稳定爆轰，这种爆轰马赫干被定义为 "超临界" 爆轰波。一般来讲过驱爆轰波是不能自持的，而 "超临界" 爆轰波虽然是过驱动的，但是能够自持的。原因是几何区域收缩带来的流动压缩为 "超临界" 爆轰波提供了自持的源动力。

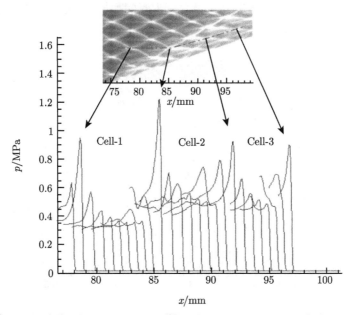

图 5.21 在爆轰波反射过程中，沿三个爆轰胞格中心线，在不同时刻的爆轰压力曲线

图 5.21 还表明沿胞格中心线的波面压力分布在三波点碰撞前后存在明显差别。虽然胞格单元内 "超临界" 爆轰波的压力普遍升高，但是胞格节点处的峰值压力相对于稳定爆轰明显降低。马赫反射产生的强激波促进了激波后的燃烧反应，是胞格单元内压力普遍升高的主要原因。强化的燃烧反应使得化学反应带宽度变小，三波点碰撞时刻卷入的可燃气体的体量减小，导致了这个新生热点的起爆压力降低。另

外，马赫反射促进了化学反应，使得反应带宽度变窄，从而使得胞格尺度减小。在该算例中，虽然气体介质没变、初始状态没变，但是能量释放率加快了，临界温度状态提高了，所以胞格尺度变小了。

作为相反的情况，图 5.22 给出了绕射爆轰波的胞格变化特征与四个典型胞格中心线上不同时刻的爆轰压力分布。可以看到绕射爆轰波的胞格尺度变大，胞格内的压力分布普遍降低，爆轰波面以较低的速度稳定传播，但是绕射爆轰胞格节点处的峰值压力明显提高。这种爆轰状态称为"亚临界"爆轰。"亚临界"爆轰波也是能够自持的，几何区域的扩张带来的流动膨胀，提供了亚临界爆轰能够自持的机制。一般来讲，在扩张激波弱化的同时，也弱化了激波后的燃烧反应，这是胞格单元内压力普遍降低的原因，是一个新的临界传播状态。弱化的燃烧反应使得化学反应带宽度变宽，三波点汇聚时刻卷入的可燃气体的体量增加，导致这个新生热点的起爆压力升高，产生更大的过驱动现象。虽然气体介质没变、初始状态没变，但是能量释放率降低了，化学反应带变宽了，所以胞格尺度变大了。胞格尺度增大的主要原因是化学反应速率降低，也就是点火诱导延迟时间加长。这是一个能够通过实验研究，可以精确度量的重要参数。

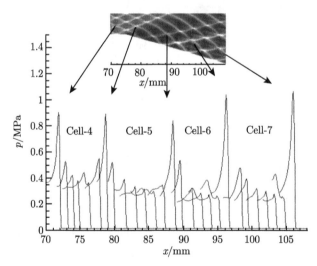

图 5.22　在爆轰波绕射过程中，沿四个爆轰胞格中心线在不同时刻的爆轰压力曲线

"超临界"爆轰胞格内的波面压力都相应提高，但是胞格节点处的峰值压力降低了。"亚临界"爆轰胞格内的波面压力都相应降低，但是胞格节点处的峰值压力增加了。进一步的分析表明：无论"超临界"爆轰或者"亚临界"爆轰，每个胞格内波面压力分布和速度分布的某种统计平均值是近似一致的。也就是三波点诱导的波面压力分布和速度分布与胞格其他区域的压力和速度分布是互补的，它们一

起维持了胞格内平均参数的不变性。这些平均参数定义为爆轰波平衡传播状态,仅仅与驱动支持源强度、可燃气体及其初始状态有关。没有驱动支持源的平衡传播状态称为临界传播状态,仅由可燃气体物性和所处的热力学状态决定,该状态由三个主要参数表示,即爆轰速度、爆轰压力和爆轰温度。

从一个局部胞格的发展过程来看,存在着两个基本物理过程:一个是热点起爆,是由三波的相互碰撞作用引起的,具有过驱动爆轰特征;另一个是燃烧反应带运动,伴随着反应速率的不断弱化。这两种基本过程相辅相成,构成了爆轰波的周期性自持传播机制。这两个基本过程与爆轰波的热点起爆和燃烧反应带发展过程是同样的,依赖于 INWPCR 机制,三波点碰撞区也存在过驱动导致的压力峰值现象。但是在爆轰传播过程中,燃烧反应带运动一直是 INWPCR 负反馈机制主导。原因是三波点碰撞以后,形成的激波是球面的,具有较强的三维激波扩张和流动膨胀效应,使得燃烧化学反应带没有逆转机遇,所以一直呈现衰减状态。

由于爆轰波传播环境的扰动、可燃气体燃烧特性的不确定性、激波结构的非平直性,以平面形态传播的爆轰波是一种理想状态,处于条件稳定状态,是容易失稳的;而以非定常多波结构传播的爆轰波是一种具有良好稳定性的传播状态,横波传播是维持爆轰波稳定的一种内在非定常过程。一般来讲,胞格内区域爆轰压力的降低必定伴随胞格节点处压力的增加,反之亦然,因此这是非定常爆轰阵面能够维持宏观稳定传播的内在动力学机制。另外,实验测量的一般是爆轰波的宏观结构,获得的是稳定传播爆轰波的平衡状态参数,而且与 CJ 理论的预测结果吻合良好。所以爆轰波的临界平衡传播状态应该与 CJ 状态是等价的,是某种意义上的化学反应动力学和气体动力学参数的平均度量。当然,在一个胞格的发展过程中,湍流、旋涡、热传导和分子扩散效应也都是非常重要的因素,影响着爆轰波阵面的精细结构,但是相对于热点起爆与化学反应带发展它们都不是决定性的。

## 5.6 平均胞格尺度及其半波规律

爆轰胞格尺度是一个重要的参数,与化学反应过程密切相关,表征了稳定传播爆轰波的动力学特征。图 5.23 给出了气相规则爆轰传播的胞格结构图。由图 5.23 可见,虽然存在着大小不同的胞格,但是绝大部分具有相同的尺度。大量的实验研究表明,在一定热力学状态下,对于给定组分的可燃气体,爆轰胞格的统计尺度具有不变性,称为平均胞格尺度。爆轰胞格从形成到稳定,常常出现在爆燃转爆轰过程中,是可燃气体起爆到稳定传播爆轰波发展的必由之路。那么,如图 5.23 表示的平均胞格尺度是如何形成、发展、保持的呢?实验和计算研究都表明,爆轰胞格的产生与发展存在于爆轰起爆过程中。由本章之前的内容可知,无论热点起爆过程还是燃烧反应带加速,在 INWPCR 机制支撑下,相应的爆燃转爆轰过程发展迅速, 胞格的演化过程太快, 并具有很强的随机性, 为平均胞格生成与发展机制的研究带来很大困难。

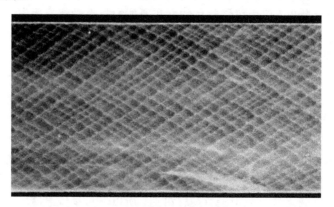

图 5.23　气相规则爆轰传播的胞格结构图 [27]

为研究平均胞格尺度的形成规律, 这里采用柱面爆轰波传播过程作为本章的第五个物理模型。图 5.24 给出了柱面爆轰波扩展传播过程中生成的爆轰胞格分布结构, 其中图 5.24(a) 是数值结果 [29,30], 图 5.24(b) 是实验显示结果 [22]。由图 5.24 可见, 随着柱面爆轰波面的不断扩展, 爆轰胞格不断分裂形成新的胞格, 从而保持了在整个传播过程中平均胞格的统计尺寸基本不变的规律。

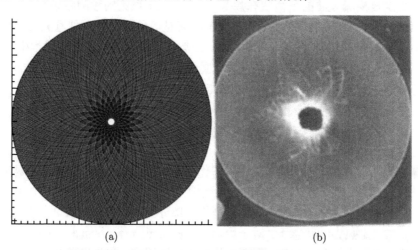

(a)　　　　　　　　　　　　　　　(b)

图 5.24　柱面爆轰扩展传播的胞格结构图, 计算模拟结果 (a) 和实验照片 (b)[31]

在柱面爆轰波传播的过程中, 由于爆轰波面的不断扩大, 为了维护一定的胞格尺度, 存在一种胞格分裂与横波自生成机制, 是研究胞格尺度的典型算例。深入研究表明: 柱面爆轰波传播过程, 存在四种胞格分裂模式 [29,32], 可以解释横波生成与胞格演化的依赖关系。为了解释爆轰胞格发展的几何特征及其物理规律,下面对其中最主要的胞格分裂模式开展分析与讨论。

图 5.25 给出了柱面爆轰扩展传播的一个典型的胞格分裂过程,由四个不同时刻爆轰波阵面的激波结构图组成,是柱面爆轰扩展传播过程中诸多胞格分裂模式中一个最典型的胞格分裂模式。在计算模拟开始后的 14.0μs,由于凸面爆轰波传播带来的非均匀膨胀,爆轰波的 INWPCR 负反馈机制影响了前导激波和化学反应区的耦合关系,导致两个三波点之间爆轰波阵面的中心部分发生弱化,形成局部内凹的爆轰波面。凹面燃烧波一旦形成,就具有内在的汇聚效应。当这种汇聚效应相对于扩展膨胀效应占优时,爆轰波的 INWPCR 机制由负反馈到正反馈发生切换。在 14.5μs,凹面的爆轰波阵面汇聚,形成一个热点。15.0μs,热点起爆在波阵面上形成一对新的三波结构,并以相反的方向沿爆轰波阵面运动。在一个微秒的时间尺度里,图 5.25 表示的柱面爆轰波完成了一个胞格自分裂过程,形成了新的横波结构。整个分裂过程是在 INWPCR 反馈机制的支撑下,凸面波扩展膨胀与凹面波汇聚强化机制相互竞争的结果。

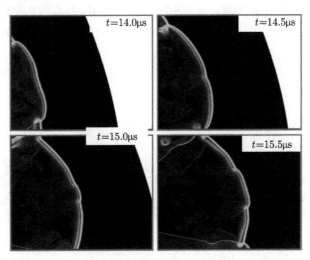

图 5.25 柱面爆轰扩展传播的一个典型的胞格分裂过程

对于稳定传播的爆轰波,燃烧反应带产生了一系列的压缩波以推动并维持恒定强度的前导激波,而前导激波诱导了一个稳定的热力学状态,使得化学反应带维持一个适当的反应速率,保障了 INWPCR 机制处于平衡状态。柱面爆轰的波面扩张性传播带来了流动膨胀效应,两个三波点的背向运动进一步导致了流动膨胀的非均匀性,而膨胀强度最大的就是两个三波点之间爆轰波阵面的中心部位。当爆轰胞格超过稳定传播的胞格尺度时,在爆轰波阵面的中心部位,INWPCR 负反馈机制开始起主导作用,诱导了内凹的波面结构。呈内凹曲面的激波和化学反应带有一种汇聚效应，能够使激波强化。当汇聚效应超过膨胀效应时，INWPCR 正反馈机制被触发，导致了热点起爆现象。热点起爆产生一个柱面激波，与原来的激波相互作用，生成一对新的三波点，实现了爆轰胞格的一个自分裂过程。相对于稳定传播的爆轰，INWPCR 负反馈机制开始起主导作用时的爆轰胞格尺度是胞格爆轰波的一个特征参数，本节定义为稳定胞格尺度。原因是它能够表征稳定传播爆轰波的结构特征，可以通过统计平均获得。

　　稳定胞格尺度是一个对应爆轰稳定传播状态的胞格结构参数，也是一个临界参数，表征了 INWPCR 的一种平衡反馈机制。但是在某些特定条件下，爆轰胞格尺度也具有一定的自适应性。下面我们介绍一个很有意义的探索性研究，由此获得了一个称之为半波定律的胞格尺度判断规则，这有助于理解稳定胞格的自适应特征 [33]。采用的物理模型是一个二维通道，中间安装一个分裂平板。通过调整平板与上壁面的高度，来观察稳定爆轰进入分裂通道后，爆轰胞格的自适应过程及其平均胞格尺度的变化。

　　图 5.26 给出了算例的第一个工况的爆轰胞格分布图，这里分裂平板与上壁面的高度为 1.2 个稳定胞格尺度。由于分裂平板的作用，稳定爆轰初始的均匀胞格在分裂平板入口附近发生一个过渡过程，然后在计算域后部区域重新达到了一个稳定分布状态。新的胞格分布在平板上部只有一个胞格，下部有 2.5 个胞格。分裂平板下部的平均胞格尺度为原来稳定胞格的 1.12 倍。整个流动通道存在 3.5 个胞格，相比原来的胞格分布，有半个胞格丢失了。

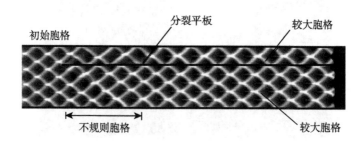

图 5.26　爆轰胞格自适应过程计算模拟，分割平面的高度为 1.2 个稳定胞格尺度

　　图 5.27 给出了算例的第二个工况的计算结果，这里分裂平板与上壁面的高度调整为 0.82 个稳定胞格尺度。在这种条件下，新的稳定胞格分布在平板上部只有半个胞格，而下部有 3 个胞格，胞格尺度为 1.06 个原来的稳定胞格。相比原来的稳定胞格总数，也有半个胞格丢失了。这个工况的计算结果表明：在几何域的约束条件下，胞格尺度可以增大或者缩小，但是相对于稳定胞格尺度其变化量是有限的，新的稳定爆轰胞格的数目的增减总是以半个胞格长度为单位来度量的，是半个胞格的整倍数，称之为稳定爆轰胞格的半波规律。

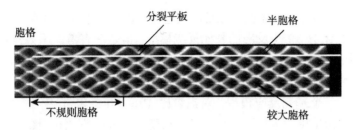

图 5.27　爆轰胞格自适应过程计算模拟, 分割平面的高度为 0.82 个稳定胞格尺度

## 5.7　点火延迟时间和胞格尺度的关联

胞格尺度是气体爆轰波的关键动力学参数之一, 与燃烧反应速率密切相关, 表征了化学反应系统的活性。活性越大, 反应速率越快, 胞格尺度越小, 胞格结构越不规则。反之, 化学反应系统活性变小, 反应速率变慢, 胞格尺度增大, 胞格结构形状越规则。对于计算模拟, 胞格尺度受化学反应模型的影响非常大, 不同的化学反应模型模拟得到的胞格尺度不同, 而且都比实验结果要小, 有的甚至要小一个量级。随着爆轰推进技术的发展, 关于胞格尺度和点火延迟时间的研究越来越重要 [34,35]。深入的探索研究发现, 胞格尺度与诱导区宽度相关联, 通过实验结果可以获得平均胞格尺度和诱导区长度的拟合公式。但是, 影响胞格尺度的主导物理机理是什么, 迄今为止一直没有研究清楚。姜宗林和刘云峰等 [36-38] 通过研究, 首次发现了化学反应模型的点火延迟时间和爆轰波胞格尺度之间的关联关系。

点火延迟时间 $\tau_{ig}$ 是描述不同燃料点火过程的一个重要参数。对于一定初始压力和温度下的可燃混合气体, 不管这个初始压力和初始温度有多高, 总要经过一定的点火延迟时间, 燃烧放热过程才开始发生。所以说, 点火延迟时间是度量化学反应进程的特征时间尺度, 表征了化学反应系统的活性与反应速率。点火延迟时间有多种定义, 最常用的一种定义是温度随时间的变化曲线的最大温度变化率对应的时间点 [39,40]。点火延迟时间采用 Arrhenius 公式的表述形式, 具体见公式 (5.1)。从公式 (5.1) 可以看出, 点火延迟时间是可燃气体的压力、温度和当量比的函数, 对温度变化最敏感。

$$\tau_{ig} \propto \varphi^x p^y \exp\left(\frac{E_a}{RT}\right) \tag{5.1}$$

为了研究点火延迟时间对胞格尺度的影响, 采用三个不同的基元反应模型进行数值模拟研究。这三个基元反应模型分别定义为 Model-1、Model-2 和 Model-3。Model-1 是一个 8 组分 19 个反应的基元反应模型, 该模型的特点在于考虑了高压区和低压区对化学反应的影响, 引入了压力修正项。后面的研究结果表明, 该模型的点火延迟时间特性与传统的基元反应模型在低压区有很大的区别。Model-2 也是一个传统的 8 组分 19 个反应的基元反应模型，但是没有考虑压力修正。Model-3 是一个 11 组分 23 个反应的基元反应模型，与前两个模型不同的是，该模型考虑了 NO 的反应影响。

采用上述三个基元反应模型，对当量比 ER=1.0 的氢气–空气 (H$_2$-Air) 混合气体，在不同初始压力条件下，开展了点火延迟时间研究 [41]。图 5.28 中给出了由这三个基元反应模型计算得到的不同初始温度下的点火延迟时间的比较。从图 5.28(a) 可以看出，在 0.1MPa 的初始压力条件下，采用对数坐标，Model-1 的计算结果呈现近似线性分布趋势。Model-2 和 Model-3 的点火延迟时间曲线在低温区出现了拐弯，拐弯温度为 1000K 左右。在高温区，三个模型的点火延迟时间与温度都近似于线性关系，且随着温度的升高而升高。Model-2 和 Model-3 的计算结果比较接近，低温区的结果略有差异。

当初始压力为 1.0MPa 时 (图 5.28 (b))，在对数坐标下，Model-1 的结果随初始温度的变化仍保持线性，而 Model-2 和 Model-3 的拐弯温度点均左移至 1100～1200K。三个模型高温区域的结果差别不大，但是在低温区域，不同模型计算结果的差异明显，而且随着温度降低，差别愈发显著。初始压力为 3.0MPa 时的计算结果由图 5.28 (c) 表示，当温度高于 1500K 时，三个模型的点火延迟时间几乎相等。当温度降低时，三个模型的结果出现越来越大的差异。这个结果表明，点火延迟时间不仅是温度的函数，也和压力密切相关。在高压条件下，Model-2 和 Model-3 计算结果有着相似的变化趋势，而 Model-1 则由于在模型中考虑压力修正的原因而呈现不同的趋势。因此，由 Model-1 获得的点火延迟时间，在低温区要远小于 Model-2 和 Model-3 的结果。所以，在爆轰波数值模拟研究中，采用不同的化学反应模型，点火延迟时间对结果的影响是非常明显的。尤其是温度较低的情况下，不同模型的点火延迟时间甚至会有 1～4 个数量级的差别，这正是计算模拟得到的平均胞格尺度出现明显差别的原因。所以，爆轰胞格尺度是检验化学反应模型动理学特性的关键参数之一。

利用上述三个化学反应模型，对初始压力为 0.05MPa、当量比为 ER = 1.0 的 H$_2$-Air 混合气体在无限长直管道中爆轰波的传播过程进行数值模拟，计算域宽度为 2mm[41]。计算采用了均匀网格，网格宽度为 $\Delta x = \Delta y = 10\mu m$。对于同样的可燃混合气，实验测量得到的胞格平均宽度为 15.1mm[42]。根据 ZND 理论，爆轰诱导区内的压力和温度分布在 0.8～1.3MPa 和 1300～1500K 的范围内，依据爆轰波 CJ 理论计算的爆速为 $D_{CJ} = 1980m/s$。图 5.29 给出了利用上述三个化学反应模型计算得到的胞格结构。每幅图中还给出了记录胞格尺度的时间间隔，用来计算胞格的运动周期。从图 5.29 可以看出，Model-1 计算模拟得到的平均胞格宽度为

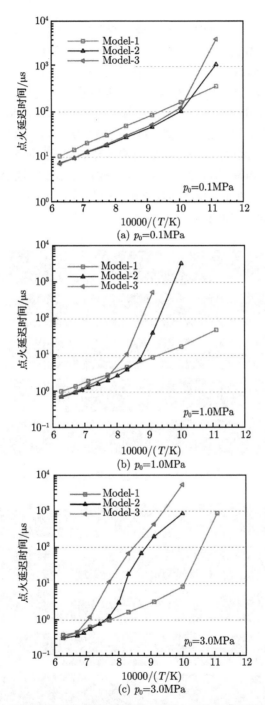

图 5.28　不同化学反应模型在不同初始压力下的点火延迟时间比较

$W = 4.00\text{mm}$，而 Model-2 和 Model-3 模拟得到的平均胞格宽度为 $W = 2.00\text{mm}$，都比实验结果小。计算结果表明一个规律，即点火延迟时间越长，胞格尺度越大。

将三个化学反应模型在诱导区内的压力和温度下对应的点火延迟时间、三波点的运动周期，以及胞格的平均宽度之间的关联进行了对比，综合分析的结果见表 5.1。对于给定的初始条件，诱导区内的平均压力选取 1.0MPa，平均温度选取 1500K，采用 Model-1 进行数值模拟，得到的胞格宽度 $\lambda = 4.00\text{mm}$，三波点的运动周期为 2.0μs，诱导区内的压力、温度对应的点火延迟时间为 1.43μs；Model-2 和 Model-3 的胞格宽度相等，均为 $\lambda = 2.00\text{mm}$，三波点的运动周期均为 1.0μs。Model-2 在 1500K、1.0MPa 条件下，预测的点火延迟时间是 0.96μs；Model-3 在该状态下，预测的点火延迟时间是 1.03μs。

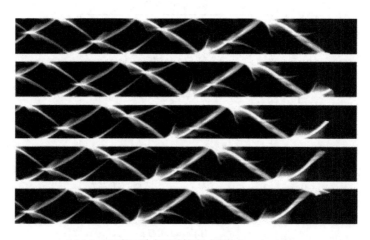

(a) Model-1的三波点运动轨迹, 间隔0.5μs, λ=4.00mm

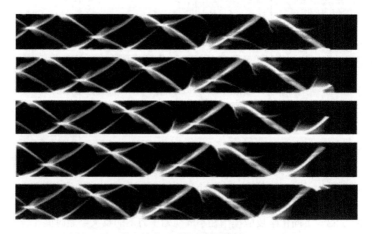

(b) Model-2的三波点运动轨迹, 间隔0.5μs, λ=2.00mm

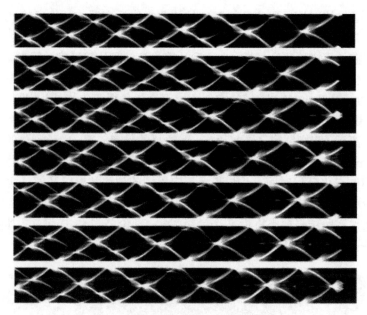

(c) Model-3的三波点运动轨迹，间隔0.5μs, λ=2.00mm

图 5.29 采用三个化学反应模型计算模拟获得的胞格结构图

**表 5.1 胞格爆轰波的数值模拟结果**

| 模型 | 诱导区内的点火延迟时间/μs | 三波点运动周期/μs | 平均胞格宽度 $W$/mm |
|---|---|---|---|
| Model-1 | 1.43 | 2.0 | 4.0 |
| Model-2 | 0.96 | 1.0 | 2.0 |
| Model-3 | 1.03 | 1.0 | 2.0 |

通过上述分析，可以认为爆轰波胞格宽度 $W$ 和点火延迟时间 $\tau_{ig}$ 存在一个正比例关系，能够由公式 (5.2) 表达。相比于以前的胞格宽度拟合公式，该公式中的物理意义明确，而且量纲也是准确的。公式 (5.2) 表明爆轰波的平均胞格宽度约等于 ZND 模型诱导区内的点火延迟时间和爆轰波传播速度的乘积。对于一个固定的燃烧反应系统，其点火延迟时间和爆轰波的传播速度是固定不变的，因此根据公式 (5.2) 得到平均胞格尺度也是不变的结论。本节的研究结果进一步表明，爆轰波胞格尺度是气体爆轰波的关键动力学参数之一。

$$W \approx D_{CJ}\tau_{ig} \tag{5.2}$$

目前爆轰波数值模拟研究中遇到的一个重要问题就是所有数值模拟得到的爆轰波胞格尺度都比实验结果小，有的甚至相差一个数量级以上，而且不同的化学反应模型模拟得到的胞格尺度也各不相同。尽管这样，得到的计算结果也能够反映出爆轰的主要特性，但是数值模拟结果都是定性的，定量结果是不准确的，与实验结果符合得不好，这对深入研究胞格精细结构和燃烧反应系统的物理特性是有局限性的。

在爆轰波计算模拟研究早期，由于受计算机存储和计算速度的限制，一般都选用单步反应模型。图 5.30 是用单步反应模型计算得到的当量比 ER = 1.0、初始压力 1atm、初始温度 300K 的氢气–空气可燃混合气体爆轰胞格结构 [40,41]。从该图可以看出，爆轰胞格的平均宽度为 $W = 0.3$mm。即使在流场内增加扰动，爆轰波传播一定距离后，胞格结构又恢复原状。对这样的物理工况，实验测量的胞格尺度为 $W = 8.0$mm[42]，数值模拟结果与实验结果相差甚远。通过数值模拟获得了该单步反应模型的点火延迟时间，并与基元反应模型的预测结果以及部分实验结果进行了比较分析，计算结果如图 5.31 所示。从该图可以看出，该单步反应模型的点火延迟时间比实验结果要小将近 2 个量级。根据理论公式 (5.2) 可知，其数值模拟得到的胞格宽度也要小 1~2 个量级。

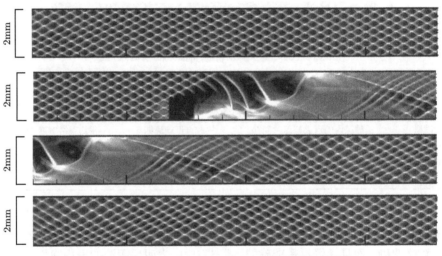

图 5.30　单步反应模型计算模拟获得的爆轰胞格结构

为了提高单步化学反应模型对于反应系统活性模拟的准确性，通过数值模拟获得比较准确的爆轰胞格尺度，根据上述小节的论述，增加计算模型的点火延迟时间是关键。通过爆轰模型分析可知，导致点火延迟时间缩短的一个主要因素是单步模型中采用的比热比为常数，因此模拟的化学反应动力学特性不准确 [43]。而在实际化学反应进程中，爆轰前后气体的比热比是变化的，因此单步反应模型中气体比热比为常数的假设，对化学反应系统的内能、温度和化学反应动力学参数都会产生重要影响。在传统的单步反应模型的基础上，考虑化学反应前后比热比和气体常数的变化，我们提出了一个修正的单步反应模型，由公式 (5.3)~(5.6) 表述

$$\dot{\omega} = -K\rho Z \exp[-E_a^*(\gamma(Z) - 1)/(R(Z)T)] \tag{5.3}$$

$$E_a^* = E_a/(\gamma_B - 1) \tag{5.4}$$

$$\gamma(Z) = \frac{\gamma_U R_U Z/(\gamma_U - 1) + \gamma_B R_B(1 - Z)/(\gamma_B - 1)}{R_U Z/(\gamma_U - 1) + R_B(1 - Z)/(\gamma_B - 1)} \tag{5.5}$$

$$R(Z) = R_U Z + R_B(1 - Z) \tag{5.6}$$

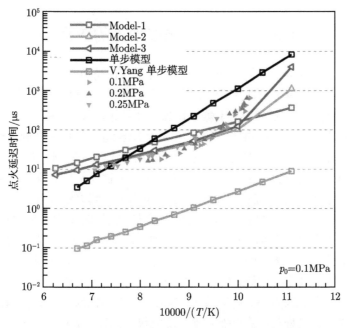

图 5.31　不同化学反应模型点火延迟时间的比较

采用新的单步反应模型，开展了点火延迟时间和胞格尺度的数值模拟研究。获得的点火延迟时间的计算结果由图 5.31 表示。从该图可以看出，修正后的单步模型的计算模拟给出的点火延迟时间相对 V. Yang 单步模型更接近于实验值。利用修正的单步模型，模拟了当量比 ER = 1.0、初始压力 1atm、初始温度 300K 的氢气–空气混合气体的胞格结构，计算结果由图 5.32 给出。从图 5.32 中可以看出，计算模拟得到的平均胞格宽度为 $W = 8.0\text{mm}$，与实验测量结果完全相等 [44]，这是因为修正的反应模型给出了更准确的点火延迟时间，同时也证明了理论公式 (5.2) 的准确性。这个研究结果进一步表明爆轰波胞格尺度是表征爆轰波化学反应动力学特性的关键参数之一。

图 5.32　修正的单步模型模拟得到的胞格结构

# 5.8　爆轰统一框架理论的应用

　　气体爆轰波的起爆、发展与传播过程耦合了气体动力学、热力学、化学反应动力学与激波动力学等诸多的物理现象，是一个典型的非线性、多物理、多尺度的化学反应介质的复杂流动过程。基于爆轰现象观测结果，综合分析了理论研究、实验观察和计算模拟方面获得的研究成果，本章系统表述了气相规则胞格爆轰波起爆和传播的统一框架理论。该爆轰统一框架理论由一个物理机制、两个基本过程、三个关键状态等六个基本物理要素构成。其中的一个物理机制定义为非线性波传播与化学反应带相互作用机制；两个基本过程是指热点起爆过程和化学反应带加速过程；三个关键状态包括爆轰波的平衡传播状态、临界起爆状态和稳定胞格尺度。本章通过几个典型物理算例，分析它们各自的气动特征和演化过程，界定了这六个关键要素的物理机制、表现特点，证实了其客观存在性。这六个基本物理要素构成了气相规则胞格爆轰波起爆和传播的物理框架，为整体把握爆轰现象提供了理论基础。对于爆轰现象这样一个复杂系统，建立一个完善的统一理论模型是非常困难的。抓住重要物理过程与状态特征参数，形成统一框架，做到"纲举目张"，对于推动爆轰物理的深入研究是有指导意义的。这个框架在某个方面的简化，也反映了已有的理论成果和观察结果。

　　CJ 理论是爆轰动力学一个经典的理论模型，建立在化学反应能瞬间释放假设的基础上，是爆轰传播宏观气动特性的一个描述[3,4]，本质上反映了爆轰统一框架理论的临界传播状态。虽然 CJ 爆轰是一个过于理想化的物理模型，但是 CJ 理论预测的结果与实验测量结果符合良好。其原因是实验测量应用的传感器尺度和频率响应与爆轰胞格的空间和时间尺度相当，测量的数据是胞格内爆轰波状态参数在某种意义上的平均度量。目前发展的小型、高频响传感器能够测量爆轰胞格内爆轰压力的周期性变化，这个周期性变化的平衡点就是临界传播状态。所以，CJ 理论反映的是爆轰统一框架理论的临界传播状态，表述化学反应能量与爆轰传播速度的一种平衡，与燃烧反应进程无关，是一种气体动力学理论。爆轰统一框架理论的临界传播状态有三个主要参数表述, 即爆轰速度、爆轰压力和爆轰温度。

ZND 模型是对于 CJ 理论的一种改进, 在爆轰计算模拟方法中应用广泛。ZND 模型把燃烧反应带引入 CJ 理论, 认为燃烧反应不是瞬间完成的, 是由两个进程组成的。一个是反应诱导过程, 另一个是热释放过程, 这两个过程具有因果关系。化学反应带支持了前导激波以临界速度传播, 前导激波压缩后的热力学状态为化学反应带提供了恰当的反应环境, 两者相辅相成, 构成了爆轰的自持传播特性。虽然从来没有实验观察结果能够验证 ZND 理论假定的化学反应带诱导区和放热区独自的物理存在, 但是 ZND 模型描述的爆轰波物理图像对于人们理解爆轰现象具有直观的启示意义。ZND 模型反映的物理本质是爆轰统一框架理论的化学反应带加速和临界传播状态, 也就是说 ZND 爆轰波在化学反应带加速机制的支撑下以临界传播状态运动。

基于 ZND 理论模型, 发展了不同表述形式的一步爆轰反应模型和多步爆轰反应模型。再结合计算流体力学方法求 N-S 方程或者欧拉方程, 获得了许多一维和多维的计算模拟结果, 在爆轰物理研究中发挥了重要作用。对于爆轰反应系统更准确的描述是基元反应模型, 能够模拟每个组分在反应过程中的贡献。应用这些反应模型, 能够获得具有胞格结构的二维与三维爆轰波计算结果。一般来讲, 一维的计算模拟往往是 ZND 模型的体现, 体现了燃烧反应带加速和临界传播状态。二维与三维爆轰波计算结果至少体现了统一框架理论的五个关键要素: 它们分别是非线性波传播与化学反应带相互作用机制 (INWPCR)、临界传播状态、平均胞格尺度、热点起爆和化学反应带加速过程。这种计算模拟获得的爆轰波传播机制能够简单地描述为: 在 INWPCR 机制的驱动下, 借助热点起爆和化学反应带加速两个基本过程的相互作用, 爆轰波围绕临界传播状态以平均胞格尺度为周期做自持传播。一般来讲, 能够体现上述五个关键要素的爆轰物理模型都能够给出相似的胞格结构, 但是预测正确的胞格尺度需要在爆轰物理模型的提炼中考虑更多的燃烧反应进程相关的因素, 其中一个关键要素是要保证化学反应进程的合理模拟。这种模拟包含两个内容, 一个是反应速率的模拟, 另外一个是反应产物介质特性的表述。爆轰统一框架理论的 "统一" 体现为起爆和传播的统一, 两者的基本机制是一样的; 同时还体现为经典理论、实验观测、计算模拟结构的统一, 即可以包容的。

爆轰起爆源于两个基本过程: 一个是热点起爆, 另一个是化学反应带加速。这两个基本过程可以同时出现, 也可以单独发生, 都依赖于非线性波传播与化学反应带相互作用。热点与化学反应带在实际的燃烧过程中都是广泛存在的, 能否诱导爆轰波产生是有条件的, 而这种条件能够以临界起爆状态作为评估尺度。以燃烧反应区周边的非线性温度场的存在为基础, 临界起爆状态是燃烧反应能释放与流动膨胀竞争机制的平衡点。这两种基本过程的物理本质是一样, 只是由于参与起爆的可燃气体的体量不同, 反应系统的几何形态不同, 各自的起爆强度不同而已。

实际爆轰波的起爆和传播过程也能够应用爆轰统一框架理论的六个关键要素表述，即非线性传播与化学反应带相互作用机制、热点起爆、化学反应带加速、临界起爆状态、临界传播状态和平均胞格尺度。其他的物理要素，诸如热传导、分子扩散、湍流和旋涡也从不同角度起着不同程度的作用，但是上述六要素是最基本、最本质的。

实验观察到的胞格爆轰都是三维的，不存在所谓的二维爆轰波，应用烟迹技术获得的胞格图像与二维计算结果对比表现出的差异就是证明。所以，实验图像表现出的二维特征与实际三维爆轰多波结构的关系是需要进一步分析研究的。目前爆轰物理深入研究的困难在于对爆轰波的空间结构把握不够，依然没有关于无约束空间的三维爆轰波结构的报道，有的仅仅是受到壁面和计算假设影响的爆轰结构。如果能够开展爆轰波压力的高精度测量，获得爆轰胞格内精细的压力分布，将是非常有意义的。因为通过二维计算结果分析可以推出：沿单个胞格中心线真实爆轰波状态的周期性变化的幅度应该更大，原因是三维激波汇聚产生的热点爆炸现象应该更强一些，扩展膨胀产生的爆轰波解耦程度也更大一些，但是临界传播状态是不变的。这种推论的证实对于认知爆轰的三维特性非常重要，另外，关于爆轰波真实的空间结构，可以推测其空间结构应该是多边形的，能够无缝隙地构成一个平面；而且多边形应该是对称的，保持各边到中心的距离基本相同，这是平均胞格尺度要求的。另外，爆轰波的空间结构应该是一种内在的、自在的物理特性，与几何域无关，但是受几何域影响。爆轰波是一种精致的自组织燃烧现象，其传播机制的规律是可以认知的；爆轰燃烧模式具有高速、高效的特点，其工程应用前景不可限量。

## 5.9　爆轰统一框架理论小结

本章详细介绍了气相规则胞格爆轰起爆和传播的统一框架理论，给出了统一框架理论的系统描述。应用这个爆轰统一框架理论，成功地解释了各种经典爆轰理论，应用计算流体力学方法获得的多维爆轰波计算结果，实验研究观察到的胞格爆轰现象表现的关键物理要素。爆轰统一框架理论不拘泥于某个局部现象，而是建立了胞格爆轰波传播与起爆统一的物理图像。爆轰传播与起爆的核心物理机制就是非线性波传播与化学反应带相互作用，即 INWPCR 机制，具有正反馈特征。INWPCR 机制控制了热点起爆与反应带加速两个基本过程的发展，借助这两个基本物理过程把爆轰起爆和传播过程统一起来，构成了爆轰统一框架理论的基石。三个临界状态表达了爆轰波的关键物理特征，具有统计平均意义，是气体动力学、热力学、化学反应动力学和激波动力学诸多物理过程相互作用的综合度量。虽然爆轰框架理论的三个关键物理状态依然需要进一步的定量化，但是应用爆轰统一框架理论解释已经获得的爆轰波研究结果的统一性及其对深入研究爆轰现象的预测性, 表明了该理论对于深入开展爆轰物理研究具有启示意义。

# 参 考 文 献

[1] Ficket W, Davis W C. Detonation Theory and Experiment. Mineola, New York, Berkeley: Dover Publications, Inc., 1979

[2] Berthelot M, Vieille E. On the velocity of propagation of explosive processes in gases. Sceances Acad. Sci., 1881, 93: 18-21

[3] Lee J H S. Initiation of gaseous detonation. Ann. Rev. Phys. Chem., 1977, 28(1): 75-104

[4] Urtiew P, Oppenheim A K. Experimental observation of the transition to detonation in an explosive gas. Proc. Roy. Soc. A, 1966, 295(1440): 13-28

[5] Thomas G O, Jones A. Some Observations of the Jet Initiation of Detonation. Combust. Flame, 2000, 120(3): 392-398

[6] Lee J H S, Higgins A J. Comments on criteria for direct initiation of detonation. P hysical and Engineering Sciences, 1999, 357(1764): 3503-3521

[7] Lee J H S, Knystautas R, Yoshikawa N. Photochemical initiation of gaseous detonations. Acta Astronautica, 1978, 5(11-12): 971-982

[8] Bartenev A M, Gelfand B E. Spontaneous initiation of detonations. Progress in Energy and Combustion Science, 2002, 26(1): 29-55

[9] Ott J D, Oran E S, Anderson J D, et al. A mechanism for flame acceleration in narrow-tubes. AIAA Journal, 2003, 41(7): 1391-1396

[10] Gamezo V N, Oran E S. Flame acceleration in narrow tubes: applications for micro-propulsion in low-gravity environments. AIAA Aerospace Sciences Meeting, 2006, 44(2): 329-336

[11] White D R. Turbulent structure in gaseous detonations. Phys. Fluids, 1961, 4(3): 465-480

[12] Gamezo V N, Desbordes D, Oran E S. Two-dimensional reactive flow dynamics in cellular detonation waves. Shock Waves, 1999, 9(1): 11-17

[13] Pintgen F, Eckett C A, Austin J M, et al. Direct observations of reaction zone structure in propagating detonations. Combustion and Flame, 2003, 133(3): 211-229

[14] Chapman D L. On the rate of explosion in gases. Philos. Mag., 1899, 47(284): 90-104

[15] Jouguet E. On the propagation of chemical reactions in gases. J. De Mathematiques Pures et Appliqquees, 1905, 1: 347-425

[16] Zeldovich Y B. On the theory of the propagation of detonation in gaseous systems. Journal of Experimental and Theoretical Physics, 1940, 10: 543-568

[17] von Neumann J. Theory of detonation waves // Taub A J. Collected Works. Vol.6 ed. New York, Macmillam, 1942

[18] Doering W. On detonation processes in gases. Ann. Phys., 1943, 43: 421-436

[19] Knystautas R, Lee J H, Moen I, et al. Direct initiation of spherical detonation by a hot turbulent gas jet. 17th Int. Symp. on Combustion, 1979, 17(1): 1235-1245

[20] Teng H, Jiang Z. Gasdynamics characteristics of toroidal shock and detonation waves focusing. Science in China Series G-Physics and Astronomy, 2005, 48(6): 739-749

[21] 滕宏辉. 气相爆轰波形成和传播机制的基础问题研究. 北京: 中国科学院力学研究所, 2008

[22] Kee R J, Rupley F M, Meekes E. Chemkin-III: a fortran chemical kinetics package for the analysis of gas-phase chemical and plasma kinetics. UC-405, Sandia National Laboratories, 1996

[23] Jiang Z L. On Dispersion-controlled principles for non-oscillatory shock capturing schemes. Acta Mechanica Sinaca, 2004, 20(1): 1-15

[24] Teng H, Jiang Z, Hu Z. Detonation initiation developing from the Richtmyer-Meshkov Instability. Acta Mechanica Sinica, 2007, 23(4): 343-349

[25] 王春, 张德良, 姜宗林. 多障碍物通道中激波诱导气相爆轰的数值研究. 力学学报, 2006, 38(5): 586-592

[26] Oppenheim A K. Dynamics features of combustion. Phil. Trans. R. Soc. Lond., 1985, 315(1543): 471-508

[27] Lee J H S. The Detonation Phenomenon. Cambridge: Cambridge University Press, 2008

[28] 邓博, 胡宗民, 滕宏辉, 等. 变截面管道中爆轰胞格演变机制的数值模拟研究. 中国科学 G 辑: 物理学力学天文学, 2008, 38(2): 206-216

[29] Jiang Z, Han G, Wang C, et al. Self-organized generation of transverse waves in diverging cylindrical detonation. Combustion and Flame, 2009, 156(8): 1653-1661

[30] 姜宗林, 腾宏辉, 刘云峰. 气相爆轰物理的若干研究进展. 力学进展, 2012, 42(2): 129-140

[31] Dormal M, Libouton J C, van Tiggelen P J, et al. Evolution of induction time in detonation cells. Acta Astronaut., 1979, 6(7-8): 875-884

[32] Wang C, Jiang Z, Hu Z, et al. Numerical investigation on evolution of cylindrical cellular detonation. Applied Mathematics and Mechanics, 2008, 29(11): 1487-1494

[33] Wang C, Jiang Z, Gao Y. Half-cell law of regular cellular detonations. Chinese Physics Letters, 2008, 25(10): 3704-3707

[34] Roy G E, Frolov S M, Borisov A A, et al. Pulse detonation propulsion: challenges, current status, and future perspective. Prog. Energy Combust. Sci., 2004, 30(6): 545-672

[35] Papalexandris M V. A numerical study of wedge-induced detonations. Combustion and Flame, 2002, 120(4): 526-538

[36] Liu Y, Zhang W, Jiang Z. Relationship between ignition delay time and cell size of $H_2$-Air detonation. International Journal of Hydrogen Energy, 2016, 41(28): 11900-11908

[37] 张薇, 刘云峰, 滕宏辉, 等. 气相爆轰波传播过程中的自点火效应. 爆炸与冲击, 2017, 37(2): 274-282

[38] 张薇, 刘云峰, 姜宗林. 气相爆轰波胞格尺度与点火延迟时间关系研究. 力学学报, 2014, 46(6): 977-981

[39] 赵真龙, 陈正, 陈十一. 计算氢气/空气混合物着火延迟时间的相关函数. 科学通报, 2010, 55(11): 1063-1069

[40] 李廷文. 有限谱的应用和一、二维爆轰波数值模拟. 北京: 北京大学, 2004

[41] 张薇. 气相爆轰波非线性波与化学反应带的耦合机理研究. 北京: 中国科学院大学, 2016

[42] Shepherd J E. Detonation Database. California: California Institute of Technology, 1997

[43] Cho D R, Won S H, Choi J Y, et al. Three-dimensional unstable detonation wave structures in pipes // 44th AIAA Areospace Sciences Meeting and Exhibit, 2006

[44] Liu Y, Jiang Z. Reconsideration on the role of the specific heat ratio in Arrhenius law applications. Acta Mech. Sin., 2008, 24: 261-266

# 第6章　斜爆轰波结构与驻定规律

正如激波可以分为正激波和斜激波，爆轰波也可以分为正爆轰波和斜爆轰波。从燃烧的角度看，爆轰波是一种强激波诱导的快速燃烧，正激波诱导的称为正爆轰波，斜激波诱导的称为斜爆轰波。可燃气流的流动方向与斜爆轰波中紧密耦合的激波–放热面存在一定的角度，而不像正爆轰波一样，两者是垂直的。斜爆轰波具有应用于推进技术的潜力，特别是对于吸气式高超声速推进的新型冲压发动机，具有一些独特的优势。此外，在充满可燃气体的管道中，利用斜爆轰波燃烧产生的高压，可实现运动物体的持续加速，称为冲压加速器，也是斜爆轰波应用的一个研究方向。虽然由于斜爆轰驻定理论、实验技术与控制方法等，尚未有关于斜爆轰发动机和冲压加速器进入工程应用的公开报道，但是开展斜爆轰驻定理论、波系结构、激波/燃烧反应耦合机制、气/燃混合与控制技术的研究，对于揭示爆轰物理、推动斜爆轰推进技术发展具有重要意义。6.1 节首先介绍斜爆轰波守恒关系，应用极曲线方法给出斜爆轰波的宏观特征。6.2 节重点介绍楔面诱导斜爆轰波的起爆区结构，阐述激波/燃烧反应耦合机制。6.3 节介绍斜爆轰波的波面稳定性及其多波结构，讨论斜爆轰驻定的相关问题。这两个小节主要讨论了在理想来流条件下，斜爆轰波的总体结构以及波面稳定性与局部结构的关联。6.4 节和 6.5 节重点介绍爆轰波发动机在应用中可能面临的实际问题，比如气/燃混合不均匀性、快速起爆问题，同时分别研究了在相应条件下，起爆特性和激波/反应面结构。考虑到强化起爆过程，本章还将讨论采用钝头体诱导起爆的物理问题和流动规律。

## 6.1　斜爆轰波守恒关系与极线分析

如果忽略黏性，并借鉴 CJ 理论，可以把斜爆轰波简化为含有瞬时能量添加的斜激波。不考虑化学反应过程，即认为化学反应速率无限大，放热在瞬间完成。进一步忽略起爆区的影响，重点关注斜爆轰，由此得到的斜爆轰波简化结构示意图如图 6.1 所示。对这种简化结构，应用质量、动量和能量守恒关系，可以推导出斜爆轰波的基本守恒关系：

$$\dot{m} = \rho_1 u_{1n} = \rho_2 u_{2n} \tag{6.1}$$

$$p_1 + \rho_1 u_{1n}^2 = p_2 + \rho_2 u_{2n}^2 \tag{6.2}$$

$$\frac{\gamma}{\gamma-1}\frac{p_1}{\rho_1} + \tilde{q} + \frac{1}{2}u_{1n}^2 = \frac{\gamma}{\gamma-1}\frac{p_2}{\rho_2} + \frac{1}{2}u_{2n}^2 \tag{6.3}$$

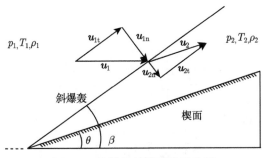

图 6.1  理想化斜爆轰波示意图

基于图 6.1，两个角度与速度关系为

$$\tan\beta = \frac{u_{1n}}{u_{1t}}, \quad \tan(\beta-\theta) = \frac{u_{2n}}{u_{2t}} \tag{6.4}$$

其中，$p, u, \rho, \gamma, \beta, \theta$ 表示压力、速度、密度、比热比、激波角和楔角或流动转角。下标 "1" 和 "2" 表示激波前和后。类似于斜激波关系，经过斜爆轰波切向速度保持不变，因此有

$$u_{1t} = u_{2t} \tag{6.5}$$

所以

$$\frac{u_{1n}}{u_{2n}} = \frac{\tan\beta}{\tan(\beta-\theta)} \tag{6.6}$$

由方程 (6.1) 和 (6.6) 得到

$$\frac{\rho_2}{\rho_1} = \frac{u_{1n}}{u_{2n}} = \frac{\tan\beta}{\tan(\beta-\theta)} \tag{6.7}$$

综合方程 (6.1) 和 (6.3) 得到

$$\frac{\gamma}{\gamma-1}\left(\frac{p_2}{\rho_2} - \frac{p_1}{\rho_1}\right) - \tilde{q} = \frac{1}{2}\left(u_{1n}^2 - u_{2n}^2\right) = \frac{1}{2}\left(\frac{\dot{m}^2}{\rho_1^2} - \frac{\dot{m}^2}{\rho_2^2}\right)$$
$$= \frac{1}{2}\dot{m}^2\left(\frac{1}{\rho_1} - \frac{1}{\rho_2}\right)\left(\frac{1}{\rho_1} + \frac{1}{\rho_2}\right) \tag{6.8}$$

由方程 (6.1) 和 (6.2) 得到

$$p_2 - p_1 = \rho_1 u_{1n}^2 - \rho_2 u_{2n}^2 = \frac{\rho_1^2 u_{1n}^2}{\rho_1} - \frac{\rho_2^2 u_{2n}^2}{\rho_2} = \dot{m}^2\left(\frac{1}{\rho_1} - \frac{1}{\rho_2}\right) \tag{6.9}$$

再由方程 (6.8) 和 (6.9) 得到

$$\frac{\gamma}{\gamma-1}\left(\frac{p_2}{\rho_2} - \frac{p_1}{\rho_1}\right) - \tilde{q} = \frac{1}{2}(p_2 - p_1)\left(\frac{1}{\rho_1} + \frac{1}{\rho_2}\right) \tag{6.10}$$

对方程 (6.10) 进行变换

$$\frac{p_2}{p_1} = \frac{2\dfrac{\tilde{q}}{p_1/\rho_1}}{\dfrac{\gamma+1}{\gamma-1}\dfrac{\rho_1}{\rho_2} - 1} + \frac{\dfrac{\gamma+1}{\gamma-1}\dfrac{\rho_2}{\rho_1} - 1}{\dfrac{\gamma+1}{\gamma-1} - \dfrac{\rho_2}{\rho_1}} \tag{6.11}$$

对放热量进行无量纲处理

$$\frac{\tilde{q}}{p_1/\rho_1} = \frac{\gamma\tilde{q}}{\gamma RT_1} = \gamma Q \tag{6.12}$$

代入方程 (6.11)，得到

$$\frac{p_2}{p_1} = \frac{2\gamma qQ}{\dfrac{\gamma+1}{\gamma-1}\dfrac{\rho_1}{\rho_2} - 1} + \frac{\dfrac{\gamma+1}{\gamma-1}\dfrac{\rho_2}{\rho_1} - 1}{\dfrac{\gamma+1}{\gamma-1} - \dfrac{\rho_2}{\rho_1}} \tag{6.13}$$

对方程 (6.9) 等式分别除以波面压力 $p_1$，得到

$$\begin{aligned}
\frac{p_2}{p_1} &= 1 + \left(1 - \frac{\rho_1}{\rho_2}\right) \cdot \frac{\rho_1}{p_1} \cdot u_{1n}^2 = 1 + \left(1 - \frac{\rho_1}{\rho_2}\right) \cdot \frac{\gamma}{\gamma RT_1} \cdot u_1^2 \sin^2\beta \\
&= 1 + \left(1 - \frac{\rho_1}{\rho_2}\right) \gamma M_0 a^2 \sin^2\beta
\end{aligned} \tag{6.14}$$

联立方程 (6.13) 和 (6.14) 求解，可以得到 $\rho_2/\rho_1$

$$\frac{\rho_2}{\rho_1} = \frac{\tan\beta}{\tan(\beta-\theta)} = \frac{(\gamma+1)M_0 a^2 \sin^2\beta}{\gamma M_0 a^2 \sin^2\beta + 1 - \sqrt{\left(M_0 a^2 \sin^2\beta - 1\right)^2 - 2\left(\gamma^2 - 1\right) M_0 a^2 \sin^2\beta \cdot Q}} \tag{6.15}$$

方程 (6.15) 给出了楔面角度、斜爆轰波角度和来流马赫数与放热量的关系，斜爆轰驻定基本关系式。通常情况下，斜爆轰波角度是未知的，利用上述方程可以求解该未知量。一旦斜爆轰波角度求解出来，密度比和压力比可以通过方程 (6.15) 和 (6.14) 分别求得，进而利用守恒关系得到波后其他参数。

对比方程 (6.15) 和斜激波关系，可以看出两者在形式上是类似的。实际上，如果把放热量取为 0，则上述斜爆轰波基本关系式就退化为经典的斜激波关系。所以，本章给出的斜爆轰波基本关系式具有普适性，可以兼容激波关系式，是包含热释放的广义激波关系式。如果化学反应放热量是负的，比如高超声速动力学的强激波，由于气体离解、电离，波后化学反应是吸热的，这个基本关系式仍然成立。

为了说明斜爆轰波和斜激波的差别，图 6.2 给出了两者的极曲线，可以进行对比分析。由于两条曲线的来流马赫数和比热比是相同的，可以看到两者既有明显的差别，又存在着一定的联系。激波极线分为上下两个分支，分别称为弱斜激波和强

斜激波, 而斜爆轰波分为三个分支, 除了相应的强斜爆轰波 (上面分支) 和弱斜爆轰波 (下面分支) 外, 左侧还存在一个分支, 通常认为是没有物理意义的。实际上强斜爆轰波出现的情况很少, 本章主要讨论弱斜爆轰波的情况。可以看到对于给定的楔面角度, 如果同时存在附体的斜激波和斜爆轰波, 后者的角度将大于前者。从气动物理方面分析可知, 燃烧放热会导致波后压力和温度增加, 从而也导致声速增加。为了匹配这种增加, 斜爆轰波需要更大的角度来对来流气体实现压缩程度的增加。

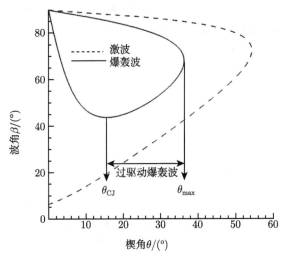

图 6.2 斜激波与斜爆轰波极线对比

燃烧放热过程不仅导致斜爆轰角度相对斜激波角度增加, 还导致脱体角度减小。在斜爆轰推进技术研究中, 为了确保燃烧过程的可控性, 通常希望爆轰波能够附体而不是脱体。因此, 脱体角度对于斜爆轰发动机的设计是个非常重要的参数。另一个重要角度是弱斜激波分支的最低点, 也就是与第三分支的交叉点。在弱激波分支上, 斜爆轰波后的气流是超声速的, 而且随着楔面角度减小, 马赫数也逐渐降低。达到这个特定角度后, 波后气流马赫数降为 1, 对应的波后气流是声速。出现和 CJ 爆轰波相同的热力学状态, 因此该角度也称为 CJ 斜爆轰波角。脱体角和 CJ 斜爆轰波角共同组成了一个由马赫数和放热量决定的区域, 只有在这个区域内才能形成过驱动的驻定斜爆轰波, 因此也把这个区域称为斜爆轰波的驻定窗口。驻定窗口实际上对应弱斜爆轰波极线的这一分支。可以看到, 如果放热量逐渐降低到 0, 则驻定窗口扩大: 一方面脱体偏转角增加, 另一方面对应 CJ 爆轰波的偏转角降低, 趋向于斜激波极线与 $y$ 轴的交点, 第三分支消失或者说与 $y$ 轴重合。

为了研究不同的斜爆轰参数对斜爆轰极线及驻定窗口的影响, 图 6.3 表示了三个主要参数变化时得到的斜爆轰极线, 可以进行定性的分析探讨。其中, 采用实线画出的是来流马赫数为 9, 无量纲放热量 ($Q$) 为 50, 比热比为 1.2 的极曲线。以这条曲线为基础, 可以看到来流马赫数、放热量和比热比都会对极曲线的位置产生不同程度的影响。当来流马赫数增大时, 相同楔面角度对应的斜爆轰波角减小, 极曲线向外扩张, 导致驻定窗口增大。当放热量减小, 同样导致相同楔面角度对应的斜爆轰波角减小, 极曲线向外扩张, 以及驻定窗口增大。当比热比增大时, 相同楔面角度对应的斜爆轰波角增大, 极曲线向内收缩, 导致驻定窗口减小。从爆轰波驻定的角度来看, 增加来流马赫数、减小放热量和比热比, 是有利于形成驻定爆轰波的, 这个结论可以作为斜爆轰发动机设计的一个指导原则。

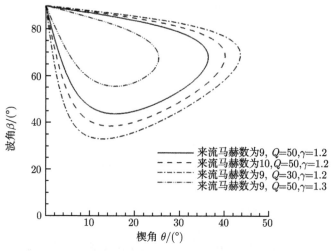

图 6.3    多种参数对斜爆轰极线的影响

# 6.2    楔面诱导斜爆轰波的起爆区结构

为了把握主要物理规律, 斜爆轰波可以简化处理为斜激波面与瞬间反应区的耦合结构模型。但是真实的斜爆轰波远比这种简化结构复杂得多, 在斜爆轰推进技术发展中需要进一步的深入研究。其实 6.1 节表述的斜爆轰简化结构更接近于脱体斜爆轰波, 但是随着楔面角度的减小, 斜爆轰波面上游往往会首先出现斜激波和分离的燃烧反应区。Li 等 [1] 的计算模拟研究发现, 斜激波到斜爆轰波的过渡是多数斜爆轰波都会出现的普遍情况, 相关计算结果如图 6.4 所示。

Li 等的计算模拟采用单步反应模型, 算例的楔面角度为 23°, 来流马赫数为 8。图 6.4 表明, 从楔面尖点出现一道斜激波, 在斜激波下方, 存在一个燃烧反应带, 而斜爆轰波起源于斜激波和燃烧反应带的交点。这种结构能够简化归纳为图 6.5 所示的近驻定点斜爆轰波结构示意图。图 6.5 表明斜激波下方存在一个诱导区，随后出现系列爆燃波。无反应激波、反应激波/爆轰波与爆燃波交汇，形成一个多波点，并由此点延伸出一条滑移线。

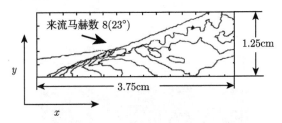

图 6.4 数值模拟得到的驻定点附近的斜爆轰波结构 [1]

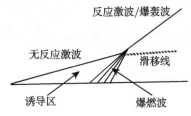

图 6.5 斜爆轰波结构示意图 [1]

图 6.5 给出的气动物理结构也得到了实验证实，相关研究结果由图 6.6 给出。斜爆轰波实验对实验设备和实验技术的要求是具有挑战性的，图 6.6 所使用的相关实验方法具有很强的创新性。该实验采用两种气体，通过一种气体爆炸形成的气动楔面，利用另一种气体产生斜爆轰波，具体的实验技术和方法可参见文献 [2]。该研究揭示确实存在斜激波与斜爆轰波相交于一个点的多波结构，与图 6.4 和图 6.5 的计算预测结果基本一致。仔细考察可以发现，图 6.6 显示的多波结构与数值结果及其简化模型还存在一定的差异，主要表现为诱导区内存在燃烧诱导和释热过程，这主要是由实验方法引起的。

进一步的深入研究发现，图 6.4~图 6.6 显示的斜爆轰波结构，是多波结构的某一种可能的解，但不是唯一的。借助数值模拟技术，研究者发现随着马赫数的增加，斜激波和斜爆轰波面的分界线变得模糊，从一个多波点变为一段连续变化的弯曲激波，如图 6.7 所示。从斜爆轰波发展的角度看，上游斜激波到斜爆轰波的转变可以看成是斜爆轰波的起爆过程，而过渡区可以看作斜爆轰波的起爆区。根据上述研究结果，斜爆轰波的起爆过程，或者说斜激波到斜爆轰波的过渡可以分为两种情况：一种情况是通过多波点实现的，称为突变过渡，而另一种情况是通过弯曲激波实现的，称为渐变过渡。

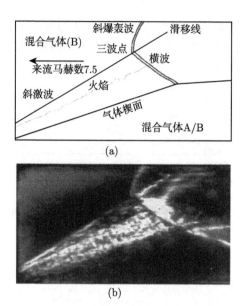

图 6.6    实验得到的斜爆轰波纹影结果和简化示意图 [2]

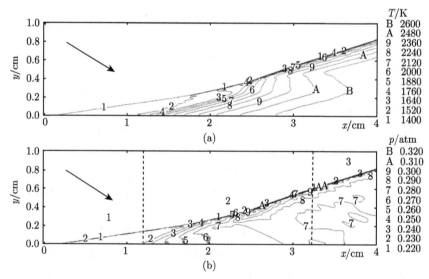

图 6.7    数值模拟得到的光滑过渡斜爆轰波结构 [3]

斜爆轰的突变过渡现象和渐变过渡现象已经被多次观察到，但还是缺乏系统的研究。对于一定的可燃气体、来流参数和楔面几何角度，斜爆轰波演化是经过突变还是渐变过程，依赖于数值计算或者实验模拟，难以通过理论分析预先确定。为了澄清这个过渡现象的机制和规律，研究者采用三步化学反应模型对不同楔面角

度和来流条件下的斜爆轰波开展了系统的数值研究 [4]。鉴于早期的研究认为斜爆
轰波的不稳定性对结构类型影响很大，这里首先研究了在给定参数下一维斜爆轰
波的不稳定性。图 6.8 显示了不同化学反应参数对应的一维爆轰波波头压力的振
荡曲线，分别为稳定即无振荡爆轰 (a)、单脉冲振荡爆轰 (b)、多脉冲振荡爆轰 (c)
及无规则振荡爆轰 (d)。

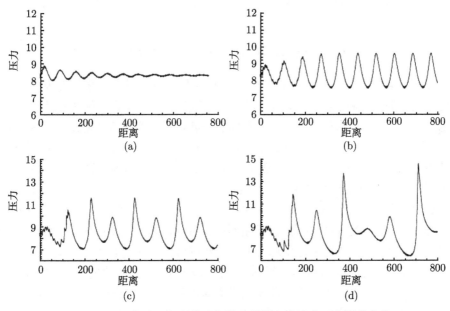

图 6.8　不同化学反应参数对应的一维爆轰波波头压力振荡曲线

压力和距离已无量纲化

应用同样的物理模型和计算程序，完成了二维斜爆轰波的计算模拟。关于突
变过渡和光滑过渡的两种斜爆轰波形态如图 6.9 所示，可以看到这两种结构和前
面章节分析的多波结构并无本质上的不同之处。本章采用了三步反应模型，不同
于 Li 等 [1] 在计算中采用的物理模型。这个算例表明斜激波到斜爆轰波的过渡结
构，或者说斜爆轰波的起爆结构，是一种流动和燃烧共同作用下的一种基本的波
系结构，不依赖于化学反应模型的差异。为了进一步开展多波结构的特征分析，将
图 6.8 揭示的三种稳定状态分别称为模式 1(对应图 6.8(a))，模式 2(对应图 6.8(b))，
模式 3(对应图 6.8(c))。在给定化学动力学参数的条件下，通过改变来流马赫数，研
究突变过渡与渐变过渡的转折点，即临界马赫数。由于可燃气体不同放热量对应的
CJ 爆轰马赫数不同，所以采用 CJ 马赫数对来流马赫数进行归一化处理。即这里
临界马赫数对应的是 CJ 爆轰马赫数的倍数。

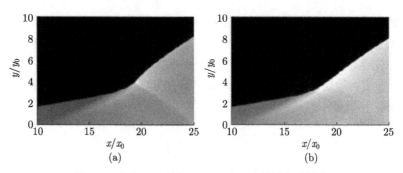

图 6.9    突变 (a) 和光滑 (b) 过渡的斜爆轰波结构

表 6.1 给出了不同气体中斜爆轰波的临界马赫数和对应的稳定性模式。表中的化学反应的跃变特征温度 ($T_B$)、无量纲活化能 ($E_B$) 和无量纲放热量 ($Q$) 是三个主要变量。上述结果综合说明,虽然随着马赫数的升高,斜爆轰波从突变过渡演化为光滑过渡,但是在临界马赫数附近对应一维爆轰波的稳定性特征是不同的。这一结果的意义在于厘清了爆轰波稳定性和临界马赫数之间的关系。由于表 6.1 的三个变量均会对爆轰波稳定性产生影响,也会对爆轰波的临界马赫数产生影响,因此把这两者关联起来应该是一个不错的研究参数。通过系列算例的模拟,表 6.1 给出的结果表明,这两者虽然都依赖于相同的变量,但是其自身并不存在必然的对应关系。事实上,反而是简单地采用 CJ 马赫数进行归一化的临界马赫数,体现出在小范围内变化的趋势,可以作为斜爆轰波起爆结构的一个粗略的预测方法。另外,通过对计算数据的进一步分析,发现采用斜激波和斜爆轰波的角度差,可以较好地提供过渡区结构的预测,更多结果可以参考文献 [4]。

表 6.1    不同算例的稳定性和临界马赫数

| 算例 | $T_B/T_s$ | $E_B$ | $Q$ | 稳定性 | $M_{cr}$ |
|---|---|---|---|---|---|
| 1 | 0.88 | 10.0 | 8.33 | 模式 1 | 1.44 |
| 2 | 0.90 | 10.0 | 8.33 | 模式 2 | 1.46 |
| 3 | 0.92 | 10.0 | 8.33 | 模式 3 | 1.48 |
| 4 | 0.88 | 8.0 | 8.33 | 模式 1 | 1.45 |
| 5 | 0.90 | 8.0 | 8.33 | 模式 1 | 1.47 |
| 6 | 0.92 | 8.0 | 8.33 | 模式 2 | 1.49 |
| 7 | 0.88 | 12.0 | 8.33 | 模式 1 | 1.42 |
| 8 | 0.88 | 14.0 | 8.33 | 模式 2 | 1.41 |
| 9 | 0.88 | 16.0 | 8.33 | 模式 3 | 1.40 |
| 10 | 0.90 | 10.0 | 8.33 | 模式 2 | 1.47 |
| 11 | 0.94 | 10.0 | 15.00 | 模式 2 | 1.49 |
| 12 | 0.98 | 10.0 | 20.00 | 模式 2 | 1.51 |

除了过渡区多波结构类型的预测,斜爆轰起爆还有一个基础性研究问题就是

起爆长度的预测。对于斜爆轰推进技术，起爆长度是关键物理量之一，在爆轰发动机的设计中具有重要的应用价值。严格来说，并不存在界限分明、统一的起爆区长度定义，因为即使对于突变多波结构，在多波点的上游，可能已经存在燃烧和爆轰了。因此，在本章中除非专门写明，起爆区长度是指从斜激波起始点到斜爆轰波起爆区复杂结构的最上游位置的距离。对于前面章节表述内容中给出的斜爆轰波结构，对应的终止点是爆燃波的最上游位置。由于三波点或者光滑斜激波导致的起爆区结构比较复杂，对同一个流场，沿不同流线起爆区长度变化也是多样化的。因此，研究者采用的起爆区长度是比较严格的定义，实际对应斜爆轰波开始形成的最短位置，而爆轰波面的起始位置往往还要靠后一些。

在理想化学当量比的氢气–空气预混气体中，给定来流压力和温度分别为 1atm 和 300K，并保持 25° 的楔面角度不变，得到的斜爆轰起爆结构如图 6.10 所示。由图可以看到斜爆轰波结构随着马赫数的改变而发生明显的变化，马赫数从 10 降低到 7，起爆结构从渐变型转变为突变型，这与之前采用三步反应模型的预测结果是一致的。起爆结构演化的同时，起爆区长度随着马赫数的降低而逐渐增加。为了研究来流马赫数和压力的影响，图 6.11 显示了起爆区长度在四个马赫数和三种压力下的变化曲线。可以看到在纵坐标采用对数坐标系之后，随着马赫数的变化起爆区长度基本落在一条斜直线上，而且不同的来流压力对应不同的直线，三条直线之间近似平行。这说明压力的影响对起爆区长度基本呈线性变化，起爆区长度和压力呈一种反比关系。因此，如果知道某压力下的起爆区长度，其他压力状态下的长度可以通过简单计算得到。

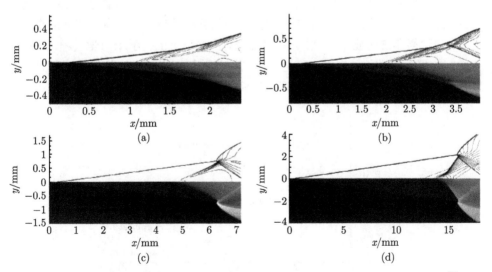

图 6.10　常温常压下氢气–空气混合气体中，不同来流马赫数下压力和温度云图 [5]

(a) 马赫数 10; (b) 马赫数 9; (c) 马赫数 8; (d) 马赫数 7

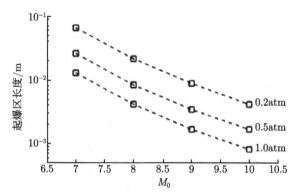

图 6.11  起爆区长度随来流马赫数 $M_0$ 和压力的变化

　　为了更深入地分析起爆区长度的决定因素, 这里引入了一种简化的理论计算方法。对于贴近楔面的可燃气体流动, 其实是处于经过激波压缩后的一种自点火状态。由于流动速度比较高, 而且在燃烧之前没有其他波系的干扰, 可以认为接近等容爆炸的过程。根据等容爆炸 (constant volume explosion) 的计算方法, 对自点火的过程进行计算, 能够获得点火时间。然后由点火时间乘以波后速度, 即可获得自点火长度。通过这种理论计算得到的结果, 由图 6.12 给出与数值模拟结果的对比。可以看到在来流马赫数为 10 的情况下两者符合得很好, 说明高马赫数下的起爆接近于自点火过程, 起爆区长度主要由化学动力学因素控制, 因此也称为动力学控制 (kinetics-controlled) 起爆。在来流马赫数为 7 的情况下, 理论预测与数值计算结果符合不好, 甚至有数量级的差距。图 6.12 的结果显示, 在高压条件下, 符合不好; 而压力低的状态, 相对比较一致。这种趋势在马赫数分别为 8 和 9 的来流状态下, 表现得非常明显。实际上, 氢气燃烧对应着复杂的化学动力学过程, 这种复杂效应体现在了数值计算中。理论预测结果与数值模拟结果的差异说明研究者的假设与简化, 即用等容爆炸过程比拟斜激波后贴近壁面的流动, 是不全面的。在低马

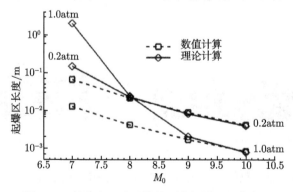

图 6.12  数值和理论计算得到的起爆区长度变化

赫数条件下,近壁流动受到了复杂波系的显著影响。依据图 6.10(d) 的图像分析可知,应该是在起爆区尾部,出现了复杂的爆燃波作用,超出了理论模型的范畴,导致理论预测失效。在这样的来流条件下,物理过程主要是受气体动力学因素的影响,因此相应的起爆过程可以称为波控制 (wave-controlled) 或者气体动力学控制 (gas dynamics controlled) 起爆。对于动力学控制的起爆过程,上述等容爆炸理论能够提供一个很好的预测。对于气体动力学控制的起爆,预测方法仍然有待于完善和提升。

## 6.3 斜爆轰的多波结构及其波面稳定性

早期爆轰物理的研究忽略了斜爆轰波的起爆区结构,也就是 6.2 节讨论的斜激波到斜爆轰波的过渡区结构,还有一个重要认识的局限性就是假定斜爆轰波具有光滑的波面。众所周知,平面正爆轰波会发生失稳,从而形成具有非定常特性的多波结构,也称为胞格爆轰波。过去几十年来,以烟迹技术作为主要实验手段,研究者对爆轰胞格开展了大量实验研究,获得的胞格宽度被认为是最重要的爆轰动力学参数。然而,对于斜爆轰波面的失稳及可能诱导的胞格结构没有得到适当关注,这一方面由于斜爆轰波很难通过实验获得,另一方面缺乏关于斜爆轰技术研究的迫切需求,斜爆轰波的稳定性研究没有成为热点。考虑斜爆轰推进技术的探索对斜爆轰波的影响,首先需要关注的是斜激波到斜爆轰波的过渡结构,然后就是斜爆轰波面稳定性和多波结构。因为,爆轰波面稳定性对驻定爆轰整体结构可能会产生影响,进而影响斜爆轰的燃烧效率。另外斜爆轰也有自己的独特之处,所以深入开展波面稳定性及其多波结构的研究是很有意义的。

图 6.13 显示了采用数值模拟得到的斜爆轰波结构,是 2000 年的学术论文发表的多波结构。由于当时计算条件的限制,数值模拟采用的网格数并不太多,但是已经可以观察到斜爆轰波面后方存在一种程度的不稳定性。在当时的计算技术条件下,很难确定这些不稳定现象是计算方法引起的,还是真实的物理过程,当时并没有开展进一步的研究。但是这种现象得到了韩国学者的关注,他们开展了系统的研究,代表性结果如图 6.14~图 6.16 所示。首先,给定无量纲活化能为 20,计算发现无论如何加密网格,在较低的活化能条件下,都不能得到失稳的波面。也就是说,在这种情况下,波面是稳定的,不能产生正爆轰常有的三波点,如图 6.14 所示。

进一步将化学反应活化能提高到 25,计算结果表明在采用较粗的网格时波面仍然是不会失稳的。但是,随着网格的加密,在靠近下游边界处发生了波面失稳,出现了单向运动的三波点。进一步加密网格,在上游部位出现波面失稳,形成了多个三波点,如图 6.15 所示。在这个波面失稳的算例中,形成的是左行三波点。但是由于来流强烈的输运作用,在计算域内三波点是向下游移动的。进一步将活化能增加到 30, 发现波面更容易失稳, 采用较粗的网格即可以获得失稳的爆轰波面及其三波点, 计算结果如图 6.16 所示。在采用非常小的网格时, 发现不仅会形成向上游传播的左行三波点, 而且由于波面的影响, 在下游波面后演化出复杂的流动结构。此外, 滑移线在粗网格下不会失稳, 但是在细网格下会出现失稳现象, 可以观察到明显的 KH 不稳定产生的旋涡。

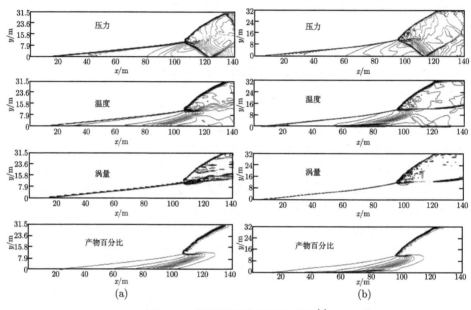

(a)　　　　　　　　　　　　　　　(b)

图 6.13　斜爆轰波波面多波结构 [6]

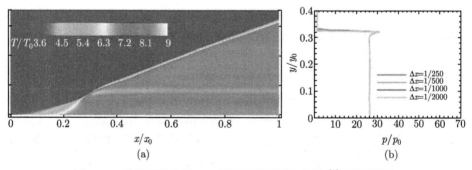

(a)　　　　　　　　　　　　　　　(b)

图 6.14　无量纲活化能 20, 斜爆轰波面不会失稳 [7](后附彩图)

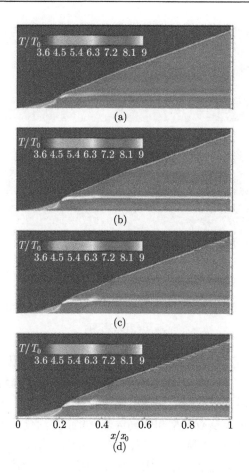

图 6.15 无量纲活化能 25, $x$ 方向单位长度网格为 250(a), 500(b), 1000(c), 2000(d) 时斜爆轰[7](后附彩图)

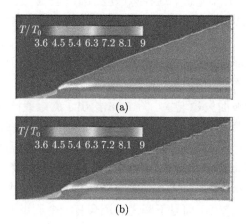

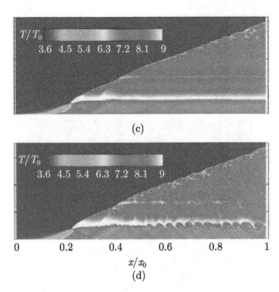

图 6.16    无量纲活化能 30，$x$ 方向单位长度网格为 250(a)，500(b)，1000(c)，2000(d) 时斜爆轰 [7](后附彩图)

上述研究结果说明，活化能是影响波面稳定性的重要参数，特别是对于具有较高活化能的可燃气体。但是计算网格分辨率不足将严重影响斜爆轰波失稳计算模拟的精度，而且对于斜爆轰波面的失稳机制没有深入地探讨。为了获得斜爆轰的失稳规律，研究者采用单步反应模型和较高的活化能，如活化能为 50，对该问题进行了细致的计算模拟。图 6.17 显示了在高马赫数来流条件下，不同楔面角度诱导形成的斜爆轰波。由图可以看到，在很大楔面角的条件下，即使对于高过驱动度的斜爆轰波，其波面仍然会失稳，这个结论与早期的研究结果是矛盾的。因为早期的研究认为，较高的来流马赫数或者楔面角度会导致爆轰过驱动度增加，强爆轰波面不容易发生失稳。近一步往前追溯，这种想法应该源于正爆轰波的研究。随着过驱动度的增加，正爆轰失稳将变得越来越困难。早期的研究推论这种现象在斜爆轰波中也是存在的，并给出了一个小于 2.0 的临界过驱动度。即在大于该值的情况下斜爆轰波也不会失稳。然而，图 6.17 的计算结果表明，波面失稳仍然会发生，早期结果可能是计算模拟精度不够引起的。

为了讨论斜爆轰波面失稳现象，图 6.18 给出了斜爆轰波面的反应区长度在 $y$ 方向的投影随位置的变化规律，诱导区长度采用化学反应度的 5% 和 95% 来进行定义。在没有化学反应的位置，譬如在前导激波区域，计算程序自动捕捉激波层的厚度。图 6.18 的三种状态都呈现出化学反应区长度剧烈下降的趋势，其对应爆轰波直接起爆，而且三种状态差别明显。对第一种状态，爆轰过驱动度比较高，化学反应区长度下降幅度比较小，而且下降之后还有一个逐步上升，然后在平台区内逐渐发生振荡。在观察到反应区长度逐渐发生振荡的期间,来流是均匀的,因此振荡是从小扰动放大而来的。第三种状态如图 6.18(c) 所示,降低趋势非常剧烈,而且在下降之后马上就出现剧烈的振荡现象。第二种状态介于上述两者之间,更接近第一种状态。这个算例的结果说明,小扰动导致的振荡是波面失稳的原因之一,虽然较高的过驱动度抑制了波面失稳的迅速发展,但是经过足够长的时空演化,失稳仍然能够发展起来,而高活化能是导致失稳的根本原因。

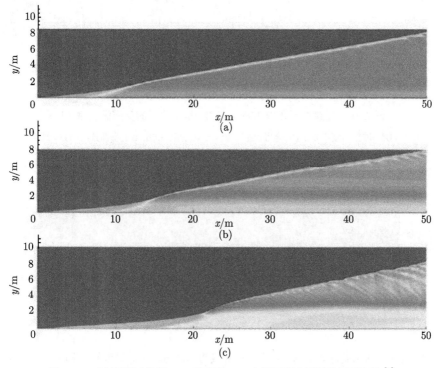

图 6.17 无量纲活化能 50,马赫数 15 来流下的斜爆轰波面温度 [8]

(a) 楔面角度 30°,过驱动度 2.37;(b) 楔面角度 27°,过驱动度 2.06;(c) 楔面角度 24°,过驱动度 1.77

上述研究结果表明,高活化能和低过驱动度有助于斜爆轰波面的失稳。波面失稳之后形成局部的波系结构,与一般的正爆轰波存在明显区别。在一般正爆轰波的胞格结构中,存在强度相当、传播方向相反的两组横波,但是沿斜爆轰波面只有一组横波单向传播。因此上述失稳波面的爆轰胞格是否与正爆轰本质上一致仍然是需要研究的问题。由于高活化能波面失稳变化非常剧烈,在模拟过程中计算容易溢出,分析也比较困难,这里进一步模拟了中等活化能条件下的斜爆轰波,结果如图 6.19 所示。由图可以看到爆轰波面在失稳之后形成的局部结构并不是最终状态,而是会进一步演化形成更复杂的波系结构。这说明初次失稳的斜爆轰波面仍然是不稳定的，能够发生二次失稳，涉及更复杂的爆轰波动力学过程。

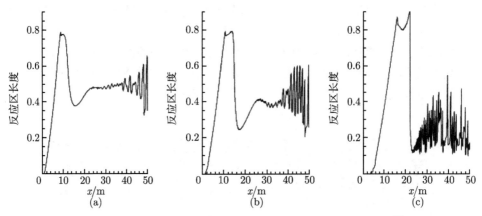

图 6.18　无量纲活化能 50，马赫数 15 来流下的反应区长度 [8]

(a) 楔面角度 30°，过驱动度 2.37；(b) 楔面角度 27°，过驱动度 2.06；(c) 楔面角度 24°，过驱动度 1.77

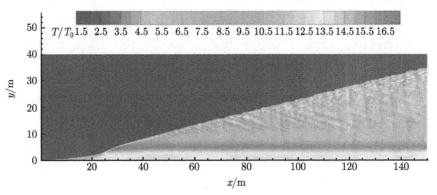

图 6.19　无量纲活化能为 31，马赫数为 12，角度为 26° 来流下的斜爆轰温度场 [9](后附彩图)

　　图 6.20 显示了斜爆轰波面两次失稳后的温度场。可以看到第一次失稳发生在靠近上游的位置，基本特征是波面从平面变为存在 "锯齿形" 的火焰阵面。而第二次失稳形态更复杂，从 "锯齿形" 火焰阵面演变化为 "拱心石"(key-stone) 形状的火焰面。温度场和压力场的综合分析表明："锯齿形" 火焰的形成是由左行横波的形成导致的，也就是一次失稳导致了一组左行横波的产生。由于来流强烈的输运作用，在计算域内，这组左行三波点是向下游传播的，这与前面章节表述的研究结论是一致的。同时，横波或者说三波点形成的位置并不是固定的，而是在一个区域内变化，但是总是有新的横波形成。而图 6.20(b) 显示的结构更为复杂，出现了一组新的右行横波，因此 "拱心石" 形状的火焰面也更接近正爆轰中的胞格爆轰波面，只不过在高速气流中被扭曲，其本质是同样的。

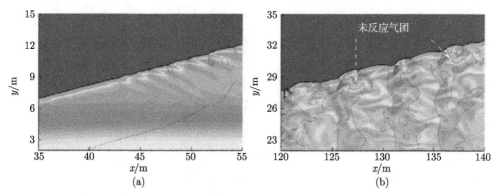

图 6.20 无量纲活化能为 31，马赫数为 12，角度为 26° 来流下的局部斜爆轰波温度场 [9]

通过分析斜爆轰的二次失稳过程，可以发现斜爆轰与正爆轰明显的区别在于前者的两组反向三波点不是同时形成的。左行三波点首先产生，诱导初次失稳；然后产生右行三波点，由此导致二次失稳及更复杂的结构形态。本质上，经历二次失稳后的爆轰波面与正爆轰波是相同的，因此可以称为斜爆轰波中的胞格爆轰波面。早期的研究涉及一次失稳现象的较多，二次失稳研究较少。图 6.21 给出了不同时刻的温度场，用以分析二次失稳过程。由图可以看到存在四道横波，以 TW(transverse wave) 标记。随着这些横波向下游移动，会发生碰撞，形成更强、同时距离也更大的横波，即 TWa 和 TWb。新的横波由于间距较大，波背面存在大量高温可燃气体。小扰动在此放大，形成热点，产生右行横波，出现了形态更复杂的二次失稳。因此，二次失稳的机制与一次失稳是一致的，只不过右行横波的形成需要左行横波为其提供孕育条件。

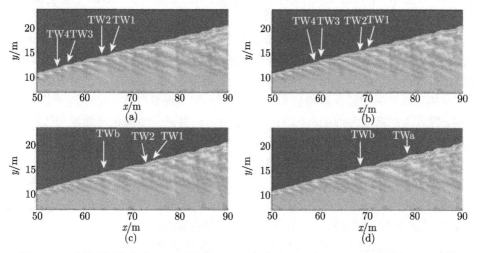

图 6.21 无量纲活化能为 31，马赫数为 12，角度为 26° 来流下不同时刻的温度场 [9]

　　图 6.22 显示了模拟横波扫过烟迹片形成的数值胞格,是采用计算中监测流场最大压力的方式获得的。可以看到两次失稳过程在不同的活化能状态下都会出现,说明这种失稳具有普遍性。活化能对失稳过程有明显的影响,直观上表述,活化能较高时更容易失稳,而活化能较低时不容易失稳。该结论是对于一次失稳而言的,而二次失稳受到更复杂因素的影响。早期的研究工作对此作过一些探讨,但是没有得出具有普遍性的结论。

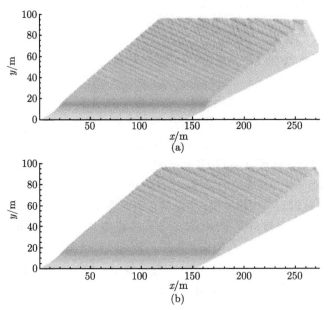

图 6.22　无量纲活化能为 31(a) 和 27(b),马赫数为 12,角度为 26° 来流下的数值胞格 [9]

　　上述章节着重分析斜爆轰波的基本物理现象,因此选取的来流马赫数较高、放热量也大,以便突出激波与放热的耦合作用。然而,将来能够实际应用的斜爆轰发动机,其来流条件必定受限于飞行条件,可能导致不同的结构。为了研究这种工程背景影响,本节采用基元反应模型,采用氢气-空气混合气体,讨论斜爆轰的多波结构。假设飞行高度为 30km,飞行马赫数为 10,并进一步假设可燃混合气经过发动机进气道的两道 12.5° 的斜激波压缩,然后进入燃烧室。利用斜激波关系,可以得到燃烧室入口的马赫数和热力学参数,也就是斜爆轰波前的可燃气状态:来流马赫数为 4.3,静压为 56kPa,温度为 1021K。利用这组参数,对 15° 的斜劈诱导的斜爆轰波进行计算模拟,结果如图 6.23 所示。可以看到这是一种光滑过渡的斜激波/斜爆轰波结构,明显的特点之一是斜激波和斜爆轰波的角度差别比较小。产生原因是来流密度比较小,实际对应的化学反应放热量较小。

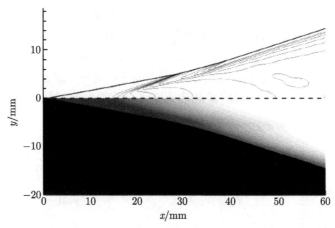

图 6.23 高空来流条件下，入口马赫数为 4.3 时斜爆轰波压力和温度场 [10]

图 6.24 显示在沿不同的平行于 $x$ 轴的直线上，压力和温度的变化曲线，可以看到三种典型的燃烧放热过程。对 $y=3$mm 的状态的曲线，激波与燃烧是解耦的，压力经历了一个明显上升的阶段，并可以观察到略微的压力的过冲。对 $y=6$mm 的状态，激波与燃烧弱耦合，斜激波后的压力略微上升，而且压力分布仍然存在过冲。对 $y=9$mm 的情况，激波与燃烧强耦合，压力峰值最高且不存在过冲，但是波后很快降到与其他曲线相同的压力水平。上述三个空间位置的压力和温度曲线显示了不同的热力学过程。但是总体上来讲，由于来流气体的高温、低压，爆轰燃烧的增压程度远远低于通常研究的斜爆轰波。图 6.25 显示了在 $y$ 方向上投影的激波/火焰位置和诱导区长度。由于基元反应模型中放热区长度较长，通常用诱导区长度对波面附近的特征长度进行量化，从而能够与单步反应模型中的反应区长度进行比拟。图 6.25 表述的斜爆轰波的结果，与图 6.18 显示的在突变过渡、大放热量情况

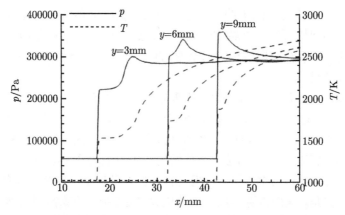

图 6.24 斜爆轰波 (图 6.23) 中不同直线上的压力和温度变化曲线 [10]

下的变化规律也存在明显的不同。诱导区长度在火焰面开始形成之后，存在一个下降的过程，但是下降非常温和，不存在过冲。诱导区长度曲线上存在若干个台阶，对应存在局部的激波和放热平衡现象，最后的平衡态对应斜爆轰波面，不存在失稳和复杂横波结构的形成过程。因此，斜爆轰发动机设计中，波系结构控制需要考虑高空来流参数效应，由此导致的多波结构变化及其动力学特性改变仍然有待于进一步的研究。

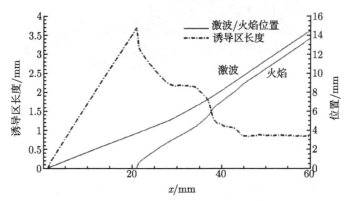

图 6.25　斜爆轰波 (图 6.23) 中激波/火焰位置和诱导区长度 [10]

## 6.4　非理想来流条件下的斜爆轰波

爆轰波作为一种高效、快速的燃烧方式，具备应用于高超声速飞行推进系统的潜在能力。在斜爆轰发动机的研发中，斜爆轰波的驻定问题是至关重要的。而在实际飞行条件下，发动机来流状态往往包含许多非均匀特征，与飞行器前体压缩、燃料混合、进气道隔离段气动过程和边界层发展息息相关。目前对于斜爆轰波的研究大多聚焦于均匀来流与预混条件下半无限长楔面诱导的斜爆轰起爆问题，对非均匀状态下来流的斜爆轰波起爆结构研究较少。图 6.26 给出了从非均匀状态下研究结果抽象出的斜爆轰波起爆结构的示意图，即所谓的 V 形火焰和 V+Y 形火焰，是比较典型的起爆过程。

为了深入研究来流不均匀性对斜爆轰波起爆区的影响，本节采用了如图 6.27 所示的计算域。飞行状态为海拔 25km 的高空，飞行马赫数为 10，飞行器前导压缩面为两个偏转角为 12.5° 的楔面，这种压缩过的可燃气体状态作为斜爆轰发动机的入口条件。在该算例中，燃料当量比数值发生变化的上边界在 $y=10$mm 处。在该上边界以上的部分，是均匀来流区。根据飞行条件以及斜激波和偏转角的内在联系，计算得到斜激波角，从而得到斜激波后的压力、温度值。计算得到的静压和静温分别为 119kPa、998K，当地马赫数为 4.3。实际上，当量比的变化将导致不同来流的组分浓度有所差别，因此，如何保证流动速度和马赫数不变是十分重要的问题。考虑高超声速推进技术的特征，相对保持来流马赫数不变，固定来流速度将会是更好的选择。所以，在下述算例中，来流速度均为 3205m/s，在当量比 ER=1.0 时，对应马赫数 $M_0 = 4.3$。

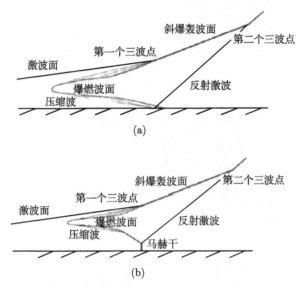

图 6.26 来流不均匀导致的 V 形火焰 (a) 和 V+Y 形火焰 (b)[11]

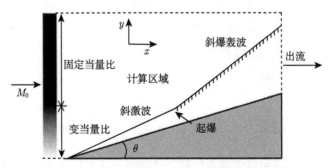

图 6.27 非均匀来流中的斜爆轰模拟示意图 [12]

图 6.28 中给出了在网格尺寸为 0.025mm 时，固定当量比的模拟结果。在所有算例中，楔面角度均为 $\theta = 15°$。图中的黑色曲线表示诱导区的末端，此处对应温度为 2200K。给定当量比为 1.0 时，对于相同燃烧混合物，应用 CHEMKIN 程序包可计算出相应的 CJ 爆轰波的 ZND 结构。在该反应结构中，ZND 诱导区的末端温度为 2200K。基于 ZND 理论，本节选择 2200K 作为评测诱导区末端的准则。

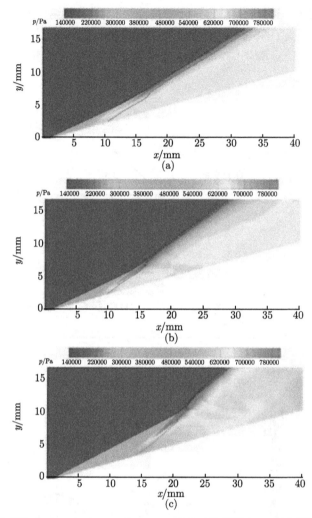

图 6.28　当量比为 0.5(a)，1.0(b) 和 1.5(c) 情况下的斜爆轰压力场 [12](后附彩图)

　　当斜激波前的来流为贫燃混合气时，气体经由压力以及 2200K 的温度边界的结果展示在图 6.29 中。斜爆轰波的起爆由斜激波的光滑转捩获得，其结果与图 6.28 中当量比为 0.5 和 1.0 时类似。提高当量比，可以使得起爆位置向下游移动，反之亦然。又因来流在 $y = 10$mm 以上区域当量比为固定值 1.0，所以其斜爆轰波面的倾角也相同。与图 6.28(b) 中的均匀当量比 1.0 的算例相比，起爆区具有更为复杂的反应面。贫燃使得楔面附近的热释放延迟了，产生了扭曲的反应面，这些现象与图 6.26 显示的模拟结果是一致的，说明扭曲的爆燃波以凸面形态向上游传播，表现出 V 形火焰面的特征。

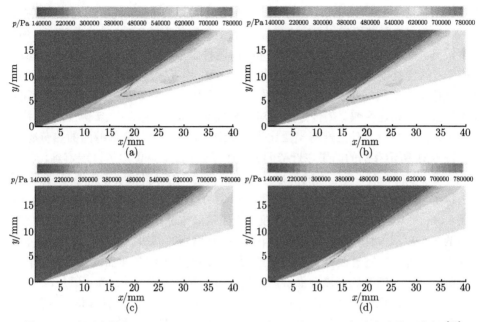

图 6.29　壁面当量比 ER = 0.1 (a)、0.2 (b)、0.3 (c) 和 0.4(d) 气流产生的压力场 [12]
(后附彩图)

为了展示来流的非均匀当量比带来的斜爆轰波的特征, 图 6.30 中选取了极

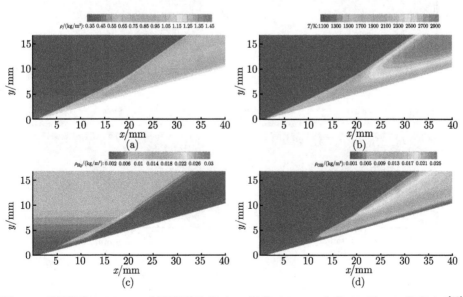

图 6.30　近壁面 ER = 0.0, 斜爆轰总密度 (a)、温度 (b)、$H_2$ 密度 (c) 及 OH 密度 (d)[12]
(后附彩图)

限情况当量比 ER = 0.0 的数值模拟结果。从图中可以观察到, 楔面附近的密度很大
(图 6.30(a)), 但温度很低 (图 6.30(b)), 低温是贫燃的影响所致, 由于温度低, 所以
密度很高。另外, 密度值主要来自 $N_2$ 和 $O_2$ 两种组分贡献, 正如图 6.30(c) 显示的。
其中 $H_2$ 的含量很低, 对密度的贡献也不大。OH 组元密度图表明斜爆轰波后的热
释放现象十分剧烈, 而在楔面附近则弱到可以忽略。从图 6.30(b) 的壁面温度可以
看到, 由于流动速度快, 热传导效应对于壁面温度影响不大。在实际工程应用中,
若能保证壁面附近气体的燃料当量比为 0 或接近 0, 则可以降低壁面的热负荷。

　　图 6.31 所示算例的结果在近壁面处 ER 是变化的。从图中可以观察到, 当 ER
从 0.8 增加到 2.0 时, 反应面的前端会向下游移动, 同时斜激波和斜爆轰波的倾角
随之增加, 转掠类型出现了从光滑类到突变类的过渡。斜爆轰波倾角与 ER 的变化
有关, 这一变化源自来流马赫数的改变。为了保障来流流速相同, 当混合物中加入
更多的氢气以后, 当地流动马赫数是下降的, 从而引起斜爆轰波倾角的增加。值得
重视的现象是, 在富燃混合气的起爆过程中, 并没有观测到扭曲的 V 形火焰。理
论推测楔面附近的富燃来流会像贫燃来流一样, 诱导出相似的波系。但是, 由于实
际的斜爆轰发动机中, 对于高当量比条件, 譬如 ER>4.0 时, 这种非均匀性能很容
易避免, 所以在本节研究中, 并没有模拟很高 ER 的算例。

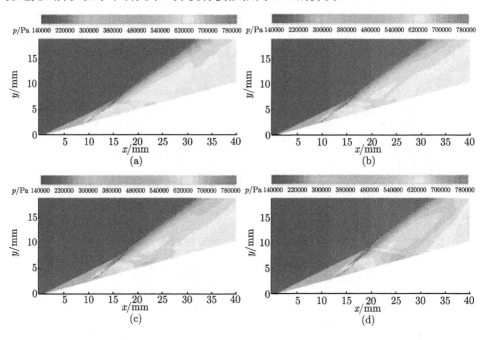

图 6.31　壁面当量比 ER = 0.8(a)、1.2(b)、1.6(c) 和 2.0(d) 时斜爆轰波结构的压力场 [12]

(后附彩图)

为了阐明当量比非均匀性对化学动力学的影响,图 6.32 中给出了 ER=0.4～1.6 时温度和组元密度的分布图。低当量比诱导出较为和缓的燃烧波,所以温度曲线上升较为缓慢,并导致最终的燃烧产物温度较低。当 ER 提高到 0.8 时,产物的温度上升,OH 组元的密度在所有算例中最大。进一步增加当量比,燃烧产物的温度曲线几乎相互重叠在一起,而 OH 组元的密度下降,意味着热释放的减少。比较 ER=0.4 和 ER=1.6 两个算例,OH 组元密度的曲线几乎彼此重合,而温度曲线则大相径庭,这一现象说明贫燃和富燃混合气有着不同的燃烧特征,这些物理机制和燃烧规律的区别有待于进一步的定量化分析。

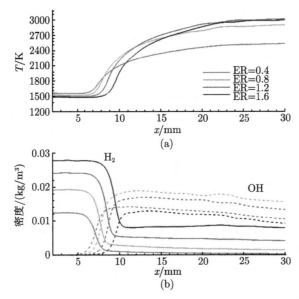

图 6.32 壁面当量比 ER=0.4、0.8、1.2 和 1.6 时,楔面上的温度 (a) 和 $H_2$、OH 组元密度 (b)[12](后附彩图)

为定量研究当量比变化带来的影响规律与物理特征,图 6.33 和图 6.34 分别给

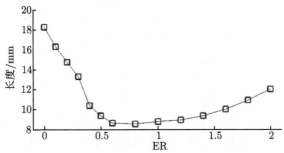

图 6.33 壁面当量比 ER=0.0～2.0 时的起爆长度 [12]

出了起爆长度以及沿着 $x = 20$mm 坐标线上的斜爆轰波面位置。起爆长度定义为两个特殊位置之间的距离，其中一处是固定在 $x=1$mm 处的楔面上，另一处则为反应面的上游端。图 6.33 的结果所示，在 ER 从 0.0 一直增加到 0.8 的过程中，这一长度在不断减小。特别值得注意的是，在 ER 从 0.0 变化到 0.3 的过程中，长度的减小随 ER 的变化几乎是线性的，而在 ER 从 0.8 变化到 2.0 的过程中，长度的减小过程较为和缓。ER=2.0 时的长度和 ER=0.3~0.4 时的长度近似相同。

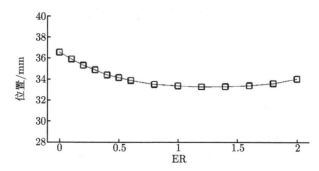

图 6.34    壁面 ER=0.0~2.0 时，斜爆轰波的波面位置 [12]

斜爆轰波面位置是发动机设计的一个重要参数。由于这一参数依旧缺乏统一、公认的定义，在本节的研究中，研究者定义斜爆轰波的波面位置在沿 $y = 20$mm 方向上，最终结果呈现在图 6.34 中。对比起爆长度，波面位置受非均匀性的影响较小。当 ER 从 0.0 开始增加时，这一位置先是缓慢朝着上游移动，随后向下游移动。当当量比增加时，起爆长度增加，但斜爆轰波的倾角减小。前者会使得波面位置向下游移动，而后者将使得该位置向上游移动，因此在两者的共同作用下，波面位置对 ER 变化不敏感。

## 6.5    尾部稀疏波对斜爆轰波的影响

在本章的前几节中，所有算例均假设斜爆轰波是通过一个半无限长的楔面诱导的。但是在推进技术研究中，能够使用的楔面长度是有限的，而且发动机斜爆轰波后的气流需要膨胀、加速，以产生飞行器所需的推力。因此，楔面尾部稀疏波对斜爆轰波的影响是一个有重要意义的工程设计参数。为了研究稀疏波影响，本节构建了有限长楔面，由此观察稀疏波对斜爆轰波起爆区结构的影响。基本算例的计算区域如图 6.35 所示，灰色部分为固壁部分，虚线与灰色部分的上边界构成计算域。楔面计算条件为滑移固壁边界，其余边界为零梯度自由边界。在楔面的转折处，稀疏波形成并以声速传播，对斜爆轰波起爆结构产生影响。算例的楔面角度为 25°，偏转角也为 25°，即出口处固壁边界与来流边界平行，主要关注的物理现象都标注在图 6.35 上。

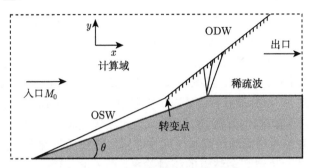

图 6.35 稀疏波模拟示意图 [13]

图 6.36 给出了两个基础算例的结果。可燃气体是氢气–空气混合气体，在 1atm 和 300K 的静压和静温，在马赫数为 10 和 7 来流条件下的斜爆轰波温度分布如图 6.36 的 (a)、(b) 两图表示。可以看到，马赫数为 10 和 7 时的斜爆轰波起爆区结构不同。图 6.36(a) 表示在马赫数为 10 条件下发生平滑过渡型的起爆区结构；而在马赫数为 7 条件下，图 6.36(b) 的起爆区结构为突变型过渡。不同的马赫数产生的起爆区长度也不同，马赫数为 7 的起爆区结构几乎是马赫数为 10 的 10 倍。马赫数为 10 的计算域为 2.5mm×2.0mm，马赫数为 7 的计算域为 25mm×20mm。图 6.36 上方的结果基于粗网格的计算结果，而下方均为细网格结果。粗网格的网格量为 500×400，细网格的网格量均为 1000×800。对比马赫数为 10 的结果，粗细网格间的差别较小；对比马赫数为 7 的结果，细网格的结果表明起爆位置要靠前一

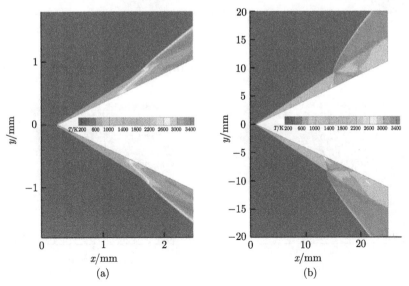

图 6.36 $M_0$=10(a)，$M_0$=7(b) 时斜爆轰波结构温度图 [13] (后附彩图)

些。当网格变细以后,可以看到更精细的流动结构,如滑移线上出现的小涡结构。但是,这些差异在研究稀疏波的问题上,没有本质影响。本节所选择的网格以及可以表征流场的特点,足以保证结论的正确性与可靠性。

在排除网格尺度对计算结果影响之后,图 6.37 和图 6.38 给出了稀疏波对斜爆轰波起爆区结构影响的结果。当稀疏波位置足够靠前时,可能导致楔面不能诱导斜爆轰波的起爆,低马赫数条件下,影响更明显。为了方便讨论,定义两个长度分别为 $L_e$ 和 $L_d$,用以量化稀疏波的位置。$L_e$ 代表稀疏波产生的位置,即尖点到拐点位置;$L_d$ 代表斜激波面与斜爆轰波面拐点位置在楔面位置上的投影。用无量纲数 $L_e/L_d$ 来表征稀疏波和多波点的相对关系。图 6.37 和图 6.38 展示了在马赫数分别为 10 和 7 条件下,不同 $L_e/L_d$ 比值的流场结构图。当 $L_e/L_d$ 的值为 1.0 时,虽然稀疏波的存在影响了下游的流场,但是斜爆轰波依然存在,并且斜爆轰波的起爆位置不受影响。减小 $L_e/L_d$ 的值将导致稀疏波的位置向上游移动,当 $L_e/L_d$ 为 0.8,$M_0=10$ 时,斜爆轰波依然存在,但是有明显弱化现象。当 $M_0=7$ 时,斜爆

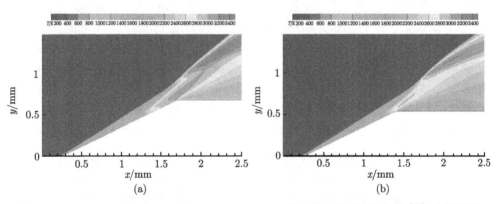

图 6.37　$M_0=10$, $L_e/L_d = 1.0$ (a), $L_e/L_d=0.8$ (b) 的斜爆轰波结构温度图 [13](后附彩图)

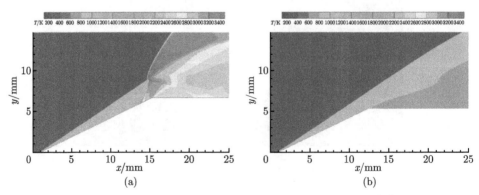

图 6.38　$M_0=7$, $L_e/L_d = 1.0$ (a), 0.8 (b) 的斜爆轰波结构温度图 [13](后附彩图)

轰波出现了熄爆现象。继续降低 $L_e/L_d$ 的值至 0.6 的时候, 在两种马赫数条件下, 起爆的波结构消失, 流场表现与无化学反应激波流场相似。

在 $M_0=10$ 的情况下, 调节稀疏波的位置, 直至获得起爆和熄爆之间的临界状态, 图 6.37 表示的稀疏波位置虽然不同, 但是在两种情况下的流场却十分相似。而当 $L_e/L_d = 0.6$ 的时候, 楔面不再能成功诱导斜爆轰的起爆。图 6.39 所示的是在 $L_e/L_d = 0.65$ 条件下流场结构的压力与温度分布图, 流场没有出现由斜爆轰的起爆而导致的激波面弯曲现象, 这种现象从温度分布图上也可以看到。对比无反应气体的算例, 图 6.39 的激波面后存在一道几乎平行于激波面的燃烧带, 虽然此时的稀疏波不足以使放热反应消失, 但是却能使放热反应与斜激波面解耦, 并导致了熄爆。图 6.40 为图 6.39 中 $y = 0.5$mm 和 $y = 0.8$mm 处的压力与温度分布图。其中, 黑色实线为压力分布, 红色点线为温度分布; 激波面靠前的为 $y = 0.5$mm 的分布, 靠后的为 $y = 0.8$mm 的分布。沿着 $y = 0.5$mm 线, 激波后的压力随着放热反应进行而升高, 压力变化与化学反应耦合, 压力和温度的峰值重合。过了峰值后, 由于稀疏波的影响, 压力和温度均开始下降。沿 $y = 0.8$mm 线的结果表明, 稀疏波影响达到斜激波面附近, 压力的峰值是由斜激波造成的, 压力和温度的峰值不再重合, 出现了激波与燃烧带的分离现象。由此可以推出, 成功起爆与熄爆之间的流场演化, 是放热反应与稀疏波相互竞争机制的结果。

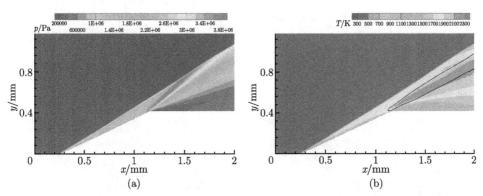

图 6.39　$M_0=10$, $L_e/L_d = 0.65$ 斜爆轰波结构压力 (a) 和温度 (b) 图 [13](后附彩图)

在 $M_0=7$, $L_e/L_d = 0.8$ 的状态下, 楔面不能诱导斜爆轰波起爆。当增加 $L_e/L_d$ 的值至 0.85 时, 起爆现象发生了, 图 6.41 给出了对应的流场。在起爆的初始阶段, 斜爆轰波的流场与 $L_e/L_d=1.0$ 的波系结构类似。但是快速起爆后, 这个波系结构会慢慢向下游移动, 如图 6.41(b) 所示, 并且最终移出计算区域。在这种情况下, 最终还是要熄爆的, 也没有观察到放热反应与稀疏波竞争形成的解耦情况。图 6.42 是沿着图 6.41(a) 中 $y = 6$mm, $y = 9$mm 和 $y = 12$mm 三个典型位置的压力与温度分布。由沿 $y = 6$mm 的分布可以清楚看到稀疏波的影响, 即压力和温度都降低了。因为 $y = 9$mm，$y = 12$mm 的位置在斜爆轰区，所以稀疏波的影响难以区别。而且沿 $y = 9$mm 的起爆气体为斜激波压缩后的气体，故峰值压力比沿 $y = 12$mm 的分布更高。上述结果表明，当起爆机制不同时，稀疏波对斜爆轰波的影响是不同的。根据之前的研究，当 $M_0=7$ 时是波控制的起爆模式；当 $M_0= 10$ 时是流动控制的起爆模式。在流动控制的情况下，稀疏波的影响比较平缓，临界状态出现在 $L_e/L_d = 0.65$ 左右。在临界条件下，流场的多波结构出现激波与燃烧带解耦的情况，是成功起爆和完全熄爆的中间演变结构。在波控制的起爆情况下，斜爆轰波对稀疏波的影响更为敏感，临界状态出现在 $L_e/L_d = 0.85$ 左右，没有发现中间演化结构，也没有观察到放热反应和稀疏波的相互竞争关系。

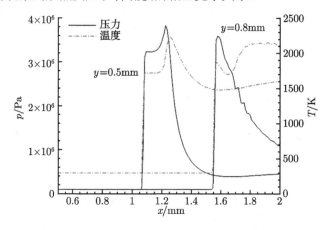

图 6.40　$M_0=10$，$L_e/L_d = 0.65$ 时沿 $y=0.5$mm 和 $y=0.8$mm 的压力和温度分布图 [13]（后附彩图）

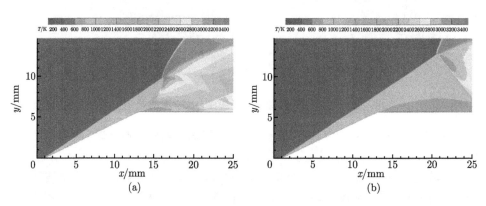

图 6.41　$M_0=7$，$L_e/L_d=0.85$ 时斜爆轰波流场演化图 (a) 初始阶段 (b) 长时间迭代后 [13]（后附彩图）

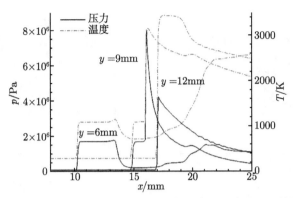

图 6.42 沿 $y = 6\text{mm}$、$y = 9\text{mm}$ 和 $y = 12\text{mm}$ 的压力和温度分布 (数据对应的流场为 图 6.41(a) 显示的流场)[13]

为了进一步阐明这两种起爆模式在临界条件下的流场的不同特性, 本节算例增加了不同偏转角下的计算模拟。相对于 6.4 节的 25° 偏转角, 本节将偏转角变为 20° 和 10°。减少偏转角度实际上削弱了稀疏波的强度, 同时降低了稀疏波对于爆轰波的干扰强度, 相关结果如图 6.43 和图 6.44 所示。在流动控制起爆模式下, 即 $M_0 = 10$ 时, 图 6.43 保持了介于起爆与熄爆之间的激波和燃烧反应的解耦结构。相反, 对于波控制的起爆模式, 在 $M_0 = 7$ 的时候, 图 6.44 结果表明了起爆区并没有逐渐移动到下游。因此, 波控制起爆模式的流场结构比流动控制起爆的流场结构对稀疏波的影响更为敏感。

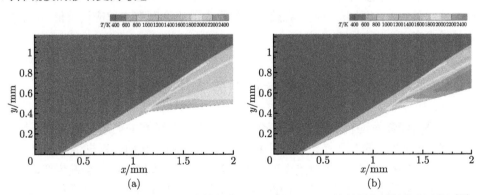

图 6.43 $M_0 = 10$, $L_e/L_d = 0.65$, 偏转角为 20°(a) 和 10°(b) 的斜爆轰波结构温度场[13] (后附彩图)

上述算例模拟了楔面诱导来流为理想当量比的氢气–空气的斜爆轰波结构, 分析了由楔面末端偏转角产生的稀疏波对斜爆轰波结构的影响。研究选取了两种依赖于来流马赫数的典型斜爆轰波起爆模式作为典型算例, 数值结果表明, 稀疏波对两种起爆模式的临界多波结构的影响不同。通过定义了 $L_e/L_d$ 相对位置参数, 获

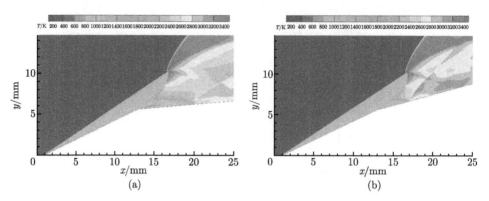

图 6.44　$M_0 = 7$，$L_e/L_d = 0.85$，偏转角为 $20°$(a) 和 $10°$(b) 的斜爆轰波结构温度场 [13]
(后附彩图)

得了稀疏波的临界位置。对于 $M_0 = 10$ 的来流，其临界值为 0.65；而 $M_0 = 7$ 的来流的临界值为 0.85。当稀疏波位置大于临界值时，楔面能够诱导斜爆轰起爆，且流场与半无限长的楔面诱导起爆的流场相似，没有本质区别；当稀疏波位置小于临界值的时候，楔面不能诱导斜爆轰波。另外，在临界状态下，两种起爆模式的流场结构存在明显区别。对于 $M_0 = 10$ 的来流，临界条件下出现了介于起爆和熄爆之间的激波与燃烧带解耦流场。而在 $M_0 = 7$ 的来流条件下，虽然一开始也能诱导斜爆轰波起爆，但是斜爆轰波将向下游移动，并最终移出计算区。通过改变稀疏波偏转角，能够控制斜爆轰波向后移动，也能够成功诱导起爆。稀疏波对不同起爆结构的影响是明显的、有区别的，关于稀疏波对斜爆轰的研究既有工程应用价值，也有重要的学术意义。

## 6.6　钝头体对斜爆轰波起爆的影响

如果斜爆轰发动机应用于高超声速飞行，飞行马赫数的调节可能需要当量比的调节。低当量比的混合气会导致斜爆轰波诱导区变长，进而会对燃烧室的尺寸要求更苛刻。此外，随着高超声速飞行器飞行姿态变化，来流条件也会发生变动，可能存在着斜爆轰波熄爆的风险。因此，在发动机研发的过程中，需要研发一些能够促进斜爆轰波起爆的技术，从而保证发动机的可靠运行。早期的研究发现，当气流以高超声速流过一钝头体时，头部会形成一道弓形激波，形成高温高压区。弓形激波及其后面的高温和高压，可以促进起爆。因此，本节以钝头体诱导斜爆轰波起爆来探索促进斜爆轰波起爆的技术。

对于弓形激波及其后面的高温和高压的强度，来流马赫数和圆球直径是两个关键参数。图 6.45 显示了马赫数为 4.0 和直径为 5mm 的计算结果。由图可见，驻

点附近温度达到自燃温度, 气体燃烧并向下游传播。由于钝头体为球形, 可燃气体
先受到球体的压缩作用, 产生燃烧反应; 然后受到气流膨胀作用, 稀疏波作用于燃
烧反应, 导致燃烧熄灭, 钝头体下游没有出现燃烧带。图 6.46 给出了马赫数为 5.0
时的计算结果, 驻点附近的燃烧强化, 燃烧延续到下游流场, 出现了燃烧带与激波
并存, 且并非紧密耦合的现象。继续提高来流马赫数, 计算表明流场结构都呈现一
种燃烧带与激波非耦合的状态。计算结果表明在给定的球头直径下, 马赫数较大时
只会导致燃烧带变宽, 激波和燃烧反应的流场结构不会出现本质变化。为界定燃
烧熄灭及其与激波非耦合现象的临界马赫数, 计算模拟了马赫数为 4.12 和马赫数为

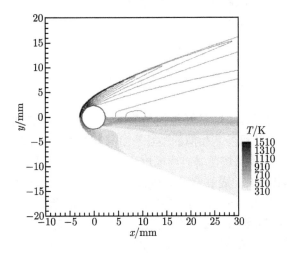

图 6.45 $M_0=4.0$, $D=5$mm, 压力 (对称轴上部)、温度 (对称轴下部) 分布图 [14]

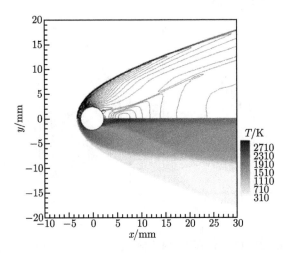

图 6.46 $M_0=5.0$, $D=5$mm, 压力 (对称轴上部)、温度 (对称轴下部) 分布图 [14]

4.14 时的流场结构, 计算结果如图 6.47 所示。当马赫数大于 4.1 时, 出现燃烧带与激波非耦合情况, 且最高温度也有较大变化。可以看到, 当马赫数从 4.1 变化到 4.12 的时候, 驻点温度也出现了极大的增长, 故出现燃烧带与激波非耦合的临界马赫数等于 4.1。

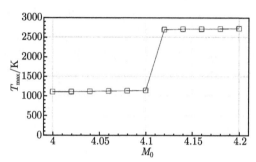

图 6.47　最大温度随马赫数的变化 [14]

当球体直径为 15mm 时, 流场结构与直径为 5mm 时存在明显差异。当马赫数为 4.0 的时候, 两者的流场是相似的; 但是当马赫数为 5.0 的时候, 直径为 15mm 的钝头体可以直接起爆可燃气体, 形成爆轰波, 如图 6.48 所示。为了分析马赫数 4.0~5.0 的流场结构变化, 通过设定变马赫数步长为 0.1, 获得了系列计算结果。结果表明, 在马赫数为 4.1 时, 流场不再出现燃烧带与激波非耦合的情况, 而是在驻点位置形成爆轰波, 并诱导下游流场也形成爆轰波。但是由于 CJ 爆速大于此时的来流马赫数, 爆轰波无法驻定, 开始向上游传播。对比直径为 5mm 和 15mm 的计算结果可以看到, 在爆轰发展中, 在同样的来流条件下, 钝头体的尺度是研究钝头体诱导爆轰波的一个重要参数。

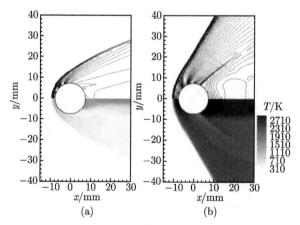

图 6.48　$D=15$mm, 压力 (对称轴上部)、温度 (对称轴下部) 分布
图, $M_0=4.0$(a)、$M_0=5.0$(b)[14]

来流马赫数和钝头体直径都是影响流场结构的关键参数,为了明晰其对流场的影响,数值模拟了直径变化步长为 2.5mm,马赫数变化步长为 0.1 时的流场结构,流场的燃烧形态如图 6.49 所示。由图可以看到,马赫数的变化对于流场是否燃烧的影响比较大。当马赫数超过 4.2 之后,流场内激波诱导燃烧的情况都消失了。而球体直径对于是否成功诱导爆轰的影响较大,当球体直径增加到 7.5mm 时,才能成功诱导爆轰波的起爆。对马赫数为 4.2,直径为 5~7.5mm 的算例开展了进一步的数值研究,发现当直径小于 6.5mm 时,流场结构为激波诱导燃烧;当直径大于 6.5mm 时,预混气体在经过一段时间后起爆为爆轰;当直径为 6.5mm 时,驻点位置的燃烧改变了弓形激波在驻点附近的形状,但是不足以克服稀疏波的影响,对激波的影响不能传播到整个流场。由图 6.50 可以看到激波面由两道斜激波构成,在 $y = 20$mm 处存在一个明显的波面拐点。拐点上游是斜爆轰波,下游是斜激波,燃烧与激波发生了明显的解耦现象。这一现象在楔面诱导的斜爆轰流场中是不存在的,两者的差异是,可燃气体在流经圆球时,不仅受到激波压缩作用,亦受到稀疏波的膨胀作用,而稀疏波是解耦的原因。所以稀疏波与爆轰波面的相互作用是决定圆球诱导斜爆轰能否起爆的关键。

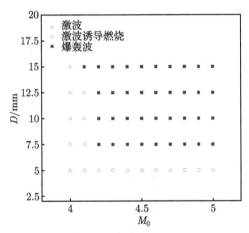

图 6.49    马赫数和圆球直径对起爆的影响 [14]

在斜爆轰波发动机中引入圆球来强化斜爆轰波的起爆在理论上可行,但是在放入圆球以及固定圆球等问题上较难实现。故考虑将钝头部分与楔面相结合,构成楔面与钝头结合的几何结构,共同促进爆轰波的发展与形成。

图 6.51 展示了钝楔结构在预混可燃来流下诱导斜爆轰波起爆的示意图。为了更方便计算和分析,本节中的钝头部分采用圆柱。在高超声速来流条件下,钝头前端形成了头部激波。如果头部弓形激波足够强,则可以直接在楔面上诱导斜爆轰波。计算域为虚线包围的范围,控制方程为二维多组元欧拉方程,预混可燃气体为

当量比的氢气–空气，即 $H_2:O_2:N_2$(摩尔比) = 2:1:3.76。来流条件由飞行马赫数 $M_1$ 决定，气体通过两道压缩角为 $12.5°$ 的楔面压缩后进入钝楔结构段。固壁边界为反射边界，左边界以及上下边界为来流边界，右边界为一阶零梯度出口边界。楔面相对于来流角度为 $15°$。

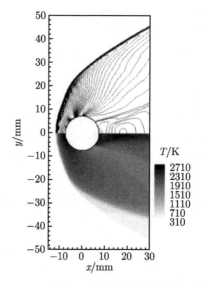

图 6.50　$M_0$=4.2, $D$=6.5mm, 压力 (对称轴上部)、温度 (对称轴下部) 分布图 [14]

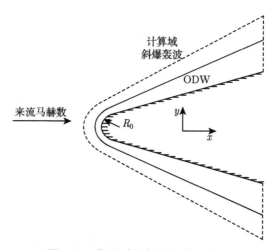

图 6.51　楔面诱导斜爆轰波示意图

　　为了模拟应用斜爆轰波发动机的飞行状态，需要利用高空飞行条件来计算发动机入口气流的温度和压力。假定带斜爆轰发动机的吸气式飞行器的飞行高度为 25～35km, 且能在一定的马赫数范围飞行。譬如，考虑飞行高度为 30km 和飞行马

赫数 $M_1$ 范围为 8~10, 考虑楔面偏转角 $\Phi = 12.5°$, 不同飞行马赫数 $M_1$ 对应的发动机入口压力、温度、来流马赫数 $M_0$ 如表 6.2 所示。

表 6.2 不同飞行马赫数对应的入口压力、温度、来流马赫数

| 飞行马赫数 $M_1$ | $p$/kPa | $T$/K | 来流马赫数 $M_0$ |
|---|---|---|---|
| 10 | 56.0 | 1020.6 | 4.3 |
| 9 | 44.4 | 891.9 | 4.1 |
| 8 | 34.3 | 775.6 | 3.9 |

图 6.52 为飞行马赫数 $M_1 = 10$ 时的斜爆轰波流场结构图, 斜激波面和斜爆轰波波面没有明显的转折点, 且未观察到明显的横波存在, 是一种平滑过渡的起爆模式。$M_1 = 9$ 时的结果如图 6.53(a) 所示, 激波面在 $x=0.08$m 后开始偏转, 说明马赫数降低后, 起爆位置变化非常明显, 诱导区长度大幅度增加, 出现了多波结构。当飞行马赫数继续降低至 $M_1 = 8$ 时, 在数值模拟域内仅仅观察到了斜激波, 如图 6.53(b) 所示。降低飞行马赫数后的计算结果表明, 斜爆轰波起爆区的结构对飞行马赫数的变化敏感, 当飞行条件取在 $M_1 = 8~10$ 时, 斜爆轰波的诱导区长度可能变得较长, 起爆发生在计算域外, 甚至出现熄爆的情况。而这些情况在斜爆轰波发动机中是应该避免的。图 6.53(b) 显示壁面有一段高温层, 这是由于计算域存在着

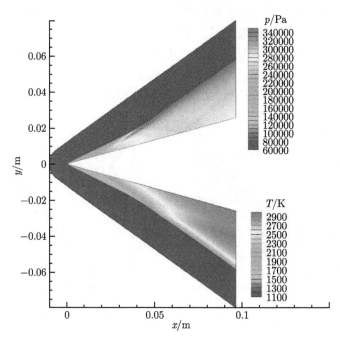

图 6.52 $M_1 = 10$ 时斜爆轰压力温度图 (后附彩图)

楔面尖点, $y = 0$ 处可以视为对称边界, 尖点相当于一个半径 $R_0 = 0$ 的钝头, 故在尖点附近存在着极小的高温区。在一般的斜爆轰波研究中, 尖点前面的边界为来流边界, 不会造成头部热点, 故无此高温段。

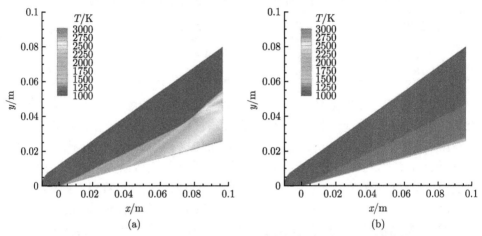

图 6.53   $M_1 = 9$ (a) 和 $M_1 = 8$ (b) 的斜爆轰波温度图 (后附彩图)

当飞行马赫数 $M_1 = 8, 9$ 时, 为了使斜爆轰波能够起爆, 并在较宽的飞行马赫数范围内都能驻定, 考虑本节提出的钝楔结构。当钝头体部分取为半径 $R_0 = 5$ 的圆柱时, 钝楔诱导的斜爆轰波温度流场如图 6.54 所示。图 6.54(a) 所示为飞行马赫数 $M_1 = 9$ 的结果, 受到钝头部分的阻碍, 气流在钝头前端形成弓形激波, 温度迅速上升至 3000K 以上, 之后弓形激波内的高温高压直接诱导了斜爆轰波的起爆。图 6.54(b) 给出了 $M_1 = 8$ 的结果, 弓形激波的高温高压气流在向下游发展的时

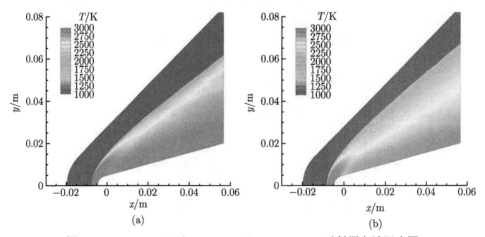

图 6.54   $M_1 = 9$ (a) 和 $M_1 = 8$ (b), $R_0 = 5\text{mm}$ 时斜爆轰波温度图

候受到了膨胀波的影响,温度降低,但是仍能诱导斜爆轰波的起爆。这两个算例说明钝头部分产生的弓形激波可以促进化学反应的进行,使得钝楔相比于楔面更容易诱导斜爆轰波的起爆。

如果减小钝头体尺度,弓形激波产生的点火能量将减小,不能直接起爆斜爆轰波,其流场结构与物理机制与 6.5 节的情况也有明显的区别。图 6.55(a) 给出了 $M_1 = 9$, $R_0 = 2\text{mm}$ 时,弓形激波诱导的斜爆轰波在 $x = 0.02\text{m}$ 附近的熄爆,然后在 $x=0.04\text{m}$ 处随着楔面引起的爆燃波汇聚,斜爆轰波重新建立。由于存在斜激波和化学反应带的解耦,斜激波面的形状发生变化,出现内凹形状,与直接起爆的外凸形状有明显区别。对于这种诱导起爆现象,虽然钝头部分起到了增益作用,但是最后的起爆仍是楔面引起的爆燃波汇聚形成的,故称为钝楔中的楔面诱导起爆。图 6.55(b) 展示了 $M_1 = 8$, $R_0 = 2\text{ mm}$ 的流场,在计算域内,流场前半段与图 6.55(a)

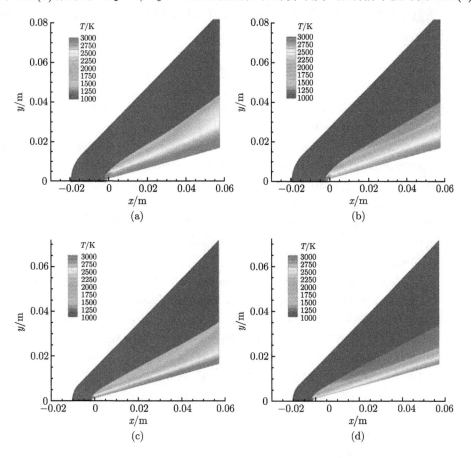

图 6.55 $M_1 = 9$, $R_0 = 2\text{mm(a)}$, $M_1 = 8$, $R_0 = 2\text{mm(b)}$, $M_1 = 9$, $R_0 = 1\text{mm(c)}$ 和 $M_1 = 8$, $R_0 = 1\text{mm(d)}$ 时的流场温度图

相似, 但是未能观察到爆燃波汇聚, 没有发生斜爆轰波重新起爆。图 6.55(c) 则是更为典型的楔面诱导起爆的流场情况, 此时, 相比于图 6.55(a), 钝头体半径 $R_0=1$mm, 点火能更小, 钝头部分诱导的斜爆轰波过了钝头部分后迅速熄爆, 在计算域末端, 爆燃波才开始汇聚并形成斜爆轰波。图 6.55(d) 则是典型的激波与化学反应解耦的流场, 并且没有看到明显的燃烧带扩张的现象。

本节利用基元反应, 数值模拟了二维钝楔诱导斜爆轰波的起爆过程。考虑飞行高度为 30km, 飞行马赫数为 $M_1=8\sim10$, 研究了不同半径的钝楔对斜爆轰波起爆的促进作用。当钝头半径足够大的时候, 钝头体做功高于临界点火能, 则钝楔能直接诱导斜爆轰波的起爆; 当钝头体半径减小后, 钝头部分诱导的斜爆轰波可能熄爆, 楔面压缩产生的爆燃波如果能够汇聚, 可以重新诱导斜爆轰波的起爆; 如果不能汇聚, 则流场结构为激波与化学反应解耦的状态。对于钝楔面诱导斜爆轰波流场, 钝头直接起爆时, 激波面呈现凸形结构, 而楔面诱导主导时, 起爆结构则呈现为凹形激波面。

## 参 考 文 献

[1] Li C, Kailasanath K, Oran E S. Detonation structures behind oblique shocks. Phys. Fluids, 1994, 6(4): 1600-1611

[2] Viguier C, Silva L, Desbordes D, et al. Onset of oblique detonation waves: comparison between experimental and numerical results for hydrogen-air mixtures. Twenty-Sixth Symposium (International) on Combustion,1996, 26(2): 3023-3031

[3] Silva L, Deshaies B. Stabilization of an oblique detonation wave by a wedge: a parametric numerical study. Combust. Flame, 2000, 121(1-2): 152-166

[4] Teng H H, Jiang Z L. On the transition pattern of the oblique detonation structure. J. Fluid Mech., 2012, 713: 659-669

[5] Teng H, Ng H D, Jiang Z. Initiation characteristics of wedge-induced oblique detonation waves in a stoichiometric hydrogen-air mixture. Proceedings of the Combustion Institute, 2017, 36(2): 2735-2742

[6] Papalexandris M V. A Numerical study of Wedge-Induced Detonations Combust. Flame, 2000, 120(4): 526-538

[7] Choi J Y, Kim D W, Jeung I S, et al. Cell-like structure of unstable oblique detonation wave from high-resolution numerical simulation. Proc. Combust. Inst., 2007, 31(2): 2473-2480

[8] Teng H H, Jiang Z L, Ng H D. Numerical study on unstable surfaces of oblique detonations. J. Fluid Mech., 2014, 744: 111-128

[9] Teng H, Ng H D, Li K, et al. Cellular structure evolution on oblique detonation surfaces. Combust. Flame, 2015, 162(2): 470-477

[10]  Wang T, Zhang Y, Teng H, et al. Numerical study of oblique detonation wave initiation in a stoichiometric hydrogen-air mixture. Physics of Fluids, 2015, 27(9): 096101

[11]  Iwata K, Nakaya S, Tsue M. Wedge-stabilized oblique detonation in an inhomogeneous hydrogen-air mixture. Proc. Combust. Inst., 2016, 36: 2761-2769

[12]  Fang Y, Hu Z, Teng H, et al. Effects of inflow equivalence ratio inhomogeneity on oblique detonation initiation in hydrogen-air mixtures. Aerospace Science and Technology, 2017, 71: 256-263

[13]  Fang Y, Hu Z, Teng H. Numerical investigation of oblique detonations induced by a finite wedge in a stoichiometric hydrogen-air mixture. Fuel., 2018, 234: 502-507

[14]  方宜申, 胡宗民, 滕宏辉, 等. 圆球诱发斜爆轰波的数值研究. 力学学报, 2017, 49(2): 268-273

# 第 7 章　气体爆轰现象的工程应用

气体爆轰的工程应用包括爆轰推进、爆轰与爆炸加工和爆轰驱动激波风洞技术等。爆轰推进利用爆轰产生的高温高压气体膨胀做功，来实现动力机械装置的动力推进，典型的爆轰推进概念有脉冲爆轰发动机、斜爆轰发动机和旋转爆轰发动机。爆轰和爆炸加工利用爆轰高压作用于材料表面，用于特殊性质材料和特定形状零件的制造。爆轰驱动激波风洞技术利用爆轰气体的高温高压产物作为脉冲型激波风洞的高压驱动源，产生压缩空气的强激波，典型的风洞有中国科学院力学研究所 JF-10 和 JF-12 爆轰驱动激波风洞。

## 7.1　气体爆轰过程的热力学特性

根据发动机工作过程中工作物质所发生的循环状态的不同，可以将发动机分作三类。一是在能量释放过程中工作物质基本处于等压状态，其循环一般被称为等压循环。这一类发动机包括了目前广泛应用于飞行器上的定常工态喷气发动机，比如冲压喷气发动机、涡轮喷气发动机和涡轮风扇发动机等。二是在能量释放过程中工作物质基本处于等容状态，其循环一般被称为等容循环。这一类发动机主要有内燃发动机等。三是爆轰发动机，爆轰发动机能量释放过程中的工作物质既不处于等压状态也不处于等容状态。爆轰发动机采用的热力循环一般称为爆轰循环。

对于爆轰发动机而言，一般研究者通常将其假设成等容循环来考虑其热循环效率 [1]。实际上，爆轰推进的热力循环与等容循环有明显的差异，其热力循环效率有所不同。因为爆轰发动机的燃烧室是一个爆轰管，在爆轰管中燃烧模式采用爆轰燃烧模式，相对于常规等压燃烧和等容燃烧，爆轰燃烧表现为强激波和燃烧的强耦合，因此爆轰发动机的燃烧室压力高于等压燃烧和等容燃烧。以下分别给出等压循环、等容循环和爆轰循环的热力学分析方法。

### 7.1.1　等压循环的热循环效率

常规涡轮喷气发动机一般由三个基本部件组成：空气压缩装置 (compressor)、燃烧室 (combustor) 和动力涡轮装置 (gas turbine)，如图 7.1 所示。它们的工作过程一般是先通过压缩机压缩空气并引至燃烧室，燃料在燃烧室喷出，与压缩空气充分混合后点火燃烧并释放能量，高温高压燃烧气体产物推动涡轮机输出轴工作以驱动压气机，然后气体从喷管加速喷出，内能继续转化为机械能，并最终提供推力。

涡轮喷气发动机的工作循环过程中包含了燃烧过程, 而且不断与外界交换物质, 直接分析其实际的热循环效率是非常困难的。为了估算其热循环效率, 需要做以下假设以建立简化循环模型: ① 燃烧释放的热量假设为外界热源传入的热量; ② 被燃烧产物带走的热量假设为传出到外界环境的热量; ③ 循环系统内气体为组分不变的理想气体; ④ 循环系统和发动机壁面没有热量交换。

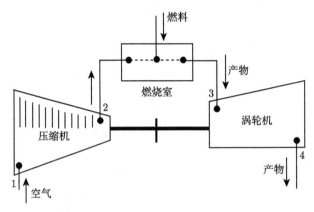

图 7.1 涡轮喷气发动机工作原理示意图

按照上面的假设, 涡轮喷气发动机的循环过程的简化如图 7.2 所示。其压缩过程可以近似为一个等熵绝热压缩 (1→2), 燃烧过程简化为一个等压吸热过程 (2→3), 做功及排放过程可以看作是一个等熵绝热膨胀过程 (3→4), 然后工作物质经过一个等压放热过程 (4→1) 回到初始状态。其中 $q_s$ 为燃料燃烧释放的能量, $q_d$ 为排出废气带走的能量。这一循环被称作等压循环 (Brayton 循环), 在压力–体积图和温度–熵图上, 分别如图 7.3 和图 7.4 所示。

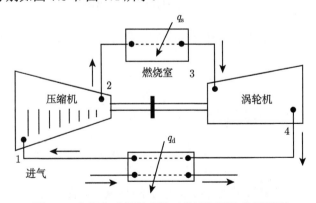

图 7.2 定常态喷气发动机工作过程简化分析模型

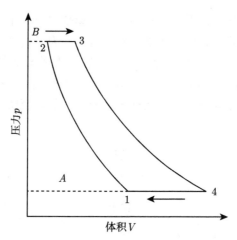

图 7.3　等压循环的压力–体积图

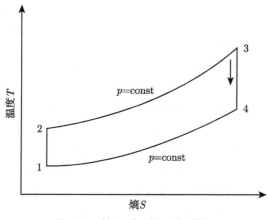

图 7.4　等压循环的温度–熵图

根据热循环效率的定义，等压循环的热效率 $\eta_p$(下标 "$p$" 表示等压循环过程) 为

$$\eta_p = \frac{W}{q_s} \tag{7.1}$$

其中，$W$ 为系统做功，其表达式为

$$W = \oint_{1 \to 2 \to 3 \to 4 \to 1} p\mathrm{d}V \tag{7.2}$$

$q_s$ 为系统吸收的热量，即燃料燃烧释放的热量，其表达式为

$$q_s = h_3 - h_2 = \int_2^3 C_p \mathrm{d}T \tag{7.3}$$

其中, $h$ 表示特定状态的焓值。考虑整个循环中, 有两个等熵绝热过程没有热量交换, 只有两个等压过程存在热量交换, 由热力学第一定律, 又有

$$W = q_s - q_d \tag{7.4}$$

其中, $q_d$ 表示环境带走的热量, 即排出废气带走的热量, 其表达式为

$$q_d = h_4 - h_1 = \int_4^1 C_p \mathrm{d}T \tag{7.5}$$

等压循环的热循环效率可以写成

$$\eta_p = 1 - \frac{q_d}{q_s} = 1 - \frac{\int_4^1 C_p \mathrm{d}T}{\int_2^3 C_p \mathrm{d}T} \tag{7.6}$$

如果假设在其整个循环过程中, 工作物质为量热完全气体, 则有

$$\eta_p = 1 - \frac{T_4 - T_1}{T_3 - T_2} \tag{7.7}$$

由于 1→2 和 3→4 的过程为绝热过程, 而 2→3 和 4→1 的过程为等压过程, 所以有

$$\frac{T_4}{T_3} = \left(\frac{p_4}{p_3}\right)^{\frac{\gamma-1}{\gamma}} = \left(\frac{p_1}{p_2}\right)^{\frac{\gamma-1}{\gamma}} = \frac{T_1}{T_2} \tag{7.8}$$

其中, $\gamma$ 为气体比热比。代入式 (7.7), 其热循环效率最终可以表示为

$$\eta_p = 1 - \frac{T_1}{T_2} = 1 - \frac{T_4}{T_3} = 1 - \frac{1}{(\gamma_p)^{(\gamma-1)/\gamma}} \tag{7.9}$$

其中, $\gamma_p$ 为第一个绝热压缩过程前后的压力比, 即压缩比为

$$\gamma_p = \frac{p_2}{p_1} \tag{7.10}$$

### 7.1.2 等容循环的热循环效率

类似地, 可以用上述方法来分析内燃机类型的发动机热循环效率。与常规涡轮喷气发动机的热力学过程相比, 其同样具有压缩 → 吸热 → 膨胀 → 放热的循环过程。所不同的是内燃机的燃烧过程发生在密闭的容器中, 其燃烧过程近似为一个等容吸热过程。其具体的热力学过程见图 7.5, 1→2 是一个可逆的等熵压缩过程; 随后 2→3 是一个等容燃烧过程, 在简化模型中可以看作是等容吸热过程; 然后把排气过程简化为一个等熵膨胀过程 (3→4); 最后通过一个等压放热过程 (4→1) 回到

初始状态。其中 $q_s$ 为燃料燃烧释放的能量，在模型中相当于从外界吸收的热量；$q_d$ 为排出的燃烧产物带走的能量，模型中相当于向外界释放的热量。这一循环过程称作等容循环 (Humphrey 循环)。

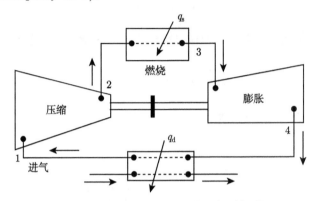

图 7.5　等容燃烧的热力学循环过程模型图

在压力–体积图和温度–熵图上，其循环过程分别如图 7.6 和图 7.7 所示。类似前面对等压循环热循环效率的分析，根据式 (7.6)，这里可以方便地写出此等容循环的热效率 $\eta_V$ (下标 "V" 表示等容循环过程) 为

$$\eta_V = 1 - \frac{q_d}{q_s} = 1 - \frac{\displaystyle\int_4^1 C_p \mathrm{d}T}{\displaystyle\int_2^3 C_V \mathrm{d}T} \tag{7.11}$$

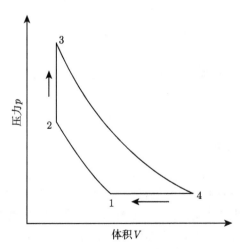

图 7.6　等容循环的压力–体积图

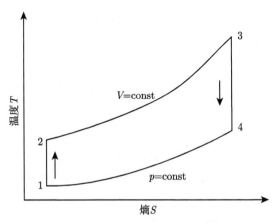

图 7.7   等容循环的温度–熵图

如果假设在其整个循环过程中, 工作物质为量热完全气体, 则有

$$\eta_V = 1 - \frac{C_p}{C_V}\frac{T_4 - T_1}{T_3 - T_2} = 1 - \gamma\frac{T_4 - T_1}{T_3 - T_2} \tag{7.12}$$

其中, $\gamma$ 为气体比热比。由于 1→2 和 3→4 的过程为等熵绝热过程, 所以有

$$\frac{T_1}{T_2} = \left(\frac{p_1}{p_2}\right)^{\frac{\gamma-1}{\gamma}} \tag{7.13}$$

$$\frac{T_4}{T_3} = \left(\frac{p_4}{p_3}\right)^{\frac{\gamma-1}{\gamma}} \tag{7.14}$$

再由过程 2→3 是一个等容过程可以得到

$$\frac{T_3}{T_2} = \frac{p_3}{p_2} \tag{7.15}$$

将式 (7.13)~(7.15) 代入式 (7.12) 中, 进行化简, 于是得到等容循环的热循环效率为

$$\eta_V = 1 - \gamma\frac{\left(\frac{p_3}{p_2}\right)^{\frac{1}{\gamma}} - 1}{\frac{p_3}{p_2} - 1}\left(\frac{p_1}{p_2}\right)^{\frac{\gamma-1}{\gamma}} = 1 - \gamma\frac{\left(\frac{p_3}{p_2}\right)^{\frac{1}{\gamma}} - 1}{\frac{p_3}{p_2} - 1}\frac{1}{\gamma_p^{\frac{\gamma-1}{\gamma}}} \tag{7.16}$$

或者表示为

$$\eta_V = 1 - \gamma\frac{\left(\frac{T_3}{T_2}\right)^{\frac{1}{\gamma}} - 1}{\frac{T_3}{T_2} - 1}\frac{T_1}{T_2} \tag{7.17}$$

比较式 (7.9) 和式 (7.16) 或者式 (7.17) 可以发现等压循环和等容循环的热循环效率之间的差别在于, 在压缩温度比 $T_1/T_2$ 前相差一个系数 $C_T$

$$C_T = \frac{1-\eta_V}{1-\eta_p} = \gamma \frac{\left(\dfrac{T_3}{T_2}\right)^{\frac{1}{\gamma}} - 1}{\dfrac{T_3}{T_2} - 1} \tag{7.18}$$

就一般典型的燃烧混合物而言, $T_3/T_2 > 1$, 而且 $1 < \gamma \leqslant 1.4$, 从而可以得到 $C_T < 1$, 于是可以得到 $\eta_V > \eta_p$, 即等容循环的热循环效率要大于等压循环的热循环效率。

### 7.1.3 爆轰循环的热循环效率

参考一般吸气式发动机热力循环过程, 爆轰发动机的热力学工作过程包括燃料及其氧化剂从进气装置引入, 爆轰波对可燃气体的压缩和燃烧达到非常高的压力和温度, 最后爆轰气体产物在发动机尾端排出。爆轰波的传播过程中涉及激波压缩过程, 这一压缩过程是一个不可逆的熵增过程。而且在激波过后的化学反应放热过程中, 其压力显著降低, 温度升高, 意味着其比容是增加的, 不能用等容放热来近似。为了更准确地反映爆轰循环的热循环效率, 本节引入激波压缩模型对爆轰推进的热力循环过程进行分析。

依据爆轰波 ZND 模型对爆轰发动机物理机制的分析可知, 在爆轰波传播过程中, 首先有一个前导激波压缩可燃混合气体, 这是一个激波绝热压缩过程, 这一过程是不可逆的; 然后可燃混合气体经过一段燃烧诱导时间, 释放能量, 这一过程可看作一个吸热过程, 在这一过程中, 虽然化学反应的速度很快, 但并不是等容或者等压燃烧, 而是一个压力降低、比容增加的燃烧过程; 爆轰发动机的排气过程可看作一个等熵膨胀过程; 最后爆轰发动机的进气过程可视为气体通过一个等压放热过程回到初始状态。这样就得到了一个爆轰发动机简化热力学循环模型, 如图 7.8 所示。其中 $q_s$ 为燃料燃烧释放的能量, 在模型中相当于从外界吸收的热量; $q_d$ 为排出的燃烧产物带走的能量, 模型中相当于向外界释放的热量。

爆轰发动机的热力学循环过程在压力–体积图和温度–熵图上分别如图7.9和图 7.10 所示: $1 \to s$ 为激波绝热压缩过程 (这一过程的过程线实际是不存在的, 为了方便分析假设一过程线, 在图中用虚线表示), 这一过程是一个熵增过程, 其压缩后的状态的压力 $p_s$ 和温度 $T_s$ 分别为冯诺·依曼尖点的压力和温度; $s \to 2$ 为燃烧过程, 在本模型中为吸热过程, 在这一过程中, 压力降低, 温度升高, 其吸热后状态的压力 $p_2$ 和温度 $T_2$ 分别为 CJ 点的压力和温度; $2 \to 3$ 为等熵膨胀过程; $3 \to 1$ 为等压放热过程。

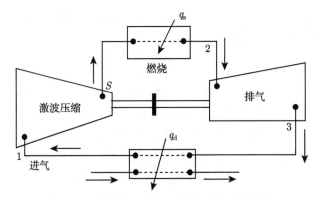

图 7.8　爆轰发动机热力学循环过程模型图

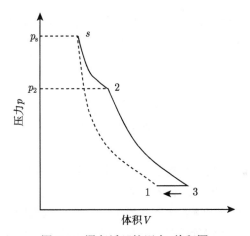

图 7.9　爆轰循环的压力–体积图

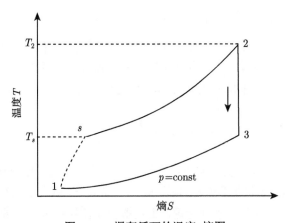

图 7.10　爆轰循环的温度–熵图

针对此热力循环，类比式 (7.6)，同样可以写出其热循环效率 $\eta_D$(下标 "D" 表示爆轰循环过程) 的表达式为

$$\eta_D = 1 - \frac{q_d}{q_s} \tag{7.19}$$

其中，$q_s$ 为系统吸收的热量，即燃料燃烧释放的热量，这一部分能量不再仅仅用来加热气体和做功而导致气体的焓值增加，还有一部分转化成了机械能。这是因为激波压缩是一个绝热熵增过程，为了保证激波强度不会衰减 (即产生稳定爆轰)，系统必须要给其补充能量，这一能量就是来源于燃烧释放的热量。所以系统吸收的热量就分为了两部分：焓值增加的能量和激波压缩带来的能量。

$$q_s = q_h + q_{shock} \tag{7.20}$$

系统吸收热量的过程为 $s \to 2$，在这一过程中，压力降低，体积增加，温度升高。由于压力出现变化，计算其吸收热量比较麻烦，我们可以简单近似地认为其焓值增加等于吸收的热量，于是有

$$q_h = h_2 - h_s \tag{7.21}$$

其中，$h_2$ 和 $h_s$ 分别表示对应状态下按化学反应后已燃气体组分计算出的单位质量混合气体的焓值。

由能量守恒原理，在激波绝热过程中，波后气体因激波压缩而增加的能量包括波后气体的焓增。由于在燃烧过程中，混合气体的组分以及波后气体速度会发生变化，最终组分要达到化学平衡，速度要满足 CJ 条件，因此在激波压缩带来的机械能中，增加气体动能的那部分能量应该使用 CJ 条件后的气体运动动能来计算。于是有

$$q_{shock} = h'_s - h'_1 + \frac{1}{2}u_2^2 \tag{7.22}$$

其中，$h'_s$ 和 $h'_1$ 分别表示按反应前气体组分在对应状态下计算出的单位质量混合气体的焓值。按照 CJ 条件，波后气体相对于爆轰波以当地声速运动，由爆轰 CJ 理论可以得到 (假设波前未反应气体的运动速度为零)

$$u_2 = \left[ M_1 \left( \frac{m_2}{m_1} \frac{\gamma_1}{\gamma_2} \frac{T_1}{T_2} \right)^{\frac{1}{2}} - 1 \right] a_2 \tag{7.23}$$

其中，$m_1$、$\gamma_1$ 和 $T_1$ 分别表示波前混合气体的平均分子量、比热比和温度；$M_1$ 表示激波相对于波前气体的马赫数；$m_2$、$\gamma_2$、$T_2$ 和 $a_2$ 分别表示 CJ 处混合气体的平均分子量、比热比、温度和当地声速。于是系统在循环过程中吸收的热量 $q_s$ 为

$$q_s = h_2 - h_s + h'_s - h'_1 + \frac{1}{2}u_2^2 \tag{7.24}$$

循环放热过程中释放的能量就是排出气体带走的能量，可以很容易地根据焓值变化算出：

$$q_\mathrm{d} = h_3 - h_1 \tag{7.25}$$

注意以上各公式中，各量均采用国际单位制。

对于特定燃料在一定混合比下的可燃混合气体，可以很方便地根据 $1 \to s$ 过程的激波关系、$1 \to 2$ 的 CJ 关系、$2 \to 3$ 的等熵绝热关系和 $3 \to 1$ 的等压关系以及式 (7.19)、式 (7.23)~式 (7.25) 计算出爆轰发动机的热循环效率。

### 7.1.4 等容、等压和爆轰发动机热循环效率比较

相对于常规等压循环和等容循环的热循环效率，爆轰循环具有特殊的复杂性，其中涉及了激波动力学过程，其计算比较复杂。为了能够给出定量的比较，下面针对氢气–空气在理想化学当量比时的混合气体做一简单计算。

通过氢气–空气的化学反应平衡计算表明，等容燃烧产生的温度比 $T_3/T_2 \approx 10.2$，而其比热比 $\gamma$ 在反应前约为 1.4，反应后约为 1.16。将不同的比热比代入式 (7.17) 中，可以得到等容循环在不同压缩比下的热循环效率。再用式 (7.9) 可以得到相同燃料–空气混合比下等压循环在不同压缩比下的热循环效率 ($\gamma = 1.4$)。将上述结果绘制在图 7.11 上，实际的等容循环的热循环效率线应该在图中两个等容循环曲线 ($\gamma = 1.4$ 和 $\gamma = 1.16$) 之间。从图中还可以看出，在任一压缩比下，等容循环的热循环效率都要大于等压循环的热循环效率。

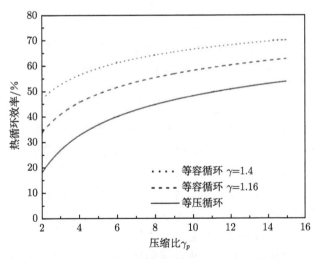

图 7.11 不同压缩比下等压循环和等容循环热循环效率比较

图 7.12 给出了氢气–空气混合气体 (混合比为理想化学当量比) 等容循环的热循环效率比等压循环的热循环效率提高的百分比 ($\Delta\eta = (\eta_V - \eta_p)/\eta_p$) 随压缩比的变

化，实际的效率增加量应该在两条曲线 ($\gamma=1.4$ 和 $\gamma=1.16$) 中间的某个位置。从图中可以看出，随着压缩比的增加，其热循环效率的增加量是减少的。在实际应用中，压缩比是不能无限增加的，这涉及压缩机的能力以及压缩效率的限制：压缩机并不能无限制地压缩空气，并且压缩比越大，压缩机的压缩效率就会越低，从而导致整个系统热循环效率的降低。而且实际上考虑到压缩机本身的效率，实际热循环效率要低于图 7.11 中所示效率值。

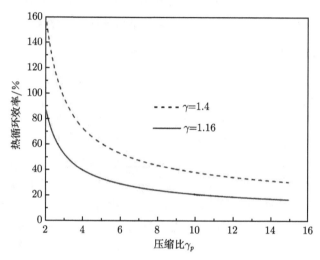

图 7.12   等容循环热循环效率提高比例随压缩比变化情况

在同样的混合气体条件下，爆轰循环的热循环效率可以通过理论计算得出。采用 CJ 理论，即假设化学反应完全进行且不可逆。爆轰波前未反应气体的比热比为 1.4，波后 CJ 点处的比热比为 1.235，爆轰波运动速度约为 1977m/s，马赫数约为 4.838。于是得到：$T_s/T_1$ 约为 5.138，$T_2/T_1$ 约为 9.510，$T_3/T_1$ 约为 5.589(状态 3 处的比热比约为 1.264)。假设初始温度 $T_1$ 为 300K，则有速度 $u_2$ 约为 869.8m/s。最后计算出各个温度及相应组分下的单位质量混合气体焓值，最后求出其热循环效率约为 56%。这一效率值相当于压缩比在 4~7 时的等容燃烧的热循环效率，比同样压缩比下的等压燃烧的热循环效率要高出 30%~60%(图 7.11 和图 7.12)。

由于爆轰过程中没有等熵压缩过程，这表明爆轰推进装置中不需要压缩机这类压缩设备，不仅使其在总体上结构简单，而且不会因为压缩机的效率而影响到整个热循环效率。但爆轰循环的前提是要有稳定的爆轰波形成，如果不能形成稳定的爆轰波，最终爆轰循环将演化为等压燃烧循环，使其效率大大降低。所以研究稳定爆轰波的快速形成在脉冲推进装置的研究工作中处于非常重要的地位。通过上面的分析和计算，可以发现影响爆轰热循环效率的因素主要有燃料本身的性质、氧化剂的性质、初始温度与可燃混合气体的混合比，但爆轰燃烧的性质决定可燃混合气体的初始压力, 不会影响爆轰循环的热循环效率。

为了理解爆轰循环的热循环效率的变化规律, 本节采用 CJ 理论计算了给定燃料–氧化剂 (氢气–空气) 种类的情况下, 爆轰热循环效率在不同混合比和不同初始温度下的变化情况。图 7.13 给出了氢气–空气混合可燃气体在不同混合比 (摩尔比) 情况下的爆轰热循环效率的变化情况, 可燃混合气体的初始温度为 300K。此图表示, 当摩尔比 $n_{\mathrm{Air}}/n_{\mathrm{H}_2}=2.38$ 时爆轰循环具有最低的热循环效率。此时混合气体中的氢气–氧气的摩尔比刚好为 2:1, 也就是说当氢气和空气中的氧气在理想化学当量比时, 爆轰循环的热循环效率最低。

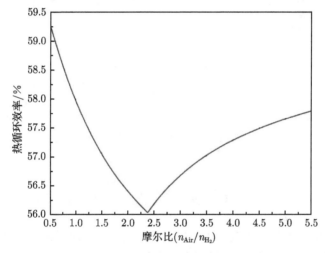

图 7.13   氢气–空气爆轰热循环效率随混合比的变化 ($T_0=300\mathrm{K}$)

随着氢气量的增加 (富氢) 和减少 (贫氢), 其热循环效率都会增加, 并且富氢时的热循环效率比贫氢时的热循环效率变化得稍快。这是因为当混合比偏离理想化学当量比时, 虽然爆轰后的温度降低, 但其波后压力也相应发生了变化。这一压力变化导致了等熵膨胀过程中终态温度的降低, 且降低幅度更为明显, 这表明爆轰产物排放过程中带走的能量更少, 从而导致其能量利用率升高。富氢时的热循环效率比贫氢时的热循环效率变化得稍快是因为富氢时爆轰波后的温度下降得较快。由于混合比偏离理想化学当量比时爆轰波后的压力降低, 这一热循环效率的增加会导致脉冲爆轰发动机的推力性能降低, 并且随着混合比偏离程度的增加, 建立稳定爆轰波的难度也随之增加。所以就脉冲爆轰发动机而言, 首要考虑的还是混合比为理想化学当量比时的爆轰过程, 而不是选择热循环效率高的爆轰过程。

图 7.14 给出了氢气–空气混合可燃气体在不同初始温度下的爆轰热循环效率的变化情况, 此时可燃混合气体的混合比为 $n_{\mathrm{Air}}/n_{\mathrm{H}_2}=2.38$, 即氢气与空气中的氧气为理想化学当量比。图中可以看出, 随着可燃混合气体初始温度的增加, 爆轰循

环的热循环效率是逐渐减小的。这是因为初始温度增加后，爆轰波速度、爆轰波后的压力和温度等也相应增加，最终导致等熵膨胀过程后的温度也相应增加，且增加幅度相对较大，从而降低了能量利用率。

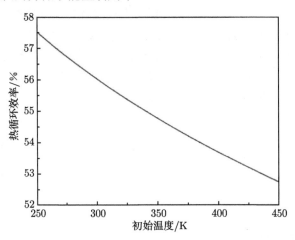

图 7.14　氢气–空气爆轰热循环效率随初始温度的变化 ($n_{Air}/n_{H_2}$=2.38)

## 7.2　爆轰驱动的热力推进技术

　　爆轰过程的热循环效率及其迅速的能量转换机理引起了人们的极大兴趣。爆轰推进的相关研究可以追溯到 20 世纪三四十年代，其中 Hoffmann 于 1940 的工作是有开创意义的 [2]。他采用不同的燃料首次进行了脉冲爆轰发动机原理实验。Nicolls 等于 1957 年从理论分析和简单实验着手，做了脉冲爆轰发动机 (pulse detonation engines, PDE) 的可行性研究 [3]。1962 年，Krzycki 在美国海军实验室进行了乙炔–氧气的爆轰推进实验，但由于起爆能量不足，其研究的结论尚待探讨 [4]。1986 年美国海军研究院的 Heldman 继续了这项研究 [5]，并在实验中引入了自吸式脉冲爆轰发动机和预燃起爆的概念。这些早期的实验研究由于对爆轰现象和爆燃转爆轰过程的认识有局限性，常将某种形式的爆燃当作爆轰，有的则未能解决爆轰发动机循环匹配和起爆能量问题，因此得到的爆轰推进系统性能较差。

　　20 世纪 90 年代，由于人们对爆轰现象的深刻认识和高速飞行器对高效、紧凑推进器的需求，爆轰推进的研究又重新成为热门课题。美国空军、海军和 NASA 等研究机构都投入了大量的人力和物力。其中发表文章较多的是以 Bussing 和 Hinkey[6−8] 为代表的 ASI 公司，他们在美国空军的资助下，进行了以乙炔–空气为混合气的脉冲爆轰发动机实验。在 1999 年的脉冲爆轰发动机实验中他们使用的实验装置的尺寸已经接近实际飞行的发动机尺寸，脉冲频率达 40Hz，工作时间为

30s。由于脉冲爆轰发动机的研究具有很强的军事应用背景 (高速巡航导弹、小型高速飞行器),美国较大研究单位的实验研究结果公开发表得越来越少。但可以肯定,实验室的脉冲爆轰发动机研究正越来越向工程应用推进。除了脉冲爆轰发动机概念研究,应用爆轰推进概念的还有斜爆轰推进、旋转爆轰推进 [9]、激波诱导爆轰推进 [10]、冲压加速器 [11–13] 和激光驱动爆轰推进 [14] 等。这些研究不断地开拓着高效发动机研究的新领域,有力地促进了爆轰物理和超声速燃烧的研究。

### 7.2.1 脉冲爆轰推进概念

脉冲爆轰发动机是众多爆轰推进概念中最受注目的一种。这种发动机的结构相当简单,其主要构件只有一个爆轰管和一个推力喷管,如图 7.15 所示。按照脉冲爆轰发动机工作循环的特点,可以把它的工作循环分为充气、爆轰和排气三个过程。图 7.15(a) 为充气过程:打开进气阀门给爆轰管充入可燃混合气体,图示的接触间断代表了运动可燃混合气体的前锋。图 7.15(b) 为爆轰过程:当可燃混合气体充入一定程度,即可燃气体的接触间断达到给定位置时,关闭进气阀门,并触发爆轰管封闭端的点火装置,使混合气体点燃并迅速形成稳定爆轰向右传播。循环匹配条件要求爆轰波在推力喷管喉口处刚好赶上可燃混合气体的接触间断面。图 7.15(c) 是排气过程:这个过程是利用爆轰波在推力喷管处诱导的稀疏波来完成的。当爆轰管内的压力降低到一定程度时,进气阀开启,重复下一个进气过程。

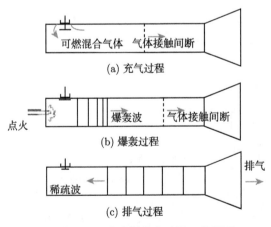

图 7.15 脉冲爆轰发动机工作原理

由经典的 ZND 理论,爆轰管内的热力学参数分布如图 7.16 所示。爆轰波的前导激波压缩可燃气体,使其温度超过自燃极限到达状态 $T_{\text{SH}}$ 和 $p_{\text{SH}}$。经过一定时间的点火延迟,化学反应能量逐步释放,气体状态到达 CJ 平面 $(T_{\text{B}}, p_{\text{B}})$。过了 CJ 平面,气体逐步膨胀到封闭端要求的零速度条件,热力学终态为 $T_{\text{C}}$ 和 $p_{\text{C}}$。脉冲爆轰发动机的推力主要来源于爆轰波后形成的高压气体产物与燃烧室封闭端面

(推力面) 的相互作用。由图 7.16 可以看出，实际产生推力的不是爆轰波后的压力 $p_B$，而是经过膨胀以后达到的滞止压力 $p_C$，$p_C$ 是 $p_A$ 的七八倍。从推力喷管喷出的高速气流也是脉冲爆轰发动机推力的一个重要组成部分。

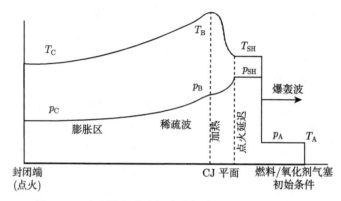

图 7.16　脉冲爆轰发动机内的热力学状态变化示意图

一般来讲，和传统的喷气推进装置相比，爆轰推进具有热效率高、结构简单、比冲大等特点 [15,16]。以脉冲爆轰推进系统为例，应用氢气和碳氢燃料，图 7.17 给

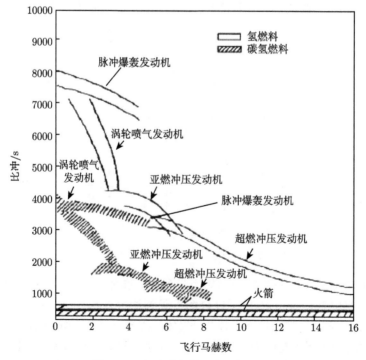

图 7.17　各种动力推进发动机比冲性能范围

出各种推进装置的比冲随飞行马赫数的变化关系。由图 7.17 可知，无论使用氢气或碳氢燃料，在飞行马赫数 0~5 范围内，脉冲爆轰发动机的比冲相对于涡轮喷气发动机和亚燃冲压发动机要高得多。

另外，由于脉冲爆轰发动机能简单地由吸气工作方式切换到火箭工作方式，可以想象脉冲爆轰发动机在航天器推进方面也能发挥重要作用。近十年来关于脉冲爆轰发动机的研究进展很快，估计在今后的几年间，美国、法国、日本都可能开展机载脉冲爆轰发动机的地面试验和飞行试验。尽管如此，脉冲爆轰发动机的实用化和工程化尚有一段距离要走。

### 7.2.2 斜爆轰推进概念

斜爆轰推进系统概念如图 7.18 所示。它具有三个部分：进气道、燃烧室和喷管。其基本原理是：来流经过头部斜激波压缩后在燃烧室前部与燃料混合，并在燃烧室入口形成一道斜激波，混合后的可燃气体经过斜激波压缩进入燃烧室，产生斜爆轰波，经尾喷管膨胀加速而产生推力。

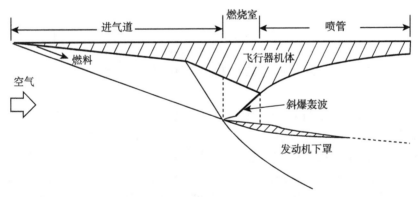

图 7.18 斜爆轰推进系统示意图 [17]

由于斜爆轰波的燃烧时间极短，因此无须很长的燃烧室，故而可以减轻推进系统的重量。这就克服了超燃冲压推进系统的缺点，如果斜爆轰能够驻定并稳定燃烧，则斜爆轰推进系统将是未来高超声速飞行器的希望。虽然楔面或锥面起着形成驻定斜爆轰的作用，但这也带来了很大的波阻损失，具体损失的部分能否由燃烧效率的提高来补偿还需要进一步研究。

Dunlap 等 [18] 在 1958 年首次把稳定爆轰燃烧方式应用于吸气式推进系统，并简化燃料混合方式，分析了在不同飞行马赫数条件下，比推力与比油耗的变化趋势，结果表明随着飞行马赫数的增加，比推力是先提高后减少 (图 7.19)，在飞行马赫数 6 到 7 之间，比推力达到最大值。比推力呈现这样的变化趋势有如下解释：当飞行马赫数较低时，燃料总焓较低，不足以形成稳定的斜爆轰，当飞行速度慢慢提高, 在一定状态下爆轰产生, 释放能量, 此时比推力上升, 当爆轰形成稳定状态 (CJ 状态) 时, 比推力达到峰值, 当飞行马赫数继续增大时 $(M_{\infty} > M_{CJ})$, 由于燃烧所释放的能量不变, 而总压损失却在增加, 因此比推力呈现下降的趋势。

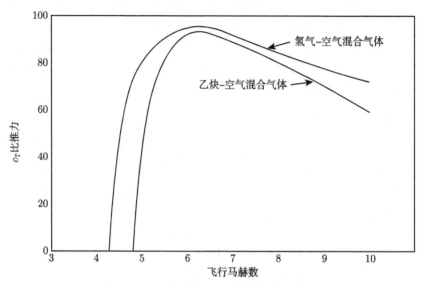

图 7.19  比推力随飞行马赫数的变化趋势

从图 7.19 还可以看出, 采用不同的可燃气体 (乙炔–空气和氧气–空气), 比推力的最大值所对应的马赫数是不同的, 因此可燃气体的选择也是影响比推力的一个因素, 同时比推力最大时, 产生的爆轰是一种稳定状态, 但这种稳定状态在不同飞行参数条件下具体怎样匹配, 还需要进一步研究。当超声速预混可燃气体通过角度为 $\theta$ 的楔面后, 形成角度为 $\beta$ 的斜爆轰波, 简化模型如图 7.20(a) 所示。假设化学反应层等效于放热, 则可以利用一维流体守恒方程来处理一维爆轰波问题, 分析结果如第 6 章图 6.2 所示。斜爆轰的稳定状态即为 CJ 状态, 此时爆轰波波后的法向马赫数 $M_{2n}$ 等于 1, 对应的 CJ 楔面角和 CJ 斜爆轰角分别为 $\theta_{CJ}$ 和 $\beta_{CJ}$。当 $M_{2n} > 1$ 时, 对应的区域为欠驱动斜爆轰; 当 $M_{2n} < 1$ 时, 对应的区域为超驱动斜爆轰。一般情况下, 按照 Rankine-Hugoniot 假设, 欠驱动爆轰是不可能达到的, 因为气流在声速点上是热壅塞的 [19], 不可能仅仅通过添加一定的热量来加速到超声速。而超驱动爆轰区域被认为是斜爆轰的驻定区域, 但同时楔面角必须小于 $\theta_{max}$, 如果超过这个值, 斜爆轰波就会脱体, 就不可能形成驻定的斜爆轰波。因此 $\theta_{CJ}$ 到 $\theta_{max}$ 的这个区域被称为斜爆轰的驻定窗口。但 Chernyi[20]、Ashford[21] 等认为欠驱动斜爆轰是存在的。当欠驱动斜爆轰发生时, 斜爆轰角 $\beta_{CJ}$ 保持不变, 斜爆轰波后出现泰勒稀疏波 (图 7.20(b)), 这些稀疏波能够使得流体产生偏转并加速, 直到流

向速度平行于楔面。如果爆轰波后的膨胀是等熵的，那么这种结构的焓值变化相当于一个 CJ 爆轰波。因此他们认为，欠驱动爆轰也是可以驻定在楔面上的。

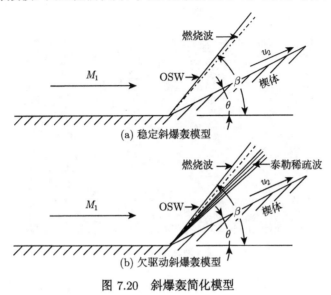

(a) 稳定斜爆轰模型

(b) 欠驱动斜爆轰模型

图 7.20 斜爆轰简化模型

在简化理论的指导下，众多学者利用数值计算 [22-27] 和实验 [28-30] 的方式对高速可燃气体通过楔面形成的驻定斜爆轰波结构进行了深入研究。Li 等 [23] 通过计算流体力学数值模拟对驻定斜爆轰结构进行了详细的阐述。首先，可燃的超声速气流通过角度为 $\theta$ 的楔面后，形成一道斜激波，在斜激波波后压力和温度增加，就会诱导可燃气体发生燃烧反应，斜激波波后与第一道爆燃波之间的区域称为诱导区，此区域压力和温度保持不变；爆燃波以当地马赫数向上游传播，由于通过爆燃波后气体的温度提高，所以爆燃波传播的马赫角越来越大，同时爆燃波逐渐汇聚，最终与斜激波相交，形成斜激波与燃烧反应耦合的结构，称为斜爆轰波。斜激波、爆燃波和斜爆轰波相交的点称为三波点。由于斜爆轰波后与爆燃波波后的密度不同，形成一条向下游发展的接触间断面。在一般意义上，斜爆轰波是爆燃转爆轰的过程 [31,32]。驻定斜爆轰的基本结构在 Viguier[29] 的实验中得到证实，纹影图片如第 6 章图 6.6 所示。

对于斜爆轰波的形态，斜激波向斜爆轰波转变包含两种类型：突变型和平滑型。两种类型的转变形式包含不同的波系结构。Pimentel 等 [33,34] 认为在高初压、大楔面角条件下，爆轰波结构表现为突变型，在楔面与主流三波点之间出现一道横向激波，这道横向激波在楔面上发生反射，并影响着斜爆轰的下游，这种影响使得下游斜爆轰波的结构呈现复杂的结构，同时滑移面的下游也会出现一系列的涡结构。在某些特殊条件下，斜爆轰波阵面会出现不稳定的现象。Viguier 等在 1998 年通过实验研究发现斜爆轰波阵面出现不明显的横波，如图 7.21 所示 [35]。Jeong-Yeol Choi 通过数值研究发现了在高活化能状态下的特殊的胞格结构，同时发现了波阵面上横波的单向传播现象，如第 6 章图 6.16 所示 [36]。

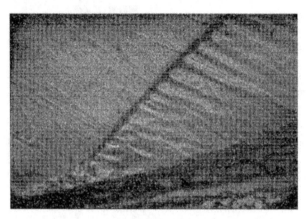

图 7.21　斜爆轰波阵面上的弱横波传播 [35]

然而，在斜爆轰的起爆和稳定性方面，黏性影响也是非常重要的。Li 等通过数值研究认为黏性对斜爆轰波结构的影响仅仅局限于薄的边界层中 [37]。通过与无黏条件比较发现：斜爆轰的主要结构基本保持一致。边界层使得波后获得更高的温度，高温缩短了诱导反应时间，因此斜爆轰会提前产生。斜爆轰角也会因为边界层的作用而增大。

作为高超声速飞行器一个潜在的推进系统，其推力性能 [38,39] 的研究也受到广泛的关注。Ashford 设计斜爆轰发动机的简化模型，研究斜爆轰在欠驱动状态下的飞行马赫数、楔面角、压缩角和海拔对比冲的影响，同时与等压燃烧模式和等容燃烧模式的超燃冲压发动机的比冲进行对比 [40]。Valorani 等设计了斜爆轰发动机的外形，给出一些设计参数预测斜爆轰发动机的性能，通过改变这些参量来优化斜爆轰发动机的几何尺寸 [41]。

国内对于斜爆轰的研究始于 20 世纪 90 年代。袁生学等分析了超声速发动机不同燃烧模式的性能比较并设计实验对驻定斜爆轰波进行初步的观察 [42,43]。崔东明等利用斜爆轰的简化理论分析斜爆轰驻定窗口，通过数值方法研究驻定斜爆轰的结构 [44,45]。

### 7.2.3　旋转爆轰推进概念

旋转爆轰发动机是一种新型的利用爆轰燃烧产生推力的动力推进概念。与脉冲爆轰发动机和斜爆轰发动机概念有所不同，旋转爆轰发动机利用与进气方向相垂直的横向传播爆轰机制，在发动机燃烧室内形成旋转的，可以驻定于燃烧室某一位置的旋转爆轰波, 完成燃料与氧化剂的燃烧组织和放热。与脉冲爆轰发动机相比: 脉冲爆轰发动机的爆轰燃烧波向发动机下游排气方向传播, 而旋转爆轰发动机的爆轰燃烧波的传播方向为发动机上游侧向; 与斜爆轰发动机相比: 斜爆轰发动机中的斜爆轰波是持续驻定在发动机燃烧室固定位置, 而旋转爆轰发动机不能持续驻定在发动机燃烧室固定位置, 而是通过爆轰波的横向旋转相对驻定在发动机燃烧室流向某一位置。从物理角度来说, 以上三种爆轰燃烧模式的燃烧机理相同, 都表现为强激波和燃烧的相互耦合, 仅是与发动机进气和燃烧组织的结合方法有所区别。

旋转爆轰波的概念可以追溯到 20 世纪 60 年代。苏联 Laverent'ev Institute of Hydrodynamics(LIH) 实验室 Voitsekhovskii 等首先针对爆轰推进应用的旋转爆轰原理来开展研究工作 [46,47]。美国密西根大学 Nicholls 等对旋转爆轰用于动力推进的可行性以及旋转爆轰发动机的性能也进行了分析和研究 [48−50]。俄罗斯 LIH 实验室 Bykovskii 等对旋转爆轰推进概念和原理进行了持续的研究 [51]。由于爆轰波可以产生很强的压力提升, 这种压力提升往往会导致流动的逆流流动趋势, 因此在一般爆轰机理研究实验中很难实现驻定和持续传播的旋转爆轰波。近二十年来, 利用旋转爆轰来实现发动机的燃烧组织和航空航天飞行器的动力推进已经引起了人们的广泛关注。俄罗斯 Laverent Institute of Hydrodynamics 和法国 MBDA 在实验室中首先开展了旋转爆轰发动机的实验研究, 在内径为 50mm 的旋转爆轰燃烧室内实现了煤油–氧气的连续旋转爆轰。此后, 旋转爆轰发动机概念引起了世界范围内爆轰研究人员的广泛关注。

典型的旋转爆轰发动机概念如图 7.22 所示 [52]。其中旋转爆轰发动机燃烧室为一环形圆筒燃烧室, 空气 (氧化剂) 沿来流方向进入环形燃烧室, 燃料通过环形布置的小孔阵列喷入燃烧室, 与流动的空气 (氧化剂) 充分混合, 为爆轰起爆和燃烧提供适宜的预混可燃混合物。可燃气体通过高能点火装置起爆后, 形成向上游

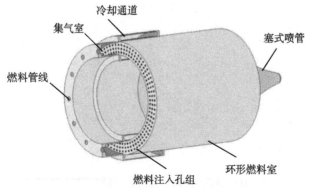

图 7.22  旋转爆轰发动机燃烧室结构示意图 [52]

侧向持续传播的旋转爆轰波，完成预混气体的压缩和燃烧放热，其后爆轰燃烧产物通过环形燃烧室出口排出并做功，产生发动机的动力推进，如图 7.23 所示 [53]。旋转爆轰发动机内爆轰波的三维流动结构较为复杂，其纵向剖面上的流动机理如图 7.24 所示 [52]。其中，蓝色为新注入的可燃混合气体，爆轰波主要沿着环形燃

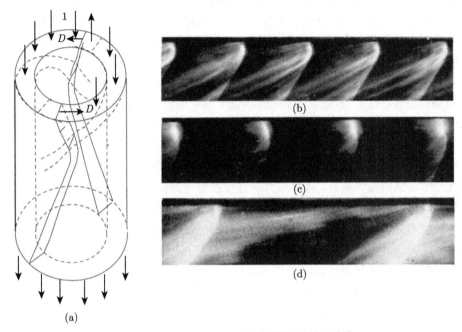

图 7.23  环形燃烧室内的旋转爆轰波传播 [53]

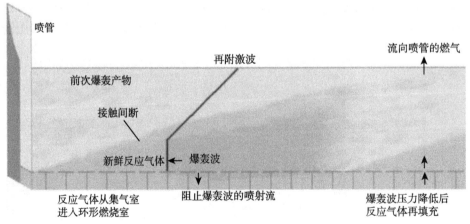

图 7.24  发动机纵向剖面上的流动机理 [52](后附彩图)

烧室切向方向传播, 爆轰波产生的高压可以阻止波后一定距离内的燃料和空气 (氧化剂) 进入, 爆轰波后一定距离后, 运动稀疏波使燃烧室压力降低, 燃料和空气再次进入环形燃烧室。图 7.25 显示了 Sichel 和 Foster 给出的旋转爆轰波传播的流动非定常波系图 [54]。

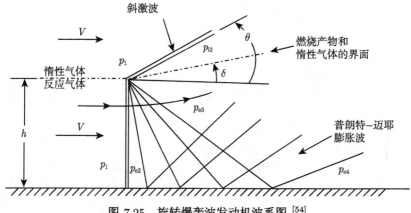

图 7.25 旋转爆轰波发动机波系图 [54]

对于旋转爆轰发动机和脉冲爆轰发动机量化相似性和差异比较如表 7.1 所示 [52]。由表可见相对于脉冲爆轰发动机, 旋转爆轰发动机的优点在于一次点燃、工作频率高、流动稳定性和结构振动都有所改善, 爆燃转爆轰起爆装置也可以节省或简化, 虽然目前对于旋转爆轰发动机的设计原理还在探索过程中, 但总体性能上, 旋转爆轰发动机都可能优于脉冲爆轰发动机。

表 7.1    旋转爆轰发动机和脉冲爆轰发动机量化相似性和差异比较

| 特征 | 脉冲爆轰发动机 | 旋转爆轰发动机 |
| --- | --- | --- |
| DDT 装置 | 可能需要 | 可能不需要 |
| 燃烧产物清除 | 可能需要 | 未知 |
| 频率 | 小于 $100 \sim 200$ Hz | $1 \sim 10$ kHz |
| 点火 | 每个脉冲 1 次 | 每次启动 1 次 |
| 排气非定常性 | 是 | 较低 |
| 振动 | 是 | 较低 |
| 噪声 | 噪声大 | 未知 |
| 可否缩比 | 是 | 未知 |
| 燃料类型 | 气态或液态 | 气态或液态 |
| 氧化剂 | 空气或氧气 | 空气或氧气 |
| 释热量 | 高 | 高 |
| 与涡轮机集成 | 是 | 是 |
| 不同飞行器平台 | 是 | 是 |

　　图 7.26 显示了法国科学院 Pprime 研究所流体力学系 Hansmetzger 等设计的旋转爆轰发动机实验装置和小型发动机实验模型。通过在环形燃烧室压力传感器测得的发动机壁面压力随时间变化曲线如图 7.27 所示[55]。

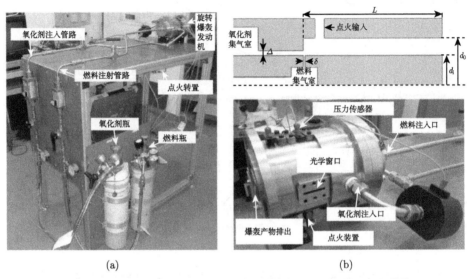

图 7.26　法国科学院 Pprime 研究所旋转爆轰发动机实验模型[55]

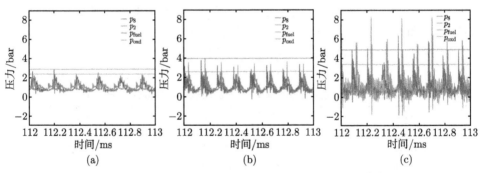

图 7.27　法国科学院 Pprime 研究所旋转爆轰发动机实验结果[55](后附彩图)

　　图 7.28 显示了美国得克萨斯大学阿灵顿分校 (University of Texas Arlington，UTA) 航空研究中心旋转爆轰发动机实验装置和发动机实验照片[56]。近年来，我国北京大学、国防科技大学、南京理工大学等科研院校积极开展旋转爆轰推进方向的理论、数值和实验研究，并取得了重要的进展。

图 7.28 美国 UTA 旋转爆轰发动机实验[56]

### 7.2.4 爆轰推进发动机关键技术

与其他类型的动力推进发动机相比,利用爆轰燃烧的动力推进发动机有特殊的技术要求,这些爆轰驱动的动力推进发动机涉及的关键技术如下。

#### 1. 进气和燃料混合系统

爆轰发动机对空气 (氧化剂) 来流与燃料混合的要求较高,且发动机可能处于强烈的非定常流动过程中,造成了进气系统不稳定的工作状态及燃料预混的困难。虽然像汽车发动机那样应用并联多循环系统可以大大改善其不稳定工作状态,但脉冲进气在进气系统中诱导的复杂波过程仍然存在。非定常性引起的进气总压损失是不容忽视的。对进气系统的一般要求为:结构紧凑、进气稳定、总压恢复系数高、进气阻力小;能够在较短的空间和距离范围内实现燃料的快速充分混合。

#### 2. 起爆系统

起爆系统是能否获得爆轰高热效率的关键。在爆轰推进概念几十年的研究过程中,起爆系统的问题导致相关实验失败,得到不正确结论的研究也屡有报道。目前应用中的起爆系统有:预燃室起爆、电弧起爆、激光起爆和高温等离子火焰起爆。后两种方式因所需装置复杂,常用于爆轰物理的实验室研究。前两种方式的装置简单,有利于爆轰发动机的工程应用。对起爆系统的一般要求为体积小、起爆能量大、起爆频率连续可调。

#### 3. 爆轰燃烧室

对于直接起爆混合气体,起爆系统固然起着很大的作用,但爆轰燃烧室的作用也是非常重要的。在燃烧室里有三个主要的物理过程:空气–燃料混合、可燃气体起爆和爆燃转爆轰的过渡过程。这些过程和爆轰发动机的热循环效率紧密相关。为了充分利用爆轰过程的热循环效率,像预旋混合增强、激波汇聚辅助起爆都是缩短爆燃转爆轰过程,提高热循环效率的有效方法。

### 4. 推力喷管

爆轰发动机燃烧室流动处于强烈的非定常过程中,燃烧室的流动参数存在周期性、剧烈的脉冲,对推力喷管气动设计提出的问题是具有挑战性的。推力喷管对爆轰发动机的推力影响是很大的。适当的喷管设计能增加推力,否则可能带来推力损失。

### 5. 液体燃料应用

以氢气作燃料的爆轰推进实验是比较成功的。由于氢气在运输和储藏方面的困难,像汽油、煤油、$C_{10}H_{18}$ 等液体燃料在爆轰推进方面的应用有着重要的实际意义。由于液体燃料的应用为爆轰推进引入了喷雾、汽化和蒸发等气动热力学过程,所以液体燃料爆轰推进比应用气体燃料困难得多。液体碳氢燃料爆轰推进的工程应用需要更多、更广泛、更深入的研究。

## 7.3　爆轰驱动激波风洞技术

随着航天、航空技术的发展,气体动力学研究领域不断地由亚声速流动到超声速流动再向高超声速流动推进。在航天领域,人们早在 1961 年就已经实现了载人和不载人的高超声速飞行。目前正在以太空探测和开发为目的,研究能水平起飞的可重复使用的航天飞机。在航空领域,从 1903 年 Wright 兄弟实现了速度为 56km/h 的人类首次带动力飞行后,现在已经成功地设计出飞行马赫数为 2、3 的超声速飞机。目前正在探索研究飞行马赫数为 5~10 的高超声速飞机。

航天、航空技术的发展是当前国际上高科技发展的重点领域之一,该领域的研究进展将孕育出一个新的高超声速飞行时代。对于像往返于大气层的航天飞行器和在大气层中飞行的高超声速飞机等诸如此类的高超声速飞行器,因其飞行马赫数很高,在飞行器的头部将形成强烈的弓形激波,诱导出很大的激波阻力。高马赫数的飞行条件还将造成发动机进气道的高焓值状态和飞行器头部强烈的热传导效应。另外,飞行器周围的空气将被飞行器前的弓形激波加热到很高的温度,从而导致空气分子的振动激发、离解、化合甚至电离,使得空气变成反应介质。

这些物理化学现象,将对飞行器气动力、气动热以及飞行器周围绕流的辐射特性产生重大影响,使得由超声速理论预测的高超声速流动带有较大的偏差,这就是所谓的 "真实气体效应"。例如,对载人航天飞机大气再入的研究发现,真实气体效应不仅对气动加热有很大作用,而且对飞行器气动力性能亦有重大影响[57]。早期的美国航天飞机气动试验数据未考虑真实气体效应,在试飞中出现了配平攻角高出设计值一倍等气动异常现象 [58]。又如高超声速飞行器再入大气层时,尾迹的光电特性,其平衡理论和非平衡理论的计算结果有数倍甚至是量级的差别 [59]。

为了开展高超声速飞行器的研究,需模拟飞行器的真实飞行速度和非平衡参数 $\rho L$(或 $\rho^2 L$)。这要求风洞气源达到很高的温度和压力,给现有的空气动力学的地面模拟试验设备带来了新的挑战。譬如飞行器速度达到 7km/s 时,要求气源温度和压力分别达到 $10^4$K 和 $10^2$MPa 以上。即使是高性能激波风洞,亦难以达到如此高的气源参数,为此需探求能力更强的驱动方式,以提高激波风洞的性能。由此发展而来的即高焓激波风洞。20 世纪 60 年代中期以来,国际上发展了三种强驱动方法来提高激波风洞的性能。

(1) 美国 CALSPAN[60] 研究加热轻气体 (氢、氦) 驱动方式。由于高温、高压状态下的氢对金属器壁具有严重的侵蚀作用,限制了它的气流焓值。若使用氦气则价格过于昂贵。日常运行费用太高。

(2) 澳大利亚 Stalker[61] 从 1972 年开始,研究发展了自由活塞驱动方式。该方法具有产生高焓值气源的能力,已在世界范围内得到推广应用。但结构复杂,造价高昂,大质量活塞高速运动导致操作技术冗杂,且有效试验时间太短。

(3) Bird[62] 于 1957 年提出爆轰驱动的概念。1988 年俞鸿儒 [63] 提出在驱动段末端添设卸爆段以消除反射超高压造成的危险及其对下游试验流场的干扰,从而使这种费用低廉的驱动方法可用来产生高焓 (同时具有高压) 气源。爆轰驱动高焓激波风洞研究的进展,引起了国际同行的极大兴趣。德国亚琛工业大学,日本东北大学,美国 NASA-AMES 中心均已采用或着手研究这种驱动方法。该驱动方式具有结构简单、运行费用低廉、驱动能力强等优点。依据性能价格比,此驱动方式被认为是能满足地面高焓模拟试验研究要求的优选方式 [64]。

### 7.3.1 爆轰驱动技术的基本原理

爆轰燃烧是一种快速的化学能释放过程,爆轰燃烧后产生高温高压气体,可以作为激波管和激波风洞的高压驱动源。利用爆轰燃烧高压作用于可压缩气体介质可以产生高强度的入射激波,进而产生高总温、总高压的空气,是区别于传统激波风洞机械压缩和加热轻气体驱动方法的一种新型爆轰驱动原理。

1957 年 Bird 首先提出了应用爆轰驱动激波管产生高压气源的基本思想,并对驱动段末端和主膜处起爆的驱动方式分别进行了计算和分析。研究结果表明:驱动段上游末端起爆的爆轰驱动,由于受紧跟爆轰波后的泰勒稀疏波的干扰 [65],入射激波速度不断下降,如图 7.29 所示,激波后无定常区。在主膜处起爆的爆轰驱动,爆轰波阵面向驱动段上游方向传播。在其他初始条件相同时,产生的入射激波强度低于前者,但在爆轰波的反射波赶上入射激波前,入射激波强度衰减较小且驱动气流的稳定状态持续时间较长。

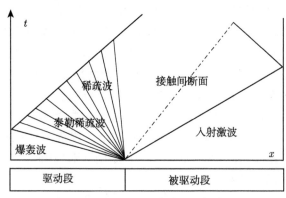

图 7.29　反向爆轰驱动模式

　　根据以上原理, 爆轰驱动激波风洞的模式有两种: 反向爆轰驱动模式和正向爆轰驱动模式, 它们的运行模式的不同在于激波风洞驱动效果的差异。

　　**1. 反向爆轰驱动模式**

　　反向爆轰驱动原理如图 7.29 所示。初始阶段, 被驱动段中充入低压空气介质; 驱动段中充入特定比例的高压可燃混合气体; 驱动段和被驱动段之间使用较厚的金属膜隔开; 点火位置位于驱动段内靠近金属膜片的位置。充气过程结束后, 在金属膜片位置附近对驱动段内的高压可燃混合气体进行点火, 可燃气体点火后迅速形成爆轰波的起爆, 爆轰后气体压力和温度急剧提升, 一方面形成的爆轰波向远离膜片和被驱动段的方向传播, 一方面爆轰产生的高压气体挤压金属膜片并使之撕裂破开, 因此爆轰后的高压高温气体进入被驱动段, 形成在被驱动段的空气介质中传播的强运动激波, 压缩空气介质, 使其温度和压力都提升。之后爆轰波向驱动段左侧传播 (称为反向爆轰波), 其后具有稳定压力的燃烧气体持续作为激波风洞的强激波驱动能量源, 被驱动段中的入射激波持续压缩空气介质并在被驱动段右端壁反射, 反射后形成高超声速风洞所需的高温高压驻室气体。

　　一般而言, 在可燃气体起爆良好的情况下, 反向爆轰驱动具有驻室气体参数稳定、试验气体品质好的特点, 其本质原因来自于反向爆轰波后具有稳定的压力平台。

　　**2. 正向爆轰驱动模式**

　　正向爆轰驱动原理如图 7.30 所示。与反向爆轰驱动原理相同的是: 初始阶段, 被驱动段中充入低压空气介质; 驱动段中充入特定比例的高压可燃混合气体; 驱动段和被驱动段之间使用较厚的金属膜隔开。与反向爆轰驱动原理不同的是: 正向爆轰驱动模式下,点火位置位于驱动段内远离金属膜片的远端位置。充气过程结束后,在驱动段内远离金属膜片的远端位置对高压可燃混合气体进行点火起爆,形成向膜片和被驱动段方向传播的爆轰波 (正向爆轰波),爆轰波传播至金属膜片处,爆轰波及其反射形成的高压使金属膜片撕裂破开,进一步形成在被驱动段的空气介质中传播的强运动激波,压缩空气介质,使其温度和压力都提升。爆轰波后的高压可燃气体持续作为激波风洞的强激波驱动能量源,被驱动段中的入射激波持续压缩空气介质并在被驱动段右端壁反射,反射后形成高超声速风洞所需的高温高压驻室气体。

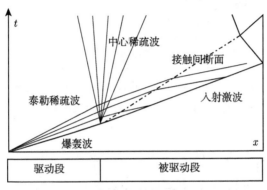

图 7.30  正向爆轰驱动模式

一般而言,正向爆轰驱动具有驱动能力强,风洞驻室气体压力和温度高的特点,但由于正向爆轰波后紧随着一个非定常、压力持续下降的泰勒稀疏波,正向爆轰驱动模式产生的风洞驻室气体参数稳定性和流动品质不如反向爆轰驱动模式。

### 7.3.2  爆轰驱动激波风洞的发展

考虑到反向爆轰驱动模式中爆轰波的反射波对下游流场的影响,1988 年俞鸿儒提出在驱动段末端串接一卸爆段,利用爆轰波尾部的高压气体驱动激波管的新方法。其波系图如图 7.31 所示。卸爆段的作用首先是消除了向上游传播的爆轰波高反射峰压对设备的损坏,其次延缓了反射激波对下游流场的干扰。由于反向爆轰驱动模式利用爆轰波后的滞止气流作为驱动气源,产生的入射激波衰减较小,宜用于产生高雷诺数试验气流。

正向爆轰驱动模式由于受泰勒稀疏波的影响,入射激波衰减较为严重,难以应用于气动试验。但正向模式中的驱动气源不仅利用了向下游传播的爆轰波波阵面的高温、高压,而且利用了其动能,因此其驱动能力极强。如图 7.32 所示的 JF-10 爆轰驱动激波风洞采用了由 $\Phi$150mm 到 $\Phi$100mm 的锥面变截面技术 [66],其正向爆轰驱动模式的波图如图 7.33 所示。变截面技术在一定程度上削弱了爆轰波波后泰勒稀疏波的影响,可产生用于气动试验的试验气流。JF-10 爆轰驱动激波风洞兼有反向和正向两种运行模式, 已成功地调试出高焓和高雷诺数两种状态的试验气源, 为开展高温真实气体效应和高雷诺数实验奠定了基础。

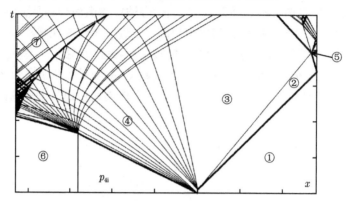

图 7.31　串有卸爆段的反向爆轰驱动激波管波图

图中数字代表不同区域, $p_{4i}$ 表示燃烧点火前的压力

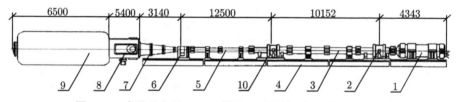

图 7.32　力学研究所 JF-10 爆轰驱动激波风洞 (单位: mm)

1. 卸爆段; 2. 加膜机; 3. 驱动段; 4. 加膜机; 5. 被驱动段; 6. 加膜机; 7. 喷管; 8. 试验段; 9. 真空罐; 10. 支架

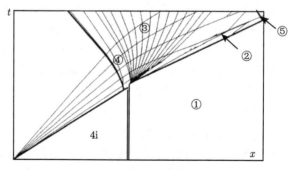

图 7.33　变截面正向爆轰驱动波图

图 7.34 和图 7.35 分别是正向和反向两种驱动模式下, 爆轰驱动产生的入射激波马赫数与驱动压力比 $p_{4i}/p_1$ 的关系, 由此可以比较驱动模式在驱动能力上的差

别。在产生相同入射激波的条件下,反向驱动模式所需要的驱动压力比较正向驱动高出一个数量级。

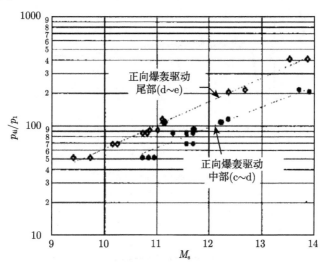

图 7.34 正向爆轰驱动激波管 $p_{4i}/p_1$-$M_s$ 分布

$M_s$ 为激波管中运动激波马赫数

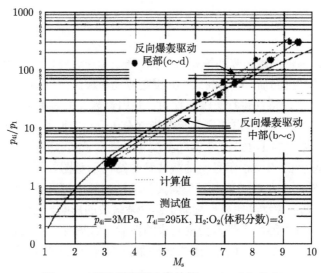

图 7.35 反向爆轰驱动激波管 $p_{4i}/p_1$-$M_s$ 分布

图 7.36 和图 7.37 分别是在两种驱动模式下,测得的激波风洞储室压力曲线。前者属高焓状态,温度约为 8000K,压力平台时间约为 3ms;后者属高雷诺数状态,储室压力为 44MPa,压力平台时间约为 4ms,可基本满足气动试验要求。

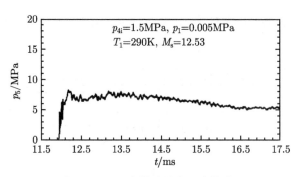

图 7.36   正向模式储室压力曲线

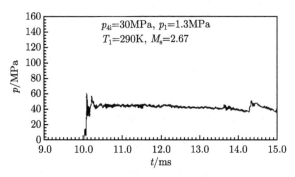

图 7.37   反向模式储室压力曲线

　　为了充分发挥正向爆轰驱动模式的优势,降低稀疏波对驱动气源的影响,提高正向爆轰驱动的气流品质,在调试 JF-10 爆轰驱动激波风洞的同时,研究者对变截面的正向爆轰驱动段特性进行了深入探讨。利用爆轰波的反射波可改善驱动气源品质的激波动力学现象,提出在爆轰驱动段增设环形扩容腔[67] 或收缩喉道[68] 等新方法,并在新加工的 BH60 爆轰驱动激波管上进行了实验研究。

　　两种不同配置的 BH60 爆轰驱动激波管的结构示意图如图 7.38 和图 7.39 所示。图 7.40 和图 7.41 是在 BH60 新型爆轰驱动激波管上进行正向驱动测得的储室压力曲线。新型爆轰驱动器明显地削弱了泰勒稀疏波的影响,无论是驱动能力还是产生的驱动气流品质都优于等直径驱动段的性能。这些研究结果验证了正向爆轰驱动技术的新方法,为进一步提高爆轰驱动激波风洞的性能提供了优化方案。

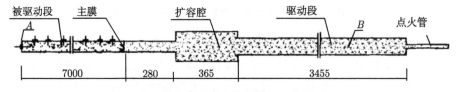

图 7.38   爆轰驱动段串接扩容腔 (单位: mm)

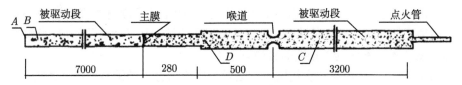

图 7.39 爆轰驱动段串接收缩喉道 (单位：mm)

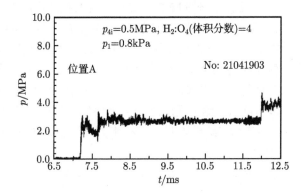

图 7.40 正向爆轰驱动模式串接环形腔时储室压力曲线

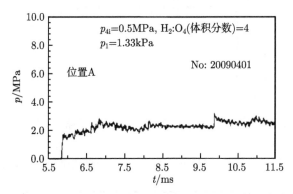

图 7.41 正向爆轰驱动模式串接收缩喉道时储室压力曲线

### 7.3.3 高焓激波风洞中的瞬态测试技术

应用高焓激波风洞开展气动力与气动物理实验，对测试技术提出了更高的要求。和常规风洞 $10 \sim 10^2$ms 的有效试验时间相比，高焓激波风洞一般只有 $0.1 \sim 4$ms，且试验气流处于高温、高压状态。为此我们探索和发展了一系列新的瞬态测试技术。这里介绍一下皮托压力测量和气动力测量新技术。

高焓激波风洞皮托压力测量的主要困难是高焓气流驻点温度比传统的激波风洞高得多，必须有效地加强热防护措施，同时又不能过分降低测量的时间响应。为此新设计的压阻传感器在结构上有如下新的特点：① 设置抗击屏以避免高温气体直接冲击到敏感元件；② 气流压力经过必要的转折加载到施压腔体；③ 在真空条件下用适当的防护液灌满传感器，它同时起到热防护和传递载荷的作用。实验结果表明上述技术措施达到了预期的目的。

图 7.42 表示自由流中皮托压力沿喷管半径方向分布的测量结果，直接把传统激波风洞中的测力技术用于高焓激波风洞会遇到一系列困难。其中最大的困难在于高焓激波风洞中试验气流持续时间更短，支撑系统的振动和应力波难以消除。为此研究者探索了"自由型天平"的测量方案，该方案有如下四个主要特点：① 模型及敏感元件构成的组合体，相对于支撑系统在被测的各个自由度方向上是自由的；② 用一组加速度计测量瞬态加速度，由此获得气动力；③ 模型初始姿态不依靠支撑结构确定；④ 由具体的设计来保证在气流持续时间内模型角位移，位移变化的影响以及摩擦力的影响可以忽略。采用这一方案研制的三分量天平在炮风洞和高焓激波风洞进行了初步实验，结果表明这一技术方案可行。图 7.43 表示这种天平的高焓风洞试验响应曲线。

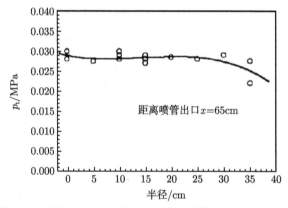

图 7.42   喷管出口自由流皮托压力沿喷管半径方向的变化

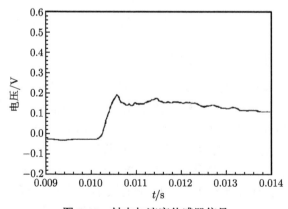

图 7.43   轴向加速度传感器信号

测量高温气体的组分是研究反应气体介质进而诊断试验流场的重要手段。通过判定组分,可分析化学反应规律,确定反应速率常数,预测高温气体效应对气动力、气动热的影响。自由流中一氧化氮诊断技术是进行高温气体组分测量的重要环节。诊断一氧化氮是为了判断自由流偏离化学/热力学平衡的程度,传统的激波风洞流场诊断中无须此项测量。本测量采用 "差比法" 瞬态吸收光谱技术,并配套紫外波段动态吸收光谱测量系统。该系统以 Te 元素的空心阴极灯为光源,以 OMAIV 为主要探测设备,辅以紫外光电倍增管进行检测。选取一氧化氮的 214nm 和 25nm 的两条谱线作为工作波长。通过静标和激波管动态标定确定这两条谱线对一氧化氮的吸收特性。利用这两条谱线吸收灵敏度相差悬殊的特点,诊断高焓风洞自由流中一氧化氮的微含量。

测量系统在高焓风洞中的工作示意图如图 7.44 所示。诊断结果表明在高温为 8500K,总压为 21.6MPa 的风洞运行状态下自由流中一氧化氮的含量在 $4 \times 10^{14}$ 分子/cm$^3$ 以下,自由流偏离化学/热力学平衡状态并不严重。

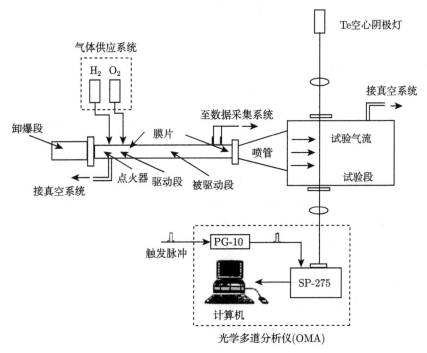

图 7.44  爆轰激波风洞试验流场的 CO 浓度测量装置

# 参 考 文 献

[1] Bussing T, Gappas G. An introduction to pulse detonation engines. AIAA Paper 94-0263, 1994

[2] Hoffmann H. Reaction-propulsion produced by intermittent detonative combustion. German Research Institute for Gliding, Rept. ATI-52365, Aug., 1940

[3] Nicholls J A, Wilkinson H R, Morrison R B. Intermittent detonation as a thrust-Producing mechanism. Jet Propulsion, 1957, 27(5): 534-541

[4] Krzycki L J. Performance characteristics on an intermittent detonative combustion. AD-284312, U.S. Naval Ordnance Test Station, China Lake, CA, June 1962

[5] Heldman D, Shreeve R P, Eildman S. Detonation pulse engines. AIAA Paper 86-1683, 1986

[6] Hinkey J B, Bussing T R A, Kaye L. Shock tube experiments for the development of a hydrogen-fueled pulse detonation engines. AIAA Paper 95-2578, 1995

[7] Bussing T R A, Hinkey J B, Kaye L. Pulse detonation engine preliminary design considerations. AIAA Paper 94-3220, 1994

[8] Bussing T R A. A rotary valve multiple combustor pulse detonation engine. AIAA Paper 95-2577, 1995

[9] Cullen R E, Nicholls J A, Ragland K W. Feasibility studies of a rotating detonation wave Rocket motor. Journal of Spacecraft and Rockets, 1966, 3(6): 893-898

[10] Dabora E K. Status of Gaseous Detonation Waves and Their Role in Propulsion, Fall Technical Meeting of the Eastern States Section of the Combustion Institute, Combustion Inst., Pittsburgh, Pa, 1994, 11-18

[11] Hertzberg A, Bruckner A P, Bogdanoff D W. Ram accelerator: a new chemical method for accelerating projectiles to ultrahigh velocities. AIAA Journal, 1988, 26(2): 195-203

[12] Kull A, Burnham E, Knowlen C, et al. Experimental studies of the super detonative ram accelerator modes. Joint Propulsion Conference, 1989

[13] Yungster S, Radhakrishnan K. Computational study of flow establishment in a ram accelerator. AIAA Paper 98-2489, 1995

[14] Kantrowitz A. Propulsion to orbit by ground based lasers. Astronauts and Aeronautics, 1972,10(5): 74

[15] Eidelman S, Grossmann W, Lottati I. A review of propulsion applications of the pulsed detonation engine concept. 25th Joint Propulsion Conference, 1989

[16] Kailasanath K. Review of propulsion applications of the pulsed detonation waves. AIAA Journal, 2000, 38(9): 1698-1708

[17] Fusina G. Numerical investigation of oblique detonation wave for a shcramjet combustor. Thesis (Ph.D.) of University of Toronto (Canada), 2003

[18]  Dunlap R, Brehm R L, Nicholls J A. A preliminary study of the application of steady-state detonative combustion to a reaction engine. Jet Propulsion, 1958, 28(7): 451-456

[19]  Lee J H S. The Detonation Phenomenon. UK: Cambridge University Press, 2008

[20]  Chernyi G, Gilinskii S. High velocity motion of solid bodies in combustible gas mixtures. Astronautica Acta, 1970, (15): 539-545

[21]  Ashford S A, Emanuel G. Wave angle for oblique detonation waves. Shock Waves, 1994, 3(4): 327-329

[22]  Fujiwara T, Matsuo A. Two-dimensional detonation supported by a blunt body or a wedge. AIAA Paper 0088-0098, 1988

[23]  Li C, Kailasanath K, Oran E S. Detonation structures behind oblique shocks. Physics of Fluids, 1994, 6(4): 1600-1611

[24]  Fernando L, Silva, F D, Deshaies B. Stabilization of an oblique detonation wave by a wedge: A parametric numerical study. Combustion and Flame, 2000, 121(1): 152-166

[25]  Papalexandris M V. A numerical study of wedge-induced detonations. Combustion and Flame, 2000, 120(4): 526-538

[26]  Pimentel C A R, Azevedo J L F, Figueira da Silva L F, et al. Numerical study of wedge supported oblique shock wave-oblique detonation wave transitions. J. of the Braz. Soc. Mechanical Sciences, 2002, 24(3): 149-157

[27]  Lu F K, Fan H, Wilson D R. Detonation waves induced by a confined wedge. Aerospace Science and Technology, 2006, 10(8): 679-685

[28]  Dabora E K, Desbordes D, Wagner H G. Oblique detonation at hypersonic velocities// Dynamics of Detonations and Explosions, AIAA, 1991, (133): 187-201

[29]  Viguier C, Silva L F F D, Desbordes D. Onset of oblique detonation waves: comparison between experimental and numerical results for hydrogen-air mixtures // Proceedings of Twenty-Seventh Symposium (international) on Combustion, 1996, 26(2): 3023-3031

[30]  Desbordes D, Hamada L, Guerraud C. Supersonic $H_2$-Air combustions behind oblique shock waves. Shock Waves, 1995, 4(6): 339-345

[31]  Oran E S, Gamezo V N. Origins of the deflagration-to-detonation transition in gas-phase combustion. Combustion and Flame, 2007, 148(1-2): 4-47

[32]  Chen C. Numerical Simulation of Oblique Detonation and Shock-Deflagration Waves with a Laminar Boundary Layer. PH.D. Thesis of University of Washington, 1990

[33]  Rocha Pimentel C A, Figueira da Silva L F, Deshaies B, et al. Numerical study of oblique shock wave/oblique detonation wave transition over a wedge. Proceedings of the 5th Asian-Pacific International Symposium on Combustion and Energy Utilization, 1999: 38-45

[34]  Pimentel C A R, Azevedo J L F, Silva L F, et al. Numerical study of wedge supported oblique shock wave-oblique detonation wave transitions. J. of the Braz. Soc. Mechanical Sciences, 2002, 24(3): 149-157

[35] Viguier C, Gourara A, Desbordes D. Twenty-Seventh Symposium (international) on Combustion. The Combustion Institute, Pittsburgh, 1998

[36] Choi J Y, Kim D W, Jeung I S, et al. Cell-like structure of unstable oblique detonation wave from high-resolution numerical simulation. Proceedings of the Combustion Institute, 2007, 3(2): 2473-2480

[37] Li C, Kailasanath K, Oran E S. Effects of boundary layers on oblique detonation structures. AIAA, 93-0450, 1993

[38] Atamanchuck T, Sislian J. On and off design performance analysis of hypersonic detonation wave ramjets. AIAA/SAE/ASME/ASEE 26th Joint Propulsion Conference, AIAA, 1990

[39] Menees G, Adelman H, Cambier J, et al. Wave combustors for trans-atmospheric vechicles. Journal of Propulsion and Power, 1992, 8(3): 709-713

[40] Ashford S A. Oblique Detonation Waves, with Application to Oblique Detonation Wave Engines and Comparison of Hypersonic Propulsion Engines. Norman, Oklahoma, The University of Oklahoma, 1994

[41] Valorani M, Giacinto M D, Buongiorno C. Performance prediction for oblique detonation wave engines (ODWE). Acta Astronautica, 2001, 48(4): 211-228

[42] 袁生学, 黄志澄. 高超声速发动机不同燃烧模式的性能比较 —— 斜爆轰发动机性能评价. 空气动力学报, 1995, 13(1): 48-56

[43] 袁生学, 赵伟, 黄志澄. 驻定斜爆轰波的初步实验观察. 空气动力学报, 2000, 18(4): 473-477

[44] 崔东明, 范宝春. 用于推进的驻定斜爆轰的基本特征. 宇航学报, 1999, 20(2):48-54

[45] 崔东明, 范宝春, 陈启峰. 驻定斜爆轰波流场的数值模拟与显示. 弹道学报, 1999, 11(3): 62-66

[46] Voitsekhovskii B V. Statsionarnaya Dyetonatsiya. Doklady Akademii Nauk SSSR, 1959, 129(6): 1254-1256

[47] Voitsekhovskii B V, Mitrofanov V V, Topchiyan M E. Struktur afronta Dyetonatsii Gazakh, Izdatel'stvo Sibirskogo Otdeleniya AN SSSR, 1963, 129(6): 1254-1256

[48] Nicholls J A, Cullen R E. The feasibility of a rotating detonation wave rocket motor. Quarterly Progress Report No. 2, The University of Michigan, Dec. 1962

[49] Cullen R E, Nicholls J A, Ragland K W. Feasibility studies of a rotating detonation wave rocket motor. Journal of Spacecraft and Rockets, 1966, 3(6): 893-898

[50] Adamson T C, Olsson G R. Performance analysis of a rotating detonation wave rocket engine. Astronaut Acta, 1967, 13(4): 405-415

[51] Bykovskii F A, Zhdan S A, Vedernikov E F. Continuous spin detonations. Journal of Propulsion and Power, 2006, 22(6): 1204-1216

[52] Lu F K, Braun E M. Rotating detonation wave propulsion: experimental challenges,

modeling, and engine concepts. Journal of Propulsion and Power, 2014, 30(5): 1125-1142

[53]  Vasil'ev A A. The Principal Aspects of Application of Detonation in Propulsion Systems. Hindawi Publishing Corporation Journal of Combustion, Volume 2013, Article ID 945161, 15 pages

[54]  Sichel M, Foster J C. The ground impulse generated by a plane fuel-air explosion with side relief. Acta Astronautica, 1979, 6(3-4): 243-256

[55]  Hansmetzger S, Zitoun R, Vidal P. Detonation regimes in a small-scale RDE. 26th ICDERS July 30th—August 4th, 2017 Boston, MA, USA

[56]  http://arc.uta.edu/research/cde.htm

[57]  Maus J R, Griffith B J, Szema Y, et al. Hypersonnic Mach number and real gas effects on space shuttle orbit aerodynamics. Journal of Spacecraft and Rockets, 1984, 21(2): 136-141

[58]  Young J C, Perez L F, Romere P O, et al. Space shuttle entry aerodynamic comparisons of flight 1 with preflight prediction. AIAA 81-2476, Nov., 1981

[59]  Underwood J M, Cooke D R. A preliminary correlation of orbit shuttle flights (STS 1&2) with preflight predictions. AIAA, 82-0564, Jan., 1982

[60]  Holden M S. Large Energy National Shock Tunnel Description and Capabilities. Buffalo, New York: Arvin Calspan, 1984

[61]  Morrison W R D, Stalker R J, Duffin J. New generation of free piston shock tunnel facilities //Proceeding of 17th International Symposium on Shock Tube and Waves Bethem, 1989

[62]  Bird G A. A note on combustion driven tubes, royal aircraft establishment. Agard Rep, May, 1957, 146

[63]  俞鸿儒. 爆轰驱动新进展//第五届全国激波管与激波会议文集, 1989, 11

[64]  真实气体效应实验研究 (863-2-6-11) 项目鉴定书. 1998 年 8 月

[65]  Taylor G. The dynamics of the combustion products behind plane and spherical detonation fronts in explosives// Proc. of the Royal Society A Mathematical and Physical Sciences, 1950, 200(1061): 235-247

[66]  俞鸿儒, 赵伟, 林建民. 真实气体效应实验研究 (863-2-6-11). 项目验收报告, 1998, 9

[67]  Jiang Z, Yu H R, Takayama K. Investigation into converging gaseous detonation drivers//Ball G J, Hillier R, Roberts G T. Shock Waves, Proceeding of ISSW22, London, UK, July 18-23, 1999

[68]  Zhao W, Jiang Z L. Experimental investigation on detonation driven shock tunnel //7th International Workshop on Shock Tube Technology. Sept. 2000. New York, USA

# 后　记

当写下了前言的最后一句话，时间已经是 2019 年的盛夏。二十多年的爆轰物理研究、半年多的专著撰写终于有了一个顿号。回顾往事，光阴似箭，感慨万千。落花无情，伴日来月去，淡看两鬓染霜；流水有意，润万紫千红，喜见春华秋实。《气体爆轰物理及其统一框架理论》集成了激波与爆轰物理团队全体师生的智慧和成果，凝聚了几位主创老师的辛勤汗水，现在终于可以交付出版了。

二十多年间，激波与爆轰物理团队的许多研究生都做了大量工作，几位主创老师的相关成果更是可圈可点。滕宏辉教授从本科生开始，就专注于爆轰物理研究，在斜爆轰波驻定及其稳定性方面造诣颇深。他在 *JFM*，*PoF* 和 *Combustion & Flame* 等权威刊物上发表了系列论文，产生了重要影响。本书有一个专门的斜爆轰章节，总结了他在该领域的贡献。刘云峰副教授的爆轰研究开始于其博士研究生阶段，他揭示了爆轰胞格尺度和点火诱导时间的关联，对于理解爆轰多波结构的非定常机制有启示性意义。他还首次成功地计算模拟了准爆轰传播状态，认定该传播状态是稳定的。虽然准爆轰传播自持机制还有待确认，但该成果的创新意义是毋庸置疑的。王春教授主要研究超声速燃烧，但在爆轰物理研究方面也多有建树。他发现了爆轰波阵面的半波规律，揭示了爆轰胞格的自适应特性；他还完成了激波通过有障碍物壁面管道的计算模拟，捕捉到了爆轰波热点起爆的临界状态。胡宗民副教授是激波与爆轰物理团队最早参与爆轰物理研究的成员之一，曾经成功地计算模拟了爆轰波楔面反射问题，获得的马赫反射胞格结构与实验结果符合良好。他研发的爆轰波计算程序为团队后续研究奠定了基础，对于推动团队的爆轰研究功不可没。韩桂来副教授完成了柱面爆轰波计算，归纳了四种胞格演化模式，解释了爆轰胞格平均尺度的维持机制。罗长童副教授承担了专著的校核和编辑工作，付出了大量的时间和精力，显著地提高了专著的可读性。

气相规则胞格爆轰起爆和传播的统一框架理论的构想产生于作者 2004~2005 年麦吉尔大学访问期间，起因于对爆轰理论和实验观察差异的困惑，得益于与 John Lee 教授的多次讨论。为了探索胞格分裂机制和平均胞格尺度，当时还启动了关于柱面扩散传播爆轰的计算模拟研究，然后才有了 *Combustion & Flame* 的那篇文章。爆轰统一框架理论首次系统阐述是在第二届非平衡流国际研讨会上，当时的报告题目是 *The universe theory for detonation initiations and propagation*。经过进一步的完善，爆轰统一框架理论的全面论述发表于 2012 年《中国科学》，论文题目是《气相规则胞格爆轰波起爆与传播统一框架的几个关键基础问题研究》，英文翻

译为 *Research on some fundamental problems of the universal framework for regular gaseous detonation initiation and propagation*。在这里，"universe theory" 被修改为 "universal framework"，感觉寓意更贴切一些。"universal framework" 翻译为 "统一框架理论"，而不是 "统一框架"，这是一个中文习惯问题。"统一" 的意思是 "起爆" 和 "传播" 通用，也就是框架理论的要素对于两种过程都是适用的，能够统一描述，体现了 "universal" 的普遍意义。尽管如此，该理论仅属于气相规则胞格爆轰物理的研究范畴。

　　爆轰统一框架理论的核心就是要论述爆轰波六个关键要素的定义、特征、机制及其存在性，并建立各要素之间的相互依存与彼此竞争的关联关系。爆轰波基本 "骨骼" 框架模型的构建避免了爆轰理论研究的局部性，体现了爆轰现象的非定常三维特征。建立爆轰统一框架理论的立意是期望能够包容经典的爆轰理论，解释已有的实验结果，演绎爆轰要素的关联关系，启迪爆轰物理的研究方向。另外，作者的初心是要通过统一框架理论的论述，系统总结我们对爆轰现象的认知，与读者分享我们的感悟与体会。虽然自然规律是客观存在的，但是人们对于自然现象的认知都是相对的，所以真理也是相对的。然而，正是这些相对真理的不断发展与完善，使得人们对于自然规律的认识不断逼近其客观存在。屈原《离骚》第 97 句说："路漫漫其修远兮，吾将上下而求索。"

2019 年 6 月 29 日

中国科学院力学研究所

# 彩　　图

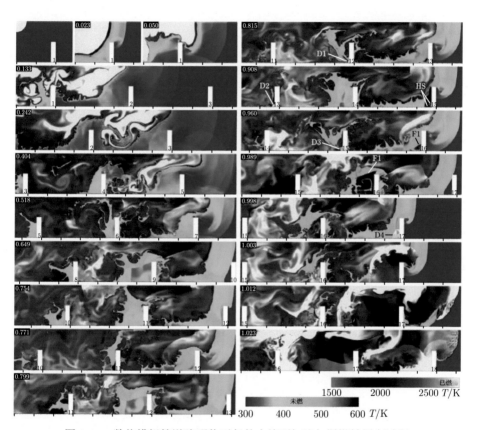

图 2.11　数值模拟管道障碍物引起的火焰面加速与爆燃转爆轰过程

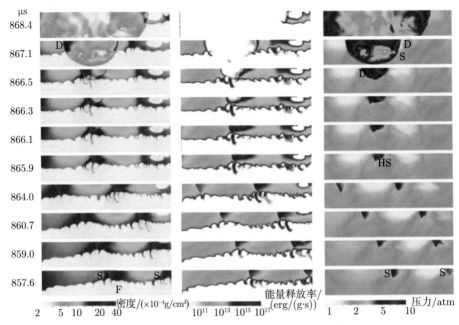

图 3.21　火焰面附近热点的形成和发展过程

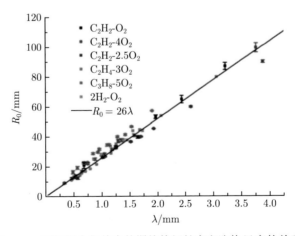

图 3.27　不同混合气体中的爆炸特征长度和胞格尺度的关系

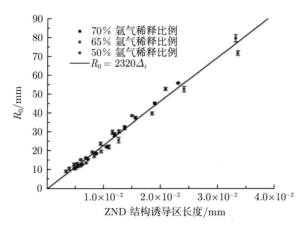

图 3.29　乙炔-氧气混合气体中，ZND 结构诱导区长度与爆炸特征长度的关系

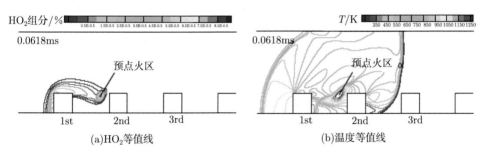

(a)HO₂等值线 (b)温度等值线

图 5.17　爆轰波形成过程中，在 0.0681ms 时刻流场的 $HO_2$ 组分 (a) 和温度分布 (b)

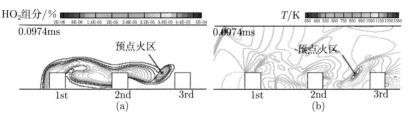

(a) (b)

图 5.18　障碍物间距 40mm 条件下，在 0.0974ms 时刻流场 $HO_2$ 组分 (a) 和温度分布 (b)

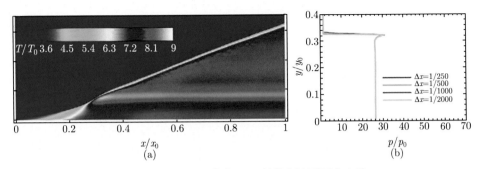

图 6.14  无量纲活化能 20，斜爆轰波面不会失稳

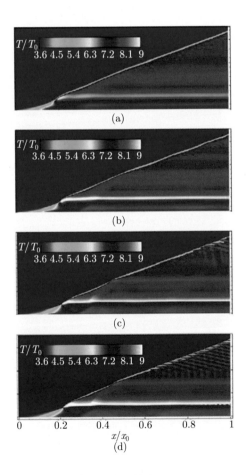

图 6.15  无量纲活化能 25，$x$ 方向单位长度网格为 250(a), 500(b), 1000(c), 2000(d) 时斜爆轰

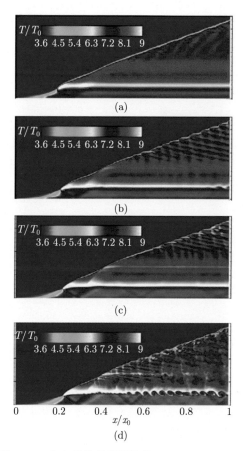

图 6.16　无量纲活化能 30，$x$ 方向单位长度网格为 250(a), 500(b), 1000(c), 2000(d) 时斜爆轰

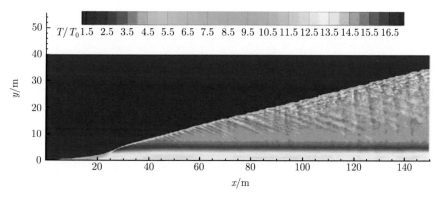

图 6.19　无量纲活化能为 31，马赫数为 12，角度为 26° 来流下的斜爆轰温度场

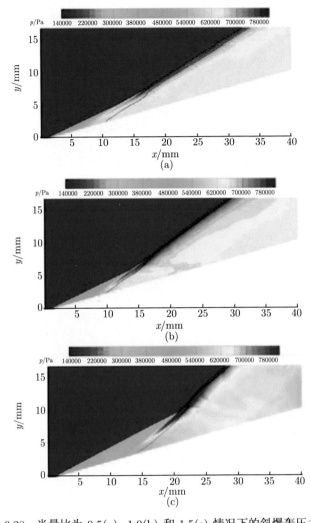

图 6.28　当量比为 0.5(a)，1.0(b) 和 1.5(c) 情况下的斜爆轰压力场

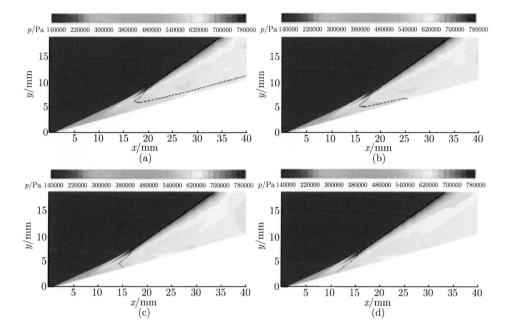

图 6.29  壁面当量比 ER = 0.1 (a)、0.2 (b)、0.3 (c) 和 0.4(d) 气流产生的压力场

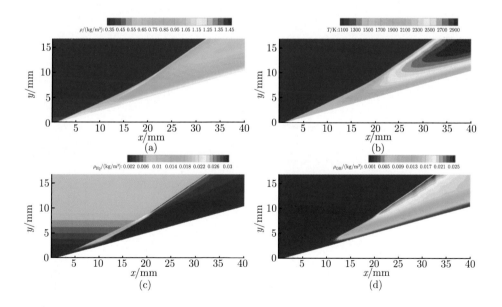

图 6.30  近壁面 ER = 0.0，斜爆轰总密度 (a)、温度 (b)、$H_2$ 密度 (c) 及 OH 密度 (d)

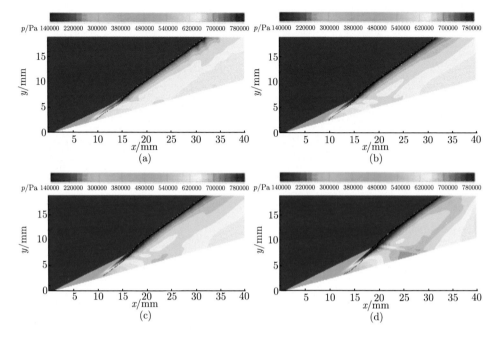

图 6.31　壁面当量比 ER = 0.8(a)、1.2(b)、1.6(c) 和 2.0(d) 时斜爆轰波结构的压力场

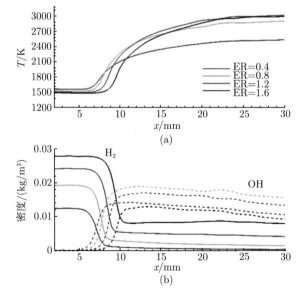

图 6.32　壁面当量比 ER=0.4、0.8、1.2 和 1.6 时，楔面上的温度 (a) 和 H₂、OH 组元密度 (b)

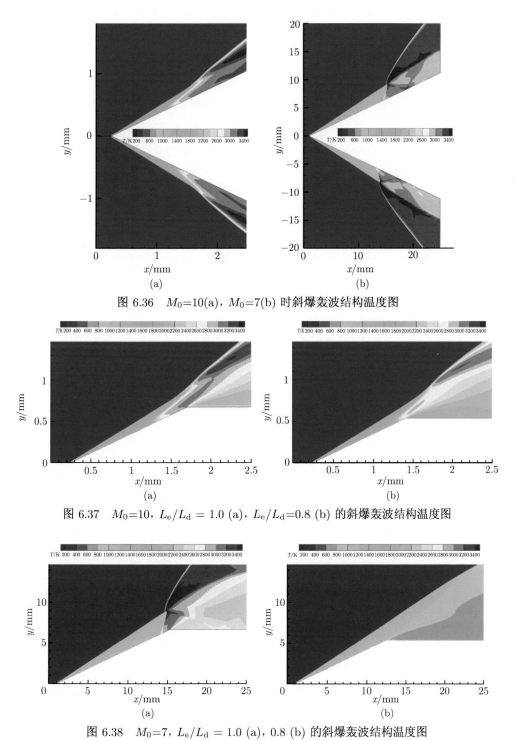

图 6.36   $M_0=10$(a)，$M_0=7$(b) 时斜爆轰波结构温度图

图 6.37   $M_0=10$，$L_e/L_d = 1.0$ (a)，$L_e/L_d=0.8$ (b) 的斜爆轰波结构温度图

图 6.38   $M_0=7$，$L_e/L_d = 1.0$ (a)，0.8 (b) 的斜爆轰波结构温度图

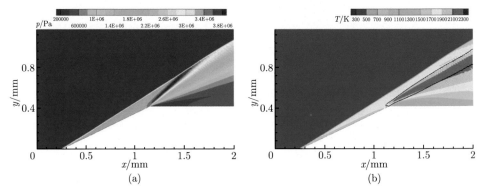

图 6.39 $M_0$=10，$L_e/L_d$ = 0.65 斜爆轰波结构压力 (a) 和温度 (b) 图

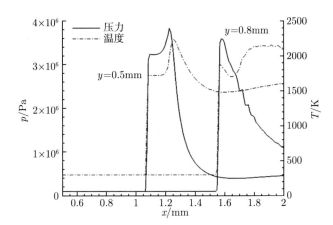

图 6.40 $M_0$=10，$L_e/L_d$ = 0.65 时沿 $y$=0.5mm 和 $y$=0.8mm 的压力和温度分布图

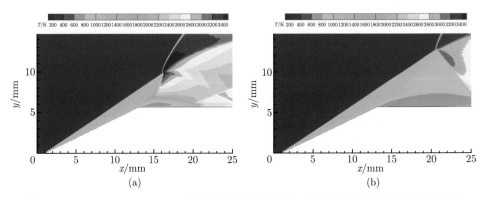

图 6.41 $M_0$=7，$L_e/L_d$=0.85 时斜爆轰波流场演化图 (a) 初始阶段 (b) 长时间迭代后

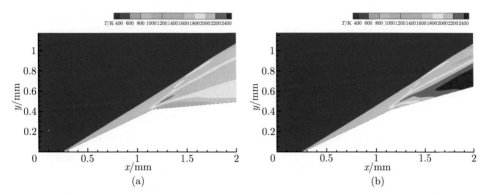

图 6.43　$M_0=10$，$L_e/L_d = 0.65$，偏转角为 $20°$(a) 和 $10°$(b) 的斜爆轰波结构温度场

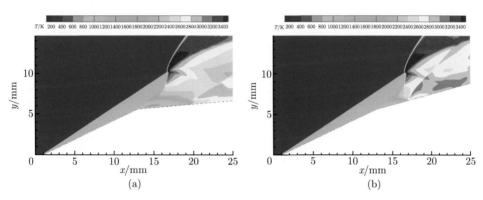

图 6.44　$M_0= 7$，$L_e/L_d = 0.85$，偏转角为 $20°$(a) 和 $10°$(b) 的斜爆轰波结构温度场

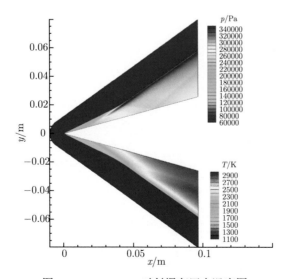

图 6.52　$M_1 = 10$ 时斜爆轰压力温度图

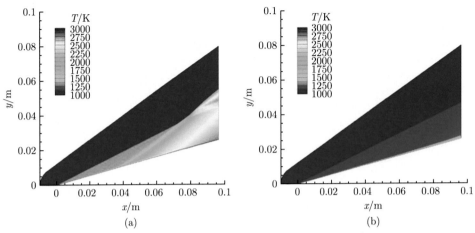

图 6.53　$M_1 = 9$ (a) 和 $M_1 = 8$ (b) 的斜爆轰波温度图

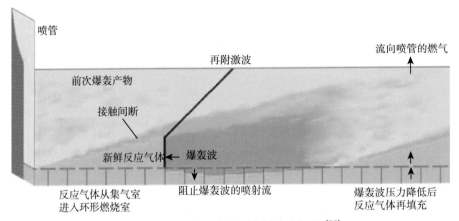

图 7.24　发动机纵向剖面上的流动机理[52]

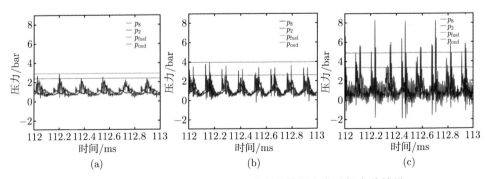

图 7.27　法国科学院 Pprime 研究所旋转爆轰发动机实验结果